网络空间安全体系能力生成、度量及评估理论与方法

闫怀志　著

国家重点研发计划资助著作（2016YFC1000301、2016YFB0800700）

科学出版社

北　京

内容简介

本书从体系思想和复杂系统视角出发，论述网络空间安全体系能力生成、度量及评估理论与方法，内容主要包括：面向体系能力的网络空间安全认识论与方法论；网络空间安全体系能力生成、度量及评估知识工程体系；复杂信息系统安全体系能力需求与能力生成机理；网络空间安全风险分析及安全态势演化；安全体系能力度量框架与指标体系模型；安全参数采集、安全体系能力分析与评估等。本书是作者长期从事网络空间安全体系能力生成、度量及评估理论与方法研究成果的高度凝练和系统总结，同时参考了国内外该领域的最新研究成果，力求反映最新理论、观点和技术方法。

本书可作为网络空间安全、信息安全、信息对抗、计算机及软件等领域的科研人员及工程技术人员的参考书，也可作为高等院校相关专业高年级本科生和研究生的学习用书，还可作为相关领域的培训参考资料。

图书在版编目（CIP）数据

网络空间安全体系能力生成、度量及评估理论与方法/闫怀志著. —北京：科学出版社，2020.5

ISBN 978-7-03-064492-3

Ⅰ.①网… Ⅱ.①闫… Ⅲ.①网络安全 Ⅳ.①TN915.08

中国版本图书馆 CIP 数据核字（2020）第 030801 号

责任编辑：王　哲/责任校对：王萌萌
责任印制：吴兆东/封面设计：迷底书装

科学出版社 出版
北京东黄城根北街 16 号
邮政编码：100717
http://www.sciencep.com
北京中石油彩色印刷有限责任公司 印刷
科学出版社发行　各地新华书店经销
*
2020 年 5 月第　一　版　开本：720×1000　B5
2021 年 4 月第二次印刷　印张：16 3/4
字数：320 000
定价：149.00 元
（如有印装质量问题，我社负责调换）

前　言

　　随着网络空间及其应用的不断深化和拓展，信息系统的规模、形态和复杂性也发生了极大的变化，而网络空间安全斗争与对抗的加剧，网络空间信息系统新形态的出现和发展，对网络空间安全保障提出了更高要求。为取得信息及技术力量不对称条件下攻防非合作博弈的对抗优势，必须对网络空间信息系统实施高效的安全保障。这种安全保障，本质上依赖于安全体系能力的生成及其作用的发挥。因此，安全体系能力生成、度量及评估成为了网络空间安全研究的核心科学与工程问题，且具有多视角、多层次、多技术的典型特征。网络空间信息系统面临多层级威胁主体，威胁和攻击过程非常复杂，而传统的基于威胁的信息系统安全分析，却多将重点放在易于获取或者易于理解的脆弱性和威胁之上。事实上，攻击者可能会获取并测试防御方所用的所有安全产品和环节，而攻击时点可能涵盖信息系统的规划、建设、运维等全生命周期，攻击入口也可能是外部信息环境和信息系统供应链，攻击者使用的可能是防御方尚未获取或未能辨识的"未知"攻击方法。在网络空间安全保障实践中，更不乏依赖单点技术或性能提升、依靠安全产品堆砌来应对安全问题的情况。这种认识和实践，显然与客观现实存在着极大的偏差，忽视了安全体系能力供给的重要作用。

　　网络空间安全威胁和攻击的不确定性和复杂性，为研究网络空间安全体系能力生成、度量及评估带来了严峻的挑战。采用传统的基于威胁的观点和安全性分析方法进行研究，显然遇到了极大的困难；而网络空间安全性分析的工程应用特性，又决定了实际的安全性问题很难完全满足理论研究给定的理想假设和苛刻条件，很多理论研究与实践应用之间存在鸿沟甚至出现了严重脱节。因此，必须从体系思想和复杂系统视角，寻求有效的理论与工程应用相结合的方法来解决。

　　网络空间信息系统的复杂性不可避免，但绝不意味着不可处理。而网络空间信息系统天然带有的复杂性，使得利用现代系统科学理论来研究网络空间安全问题，成为题中应有之义。另一方面，网络空间安全体系能力生成、度量及评估包含了多个系统的相互作用，既涉及规模、结构、功能的复杂性，又涉及时间、空间以及行为的复杂性，传统的系统工程手段局限凸现。本书认为，网络空间安全体系其实是基于统一标准的一组地理上分布广泛且具有安全控制功能的安全组件及其能力所组成的逻辑聚合体，该聚合体能够完成单个组件或其能力所无法完成的网络空间安全保障目标。而这种聚合体，可以通过现代系统工程的理论和方法，来研究其结构如何影响系统的性质、行为和功能。也就是说，网络空间安全体系绝不是传统意义下的"安全防御系统"或"安全防御体系"。这个观点源自本书对网络空间信息系统和其安全保障能力之间关系的思考。因为，传统意义下的安全防御系统或体系，通常是将安全技术应用（进而将安全组件部署）到受保护的原始信息系统当中，而一旦出现了这种应用和部署，原始信息系统的形态和功能都发生了改变，成为了一个"新"系统（同时，独立的安全防御系统概念不复存在），而"新""老"系统之间的区别就突出表现在安全能力方面。因此，网络空间安全能力，绝非简单等同于所谓的安全保障系统的能力，而是网络空间信息系统在采取了安全保障措施情况下所具有的安全能力，该能力显然是一种涌现而生的体系能力。安全度量及评估均应以能力为基础和导向来进行。21世纪初提出并得到迅速发展的体系思想，为研究网络空间安全能力生成、度量及评估问题提供了全新的视角与理论及方法支持，使得借助体系理论来研究网络空间安全能力生成、演化模式与途径、体系测度等关键问题成为可能。

人们面对着复杂多变的网络空间信息系统的安全性问题，很自然地想要寻求一种通用的技术手段来解决。但是，恰是由于信息系统本身的复杂性带来的安全分析的复杂性，寻求那种"放之四海而皆准"的理论与方法十分困难。本书从体系思想和复杂系统视角出发，论述网络空间安全体系能力生成、度量及评估理论与方法，包括：面向体系能力的网络空间安全认识论与方法论；网络空间安全体系能力生成、度量及评估知识工程体系；复杂信息系统安全体系能力需求与能力生成机理；网络空间安全风险分析及安全态势演化；安全体系能力度量框架与指标体系模型；安全参数采集、安全体系能力分析与评估等。

本书为国家重点研发计划项目（2016YFC1000301、2016YFB0800700）的研究成果之一。近十年来，作者在包括上述项目在内的国家级、省部级项目资助下，从现代系统科学和工程的角度出发，持续开展了基于能力的网络空间安全研究工作，部分涉及安全体系能力生成、度量及评估等问题。同时，作者还主持和参与了若干项大型信息系统的安全规划、分析和测评实践工作，从而对于网络空间信息系统的安全能力生成、度量及评估有了进一步的深入认识。在上述实践中，作者力图构建理论与方法相结合的网络空间安全体系能力生成、度量及评估的一体化研究体系，这也是本书内容选择与组织的核心指导思想。

本书自形成初稿起，随着研究工作和认识的不断深入，先后六易其稿。在此期间得到了国内外同行专家的大力支持和帮助。科学出版社及王哲编辑对本书的出版给予了大力支持。作者任职的北京理工大学、信息安全等级保护关键技术国家工程实验室、软件安全工程技术北京市重点实验室为本书工作提供了良好的条件。作者指导的研究生匡杨洪义、朱丰伟、江梦莹、谢江维、白羽、周开宇、张泽慧等分别参与了相关课题讨论及本书部分内容的研究工作，为本书增色不少。同时，作者参阅了大量的国内外专著、科研论文以及网络学术资源，篇幅所限未能尽录，在此一并致谢。

　　因写作定位和篇幅所限，本书核心内容以理论与方法为重，适当兼顾技术与工程实现问题。因作者水平有限，书中部分观点，实为一家之言，加之所涉专业理论和工程技术较为复杂，本书不妥之处在所难免，恳请各界专家和广大读者将意见和建议发至：yhzhi@bit.edu.cn，作者不胜感激。欢迎关注微信公众号"网络空间安全原理技术与工程"以获取更多信息。

闫怀志

2020 年春于北京中关村

目　录

第1章 网络空间安全体系能力生成、度量及评估概论

当前，网络空间安全成为了国家安全的重要组成部分。复杂信息系统的出现和发展，网络空间安全斗争与对抗的加剧，对网络空间安全体系能力提出了更高要求。网络空间安全体系能力生成、度量及评估，是网络空间信息安全保障无法回避的问题，必须寻求一套有效的理论和方法来解决。作为本书研究内容的基础背景分析，本章将结合网络空间信息系统的概念、特征来讨论其安全体系能力生成、度量及评估的基本范畴，具体内容包括：网络空间信息系统内涵、特征及其典型形态；网络空间安全体系能力及其生成、度量及评估基本概念；其中的基本科学与工程问题等。

1.1 网络空间信息系统的内涵、特征与描述框架

在漫长的人类社会发展历史进程中，信息及其载体——信息系统所起到的重要作用，尚无其他技术可出其右。当前，信息系统的形态、规模和复杂性随着信息技术应用拓展发生了极大变化，网络空间中的复杂信息系统应运而生。网络空间中的复杂信息系统的概念、模型是认识和刻画复杂信息系统的核心、基础问题，理解复杂信息系统的概念模型及其本质要素，是进行网络空间安全体系能力生成、度量及评估的基本前提。

1.1.1 信息与信息系统

"信息"是网络空间中最重要的基本概念，也是与"物质""能量"并列的三大要素之一。而信息的采集、传输、存储、处理、应用及管理等，均需通过信息系统来进行。

1.1.1.1 信息的内涵、特征及度量

信息普遍应用于哲学、工程技术、管理科学等诸多领域，在技术科学中的地位更是无以复加。同时，各领域基于自身认识和改造世界的需要，又对"信息"的概念做出了多种定义和解读，出现了长期争鸣且未达成共识的现象。这种现象的存在，也说明了"信息"的定义与应用领域和场景密切相关。香农意识到通信系统中的"信息"与日常生活中的"信息"的区别，并将通信系统中的"信息"中的"意义"剥离出来。

在技术科学特别是信息科学技术范畴内，信息这种本质属性用于考察客观事物"内部结构和外部联系"的运动状态及方式，可脱离原来的具体研究对象而被获取、传输、处理和利用。换言之，信息既非物质本身，亦非能量，它抽取自记录客观事物的运动状态及状态改变方式的数据，反映了自然界和人类社会中各种事物状态和运动规律，可对决策提供有益帮助。

一般认为，信息的基本特征包括以下性质。

（1）可识别性。

信息应该可以通过直接方式和间接方式来识别。直接识别主要是通过听觉、视觉等生物感官来进行，而间接识别则是指通过各种测试手段来完成，通过对应的传感（信息获取）装置来实现信息采集。在网络空间安全中，多采用间接识别方式，如可以使用北斗系统来识别位置（即定位）、使用入侵检测的各种探头来获取相关安全信息等。

（2）可存储性。

信息常表现为文字、语音、图像等抽象符号形式，需要借助特定的媒介或载体来存储才能传载，在这个意义上说，可存储性又可称为可传载性。存储媒介或载体的形式可以是磁盘、声波、电波等，但存储媒介或载体并不是信息本身。比如，存储在计算机系统硬盘上的信息，认知主体首先接触到的是磁盘本身，通过磁盘读取设备方可感知磁盘上所存储的信息数据。

（3）可共享性。

信息可以脱离源事物相对独立存在，这种资源可被无限制地复制利用、永久保存和共享。信息与物质和能量在可共享性方面的显著区别，既为使用者带来了极大便利，又为信息的安全性带来了极大风险。比如，恶意用户未授权访问获取信息后，信息所有者可能会对此毫无察觉，因为原有信息的外在形态因可共享性而无任何改变。

（4）可度量性。

信息的度量是信息论的基本问题之一，可利用某种测度或单位来度量信息并对其编码。比如，可基于概率方法采用自信息量、互信息量来度量信息。自信息量度量了信息的大小，而互信息量则度量了多个信息关联的密切程度。香农采用事件发生概率的对数（即信息熵的概念）来表征信源的不确定性，熵是离散集的平均自信息量，可用于信息不确定性的度量和运算。

在信息系统安全保障中，有效利用信息的上述性质至关重要。香农将信息量与信号源的不确定性（以各个可能的符号值的概率分布来表示）联系起来，直观给出了信息量需满足的若干简单的数学性质（如连续性、单调性等），进而给出了一个唯一可能的表达形式。香农开创性引入的"信息量"概念，将传输信息所需的比特数与信号源本身的统计特性联系起来，并在此基础上，采用熵（Entropy）

来度量信息量，一个信息系统越是混乱，信息熵就越高。

1.1.1.2　信息系统的功能、架构与计算模式

信息无法脱离其载体——信息系统而独立存在。从系统的角度看，信息系统是按一定结构组织的，能够采集（获取）、传输、存储、处理和输出信息以实现其功能目标的相互关联的元素和子系统的集合。本节将讨论信息系统的功能、架构与计算模式。

（1）信息系统的功能。

信息系统的功能包括信息获取、信息传输、信息存储、信息处理和信息管理等。表 1.1 给出了信息系统的功能分解示意。

表 1.1　信息系统的功能分解示意

功能	内容	要素及示例	
信息获取	通过特定的手段和措施，实现对分散蕴涵在不同时空域内相关信息的采掘和汇聚，以满足特定的目标和要求	目的	获取信息的类型及其用途。如在安全风险分析中，需要获取跟风险要素有关的网络漏洞、网络攻击、网络操作等信息，用于网络层面的风险要素分析
		范围	获取信息的范围。如在网络安全风险分析中，需要获取待分析网络内的网络信息：网络带宽等指标获取范围为网络节点，CPU利用率、关键文件操作等指标获取范围为主机
		手段	获取信息的手段和方法。如在网络安全风险分析中，可采用渗透测试等方法
信息传输	从信源经信道传送到信宿，并被信宿所接收	表现形式	数据、语言、信号等
		载体介质	有线或无线
		标准协议	通信协议、网络协议等
信息存储	按照特定格式和顺序，进行设备缓冲、保存、备份等	逻辑组织	便于识别、定位和检索
		物理手段	电能、磁能或光学等
信息处理	对信息进行排序、分类、计算、查询、统计、分析、检索、管理和综合等操作	基本规律	信息不增原理：对信息所做的任何处理，均不可致其所载荷的信息量增加
		方法	各种算法
信息管理	管理信息资源和信息活动	微观管理	控制具体信息内容的获取、处理、存储、传输等环节
		宏观管理	对信息组织、具体信息系统的管理

（2）信息系统的架构。

信息系统所依托的信息技术发展迅速，信息系统的具体功能和形态也在日益变化，不同的角度、层面和时段呈现出的不同构成要素和结构，使得信息系统的分析和控制日益复杂和困难。因此，考察、分析和控制信息系统，必须要超越具

体技术形态，把握其共同的内在核心要素及其逻辑关系，在此基础上，考察其多角度、多层面和多时段的多重性特征。

以网络空间中的计算机网络信息系统为例，它是旨在完成信息流处理，由软硬件设施、信息资源与用户等组成的集成系统，可以从概念结构、模型结构、拓扑结构、层次结构等多维视角来考察其架构，如表 1.2 所示。

表 1.2 基于多维视角的计算机网络信息系统架构分析

分析视角	描述内涵		具体含义
概念结构	通过抽象概念层次来描述宏观结构	管理层	战略管理（如信息系统战略规划等高层管理）、策略管理（如生产经营计划的执行等中层管理）和事务管理（如具体的生产组织等具体业务型管理）
		职能层	组织管理应包括的职能，如制造信息系统的具体职能应包括研发、固定资产、人力资源、进销存等方面
		功能层	各种信息及业务处理、管理协调以及决策等服务
模型结构	各要素呈现的构成关系，即开发过程的抽象描述	需求结构	若干需求包相互关联构成总体需求框架，包括功能需求、非功能需求（含性能需求）
		设计结构	基于需求结构，包括系统架构、功能及数据库等设计
		实现结构	基于设计结构，包括实现环境、程序构成及逻辑关系等
拓扑结构	各组成部分按物理分布抽象而成的分布外形结构	点状结构	所有组成部分集中于一个物理节点，如单机系统等
		线型结构	各节点相互独立、平等，但顺序关系确定，如顺序处理系统等
		星型结构	存在逻辑的中心节点（如集中式系统、文件服务器等），用于数据存储、事务处理或信息通信
		网状结构	无单一的中心节点，各节点形成一个复杂交织的拓扑网络，可包含线型结构和星型结构等其他拓扑结构，如云计算系统等
层次结构	系统纵向抽象逻辑层次	物理层	物理设备层面，涵盖通信、网络、主机等物理硬件
		系统层	以操作系统为核心的系统软件，包括 Windows、Unix、iOS 等
		支撑层	系统运行支撑软件，包括软件中间件、数据库、开发平台、云环境等
		数据层	用于信息系统的数据模型、数据集等描述
		功能层	实现各种信息及业务处理、管理协调以及决策等服务功能集
		用户层	实现信息系统自身及信息交互的用户接口描述

（3）信息系统的计算模式。

计算模式（Computing Pattern）是信息系统计算要素所呈现的结构模式，是其完成任务的运行、输入输出以及使用的方式，也就是满足用户应用需求所采用的计算方案。网络空间中的信息系统中的计算要素涵盖了各种硬件、软件、网络等，计算模式的选取决定了这些计算要素的物理配置和逻辑配置的组织及其协同方式。

冯·诺依曼计算机体系结构要义在于存储程序结构实现了存储与计算分离,其本质是图灵机的一种通用物理实现方案,负责逻辑和计算的 CPU 可以执行多种功能。该结构的缺点是 CPU 和内存之间存在数据传输瓶颈。其原因为,CPU 和内存的增长速度不相匹配,CPU 以每年 50%的速度增长,而同期内存的增长率只有 7%左右,从而导致了内存墙的存在。解决这个问题有两条技术途径:一是采用多级缓存来弥补 CPU 和内存的速度失配问题,存储层次变为多层。二是采用多核技术。多核技术用于解决存储层次问题,一部分存在核内,一部分放在核外,供多个 CPU 共享。所有的共享存储层次均面临无序共享问题(即多层缓存自身无法判断多个 CPU 核的应用程序的优先级),从而导致性能无法保障。

计算模式的形成,与当时的计算机技术特别是计算架构的发展密切相关、相辅相成,共同推动了计算模式的演变和计算技术的进步。从发展历史来看,先后经历了集中式、分布式以及云计算等不同模式时期(如表 1.3 所示)。如以计算架构作为核心特征,计算模式的演变过程又可以划分为单机架构、C/S 架构、B/S 架构、C/S 与 B/S 混合架构、对等(Peer-to-Peer,P2P)架构、多层架构和面向服务架构(Service-Oriented Architecture,SOA)等不同阶段。

表 1.3　信息系统的计算模式分析

模式	发展阶段	具体含义	
集中式计算模式	主机使用专用的处理器指令集、操作系统和应用软件,集中了 CPU、内存、外存等全部计算资源,所有数据和程序都在主机上进行集中管理	单主机-单终端计算模式	主机端大多是大型机,用户终端为哑终端,无任何计算资源,仅可用于输入/输出
		单主机-多终端计算模式	多个用户通过终端连接到一台主机或一个终端控制器上,大型主机轮流分时向多用户终端提供计算能力(又称为分时共享模式)。优点是安全性好、计算和数据存储能力强;缺点是可靠性高度依赖于主机自身的可靠性、硬件初始投资高、可移植性和可扩展性差等
		文件服务器计算模式	采用处于局域网内的专用服务器。加强了存储器的功能,简化了网络数据管理,同时还具有安全保密措施,提升了系统的性能和数据的可用性,降低了管理复杂程度和运营费用
分布式计算模式	将数据和计算分散至若干计算资源	通用分布式计算模式	实现数据分布和计算分布,共享稀有资源和实现负载均衡。数据分布完成了数据在不同计算机中的分散存储,计算分布将计算操作分散给不同的计算机处理
		并行计算	将被求解的问题分解成若干部分,各部分均使用一个独立的处理机,实现同时使用多个计算资源来协同求解同一计算问题,用以提高系统的计算速度和处理能力
		网格计算	数据处理能力超强,可充分利用网络计算能力

续表

模式	发展阶段		具体含义
云计算模式	适应互联网资源的自主控制、自治对等、异构多尺度等基本特性，用户通过网络能够在任何时间、任何地点最大限度地使用虚拟资源池	技术特点	可随时随地、按需分配、方便快捷地分配、使用和释放各种可配置计算资源共享池
		5 种特征	按需自助服务、泛在接入、资源池化、快速伸缩性、服务可计量
		4 种部署	私有云、社区云、公有云、混合云
		3 种服务模式	软件即服务（Software-as-a-Service，SaaS）、平台即服务（Platform-as-a-Service，PaaS）、基础设施即服务（Infrastructure-as-a-Service，IaaS）

1.1.2 系统的复杂性与复杂系统

1.1.2.1 系统的复杂性

客观世界作为普遍联系的整体，事物之间及事物内部各要素之间均存在相互影响、作用与制约，即客观世界的事物是普遍联系的。普遍联系是一个客观事实和本质特征，而系统就是能够反映和概括这个客观事实和本质特征的最基本和最重要的概念。

系统论意义下的系统（System）是指，存在于特定环境之中，由相互联系、作用及制约的若干要素结合在一起组成的具有特定功能的整体，而且其本身又是它所从属的某个更大系统的组成部分。因此，加和性复合体是堆积物而不是系统，非加和性的复合体才成为系统。系统的要素、结构与功能是其最重要的三个基本概念。功能为系统整体性的外在表现，而整体性作为系统最重要的特点，是指系统在整体上具有其组成部分所没有的性质，绝非其组成部分性质或性状的简单叠加，体现了系统整体涌现的结果，并遵从涌现机理和规律。系统的核心在于其整体所涌现出来的功能，如果仅关注其组成部分，即便全部认识了其组成部分，也并不等于认识了系统自身。以时/空状态为据，系统有动态、静态、稳态和非稳态之分；以与外部环境的关系为据，系统有开放、封闭和孤立之分；以组成要素性质为据，系统有自然、人工，以及自然和人工复合之分；以结构复杂性程度为据，系统有简单、复杂之分，包括简单巨系统、复杂系统、复杂巨系统和特殊复杂巨系统等。

若使系统具备所期望的功能尤其是最优功能，可调整和优化其结构或环境及其关联关系。比如，系统的组成结构可以通过一定的手段和方法去重新设计、组织、调整和改变。通过设计、组织、调整和优化系统组分、组分之间、层次之间及其环境耦合，来完成整体、部分与环境之间的协调与统一，使得系统整体涌现出所期望的功能甚至是最优功能。

之所以无法通过局部来认识整体，是因为系统局部与整体之间、局部与局部之间存在非线性形式，体现为系统的复杂性（Complexity）。著名物理学家霍金指出"21 世纪将是复杂性科学的世纪"。物理学家普朗克指出"科学作为内在的整体，它被分解为单独的整体不是取决于事物本身，而是取决于人类认识能力的局限"。20 世纪 80 年代兴起的复杂性科学在认识论和方法论上的新进展，必将给科学研究带来深刻的变革。这种通过多个相互作用的组分的集体行为涌现出宏观层面的复杂变化，可以采用系统动力学等理论来描述和预测。事物内部层层相因的普遍联系是复杂性的来源之一。复杂性还产生于动态，事物内部和外部之间，始终处于互为因果互为作用的状态，从而产生变化。而变化中又孕育着新变化，构成千变万化的复杂关系。

复杂性是一种客观存在，且是可以观测的。选取特定断面来考察复杂性，既有瞬间的绝对性，又有发展变化过程的相对性。从宏观来看，整体的行为均有规律可循，但这种非线性系统与线性系统不同，可通过对个体行为的分析来预测整体的行为。

1.1.2.2　复杂系统及其典型特征

复杂系统（Complex System）是指具有复杂性特征和复杂动态行为的系统，即这种系统不仅规模庞大，而且具有复杂拓扑结构和动力学行为，各要素、各层次之间存在大量的非线性关系，而且能够自主地按照一定的行为规则交互，自底向上构成不同层级的自组织系统。不过，复杂系统虽是由大量组分组成的网络化系统，但其并无中央控制机制，它的运行规则或许并不复杂，却能生成复杂的整体行为，并通过学习和进化产生适应性。这种系统体现出开放性、多时性、不确定性、扰动性、自相似性、高阶次性、高维数、多输入/输出、多层次性等特性。

复杂系统的复杂性既体现在其规模与结构之上，也体现在其空间、时间和行为上，其中充满着非线性和高维度属性，难以采用常规建模分析方法来解决；系统中充满未知性和非确定性，如果强制外加若干假设或条件去研究，则可能在很大程度上背离了原系统。也就是说，该系统无法由全部的局部变量和局部属性来实现总体属性的重构，也无法通过其局部特性来具象或者抽象地描述系统的整体性能。

1.1.3　网络空间信息系统的分类、描述框架及概念模型

认识网络空间信息系统的前提是实现有效描述和表征。网络空间信息系统的概念描述，涉及信息、信息系统、复杂系统和网络空间等概念。考察上述概念及其相互之间的关系，离不开信息论、系统论和控制论等经典理论及其衍生发展出来的复杂系统理论、体系工程原理等新的理论和方法。本节将以此为基础，重点

讨论网络空间信息系统的基本概念以及信息系统与复杂信息系统、复杂系统与复杂信息系统、复杂信息系统与网络空间的关系等问题。

1.1.3.1 基于复杂性视角的网络空间信息系统分类

从复杂性科学的角度出发，网络空间信息系统可以分为简单信息系统（Simple Information System）、随机信息系统（Random Information System）、复杂的信息系统（Complicated Information System，有时也称为混乱信息系统）与复杂信息系统（Complex Information System）。表 1.4 给出了简单信息系统、随机信息系统、复杂的信息系统与复杂信息系统的区别与联系。

表 1.4 简单信息系统、随机信息系统、复杂的信息系统与复杂信息系统的区别与联系

类型	基本描述	主要特点	典型分析方法	典型系统
简单信息系统	无演进、组分少、线性、可还原	系统元素较少，变量数较少	线性动力学	简单的管理信息系统
随机信息系统	系统本身具有不确定性或其输入/输出或干扰具有随机性，初始条件、参量及作用项具有随机因素	系统元素较多，变量数较多；系统呈现较强的随机性；系统耦合较弱	统计动力学	彩票系统、随机控制系统
复杂的信息系统（混乱信息系统）	规模庞大，结构复杂，各组分之间没有非线性关系，组分本身没有自主性，而且无法灵活调整组分之间关联	需进行复杂的描述，但本身不具有独特性和整体性	还原论方法	大型 ERP
复杂信息系统	具有复杂拓扑结构和动力学行为，具有非线性、涌现性、自组织性、不确定性等	系统元素多、变量多，耦合强烈；子系统较多	图灵机、模拟仿真、体系工程方法	因特网、云计算系统、物理信息系统

需要指出，复杂的信息系统和复杂信息系统具有本质区别。复杂的信息系统是指虽然具有结构复杂性，但各组分之间并无非线性关系，组分本身亦无自主性，且无法灵活调整组分之间关联的系统。而复杂信息系统是指具有复杂性属性、具有动态行为复杂性的信息系统，即具有复杂拓扑结构和动力学行为的大规模信息系统。

1.1.3.2 复杂信息系统层次结构及其描述框架

当前，很多信息系统正在向复杂信息系统演进，日益呈现出高度的复杂性。该类系统规模庞大，结构和功能复杂，交互复杂性也较高，其业务功能和拓扑结构具备复杂网络的特性。网络空间信息系统的复杂性特征为：①结构复杂且异构，存在海量节点；②连接多样，节点连接权值及方向各异；③节点多样，复杂信息

系统中的节点可以处于主机、服务、进程等不同层面；④网络进化，节点或连接持续接入或退出。因此，可以从纵横两个维度来考虑其复杂性：纵向维度的复杂性表现为系统业务层面众多且各业务层面之间呈现出复杂的交互耦合关系；横向维度的复杂性表现为在每一个特定的业务层面上物理拓扑结构及业务逻辑呈现出高度的复杂性。

网络空间信息系统的描述，涉及复杂性参量和特征量的提取、复杂性相关概念的描述、复杂性质的判断、复杂关系的逻辑和推理以及评价因子、要素、维度及强度等若干问题。复杂信息系统为复合系统，由多个信息子系统组合而成，必须采用统一的框架模型来描述。目前，常用的企业信息系统体系结构架构有 Zachman 框架、美国联邦企业体系结构框架（Federal Enterprise Architecture Framework，FEAF）、美国财政部企业体系结构框架（Treasury Enterprise Architecture Framework，TEAF）等。

1987 年，在 IBM 工作的 Zachman 提出了 Zachman 框架，后来成为企业体系结构的经典框架。Zachman 框架模型分为横向、纵向两个维度：横向维度是从不同视角来描述，分为 5W1H，即 What、Where、Who、When、Why、How；纵向维度是从企业 IT 架构层次来描述，分为范围、企业、系统、技术、详细、功能等 6 类模型。不难看出，Zachman 框架模型对应着 6×6 二维矩阵，矩阵元素对应着视角和不同层次抽象描述的交叉。本质上来说，这种架构是一种描述本体，是各种具体框架描述的元模型，可以拓展为各种具体的框架。Zachman 框架模型的缺点是割裂了各视角和各层次之间的关联关系，无法表征复杂性。

1.1.3.3　基于复杂网络理论的复杂信息系统概念模型

网络空间复杂信息系统的概念、模型是认识和刻画网络空间信息系统的核心、基础问题，理解网络空间复杂信息系统的概念模型及其本质要素，是进行体系能力生成、度量及评估的基本前提。

复杂信息系统既包括规则化、均匀分布、遵循简单普适规律的基本单元，也包含种类繁多的高度不规则、非均匀分布的基本单元。通常采用物理拓扑结构来刻画网络空间信息系统的拓扑结构及其特征。对于因特网、云计算平台等系统来说，物理拓扑为网络（设备）拓扑图；对于复杂软件系统来说，物理拓扑为网络图。也就是说，可以将网络空间复杂信息系统的拓扑抽象为复杂网络模型，采用复杂网络理论来分析。网络空间复杂信息系统的功能（即所承载的业务构成及其逻辑关系）由业务逻辑来描述。确定业务逻辑要素时，首先要厘清该系统所承载的具体业务。这些业务由最小业务单元（即原子业务）组成，将这些业务分解成多个原子业务，并对原子业务间的业务流程关系和结构关系进行描述。最小业务单元的划分原则是能够独立运行、被独立调用、无需或不可继续划分。物理拓扑结构与业务逻辑之间存在的映射关系，称为关联关系。

许多复杂信息系统具有准可分解的层级系统（Quasi Decomposable Hierarchy）的典型结构。这种典型结构反映了层次性和涌现性的解决办法（由不可分解性转化为准可分解），通过将微观属性或类型在宏观层面体现，实现非线性的可预测分析。而这种可分析预测的方法和工具，就是计算机建模仿真。模型是根据工程实际需要，实现某些方面的简化，并非是复现其原型。通过建模仿真实验，可能会发现原系统的某些新规律，既可以深化对原系统的认知，又可以用来预测其行为。建模的方法论基础是实现简单性与相似性的统一，既要求实现对原始系统的简化描述，又要保证模型和原型在本质上相似。

通过合适的数学工具，实现建模仿真，将复杂问题简单化，并保留其本质特征，可将繁复的表象简化、数字化，更易凝练共性、归纳特点，找寻复杂现象背后的一般机制。比如，复杂系统的涌现性可以利用多主体建模仿真、计算实验等方法来模拟，从而掌握涌现的发生条件、形成机制和规律，进而实现涌现发生的控制、利用涌现趋利避害等。

因此，可以将复杂信息系统抽象为由节点和链路组成的耦合系统，即复杂网络。网络的状态可视为该网络所有节点状态的联合。信号（及其值）则是沿着一个节点到另外一个节点的链路来实现传播，并且改变节点的状态。网络在一定条件下，可以振荡、抑制或者收敛到某一状态，该状态称为网络的固定点。在复杂信息系统当中，运用了大量的先进信息技术，子系统间的联系通常使用信息作为介质，利用网络载体，子系统间相互交互和协同日益频繁，以完成共同使命、实现共同目标。典型的复杂信息系统有因特网、无线通信网、物联网、云平台、复杂软件系统等。常用的模型则包括元胞自动机模型、受限生成系统（Constrained Generating Procedure，CGP）以及网络模型等。以计算的视角来看，上述模型均为等价模型，即等价于图灵机。本质上，量子计算机的计算能力亦与图灵机等价，但在计算复杂度上具有优势。

1.2 典型网络空间信息系统形态

传统的网络安全风险理论将风险管理定位为保护组织机构的资产及其业务免遭损失。从总体安全观来看，网络空间安全保障的适用范围应该包括网络空间中涉及国家主权和国家安全、社会公共利益等各类组织和个人合法权益的信息系统。

1.2.1 网络空间视野下的信息系统形态

空间（Space）概念最初来自物理领域，物理空间可表现为长度、宽度、高度等多个维度，以描述物体及其运动的位置、形状、方向等物理性质。物理空间与时间概念相组合，可描述物体及其运动和相互作用的广延和持续。物理空间是一种"具体空间"，随着人类认识的不断发展，又衍生出"一般空间"的概念。不同于具体空间，一般空间除了具有多维特征之外，还具有抽象、不可见等特征。网络空间（Cyberspace）就是一般空间的具体形态和典型代表之一。

网络空间与现实空间中的陆、海、空、天一起，形成了人类对自然和社会五大空间的新认知。可以说，当前人类生存于社会、物理世界和信息空间组成的三维世界中。1982 年，美籍科幻作家威廉·吉布森将 Cybernetics（控制论）和 Space（空间）组合起来，首创了 Cyberspace 一词，中文译为网络空间、赛博空间、多维信息空间以及网络电磁空间。Cyberspace 的概念一经提出，便受到广泛关注。20 世纪 90 年代，国际上认为其与 Internet 基本同义，随后又扩展为"基于计算机、现代通信网络以及虚拟现实等信息技术的综合运用，以知识和信息为内容的新型空间"。近年来，国际上对网络空间的概念又有了新的认识和深化。国际电信联盟结合用户、物理和逻辑三个层面的构成要素，给出的网络空间定义为："由计算机及其系统、网络及其软件、计算机数据、内容数据、流量数据以及用户等上述全部或部分要素创建或组成的物理或非物理的领域"。美国国土安全部则将网络空间视为"由相互关联的信息技术基础设施网络构成的一个全球域信息环境和新的生存空间"，其中的网络涵盖因特网、电信网、计算机系统以及嵌入式处理器和控制器等，同时还融入了"影响人们交流的虚拟心理环境"的基本定义。网络空间概念的形成与发展，不仅体现了从计算机、网络到网络空间技术形态的变化，更反映出人们对网络空间内涵外延认识的逐步深入，主要体现在以下三个方面：①从计算机网络拓展至涉及陆、海、空、天等的所有信息环境；②从计算机、网络设备扩展到使用各种芯片的嵌入式处理器和控制器；③从物理设施扩展到人的活动。

从技术形态上来看，网络空间以自然电磁能为载体，以功能、互联程度、技术复杂性以及脆弱性各不相同的人造异构网络化系统和相关的物理基础设施为平台，通过网络将信息渗透、充斥到陆、海、空、天等实体空间，依托电磁信号传输、存储、处理和利用信息，通过协议、接口以及基础设施的标准化来实现不同分系统之间的信息交换，并经由信息控制实体行为，形成实体层、电磁层、虚拟层深度融合、相互贯通、无所不在、多域融合的多维度复杂空间。

在工程技术领域，网络空间涵盖因特网、信息基础设施、数据库等常规网络信息系统，也包括具体的、范围确定的电子信息环境，如政府组织、公司企业、军队以及其他机构等的信息系统。网络空间的影响范围远远超出了因特网的范畴，它包括与网络空间有关的、影响重要基础设施的公共通信网、电力网、金融、交通、广电、军事和其他政府安全系统等。

综上可知，网络空间的本质要素是信息、信息系统以及信息环境。随着物联网、移动通信、工业互联网、大数据、云计算技术的不断发展，网络空间的全球联接、极度分散、无所不在的特性日渐增强，信息网络与电磁空间逐步融为一体。从这个意义上说，网络空间是最"大"的复杂信息系统。

网络空间存在多种复杂信息系统形态，其中以关键信息基础设施网络、云计算系统、复杂软件系统和工业互联网等最为典型。

1.2.2 关键信息基础设施网络

1.2.2.1 关键信息基础设施的定义和范围

网络空间安全风险管理涉及的关键信息基础设施，一是公共通信，二是重要的行业和领域，三是与国家安全、国计民生、公共利益密切相关的信息系统或者工业控制系统等。上述系统一旦遭到破坏、功能丧失或者数据泄露就有可能造成严重危害。在国家层面，国家关键信息基础设施是指支撑物理关键信息基础设施的信息系统（国际电信联盟的定义）。

国际上对于关键信息基础设施的定义也经历了一个发展过程。中国给出的关键信息基础设施保护范围是：各单位运行、管理的网络设施和信息系统，一旦遭到破坏、丧失功能或者数据泄露，可能严重危害国家安全、国计民生、公共利益的，应当纳入关键信息基础设施保护范围。网络空间的关键信息基础设施主要有：①公共服务领域的重要信息系统（能源、交通、水利、金融、供电、供水、供气、医疗卫生、社会保障等领域）；②提供公共通信服务、广播电视传输服务的基础信息网络等；③军事网络，涵盖用于军事指挥、组织动员、军事训练、后勤、情报、战略支援保障等各种信息网络；④国家机关等政务网络；⑤用户数量众多的网络服务提供者所有或管理的网络和系统等。

1.2.2.2 关键信息基础设施的确定

确定关键信息基础设施有 3 个环节：确定系统的关键业务；确定承载或支撑系统关键业务的信息系统或者工业控制系统（网络）；基于关键业务对系统（网络）的依赖程度及其安全损失。

国家关键信息基础设施的关键业务涉及诸多领域和行业，表 1.5 给出了我国关键信息基础设施领域和行业分类以及相应的关键业务示例。

表 1.5 国家关键信息基础设施的关键业务

序号	领域和行业		涉及信息系统和工业控制系统的关键业务示例
1	公共通信	电信	语音服务、数据服务、邮电通信
		互联网	基础网络、数据中心/云服务、域名解析、顶级域注册管理
		广播电视	播出管控

续表

序号	领域和行业		涉及信息系统和工业控制系统的关键业务示例
2	信息服务		大型数据中心、云计算平台、网络信息服务（新闻、即时通信、在线购物、在线支付、搜索引擎等各类平台及网站）
3	能源	电力	发电、输电、配电
		石油石化	油气开采、输送与储存、油气炼化加工
		煤炭	煤炭勘探、开采、输送与储存、煤化工
4	交通	铁路	客运、货运、列车（铁路、地铁、城铁等）调度与运行、票务系统
		民航	交通管控、航空公司及机场运营、进出港系统、票务系统
		公路	交通管控、智能交通系统、收费系统
		水运	交通管控、水路客运、水路货运、港口管理运营
5	水利		水利枢纽运行管控、输水管控（南水北调系统等）、城市水源地管控
6	金融		银行及金融机构运营、证券期货交易、清算支付、保险业运营
7	公共服务	基础公共服务	水、电、暖、气供应管理，市内公共交通、污水处理、气象服务
		经济公共服务	科技服务推广、专业咨询服务
		公共安全服务	军队、武警、公安和消防等方面的服务
		社会公共服务	教育、科学普及、社会保障等领域；水、空气、土壤、核辐射等环境监测及预警；医疗卫生、疾病控制
8	电子政务		信息公开系统、公众服务系统、业务办公系统
9	关键制造业		ERP 等企业运营管理系统；智能制造系统；化学、核等危化品生产加工和存储管控、高风险工业设施运营

1.2.3　云计算系统

云计算兼具分布式、并行及效用等计算特征，集网络存储、负载均衡、冗余备份等于一体，通过虚拟化（Virtualization）技术将服务器、存储器、应用程序、网络等实体资源抽象成逻辑的可配置、虚拟资源池，供用户随时随地、按需分配、方便快捷地分配、使用和释放。虚拟化是云计算环境的重要基础，用户应用均部署于虚拟化平台之上的虚拟机（Virtual Machine，VM）中。这种计算模式具有按需自助服务、泛在接入、资源池化、快速伸缩和服务可计量 5 种特征，采用私有云、社区云、公有云和混合云 4 种部署方式，拥有软件即服务（SaaS）、平台即服务（PaaS）、基础设施即服务（IaaS）等 3 种服务模式。2012 年后流行的软件定义网络（Software-Defined Networking，SDN）大多部署在私有云内部网络之中或其数据中心之间。

云计算应用的迅速拓展，为网络空间安全风险控制和安全保障带来了新问题。云计算具有的虚拟化、异构化、无边界、动态性等特点，使得传统的固定式网络物理边界不复存在，IaaS、PaaS 和 SaaS 等服务模式提供的多用户交付模式使其面临更多新的安全威胁，对用户和云计算服务提供商在云计算环境安全保障都带来了新的挑战。由于云计算"虚拟化"和"分散处理"的技术特点，它存在着特殊的安全风险，在虚拟化、数据、应用以及管理等安全层面表现尤为突出。

1.2.4 复杂软件系统

同计算机、硬件一样，软件的出现也源于人们对科学计算的需求。早期的计算多是通过硬件电路直接实现。随后，软件取代硬件成为科学计算和商业应用的主流解决方案。表 1.6 简要给出了软件系统从简单到复杂的发展历程。

表 1.6 软件系统发展简要历程

时间	里程碑	技术特征	说明
20 世纪 50~60 年代	可编程	通过硬件承载程序，使得同一个硬件可以完成不同的功能	软件雏形的出现
20 世纪 50~60 年代	编译器	将汇编或高级计算机语言源程序作为输入，翻译成目标语言机器代码的等价程序	主要工作流程：源代码→预处理器→编译器→目标代码→链接器→可执行程序
20 世纪 50~60 年代	操作系统	管理和控制计算机硬件与软件资源的计算机程序	系统软件的雏形出现
20 世纪 70 年代初	数据结构	抽象数据类型的物理实现，即相互之间存在的一种或多种特定关系的数据元素的集合	程序=数据结构+算法
20 世纪 70 年代	算法	由有穷规则构成、为解决特定类型问题确定的运算序列	程序=数据结构+算法；算法存在时间复杂度（时间代价）和空间复杂度（空间代价）
20 世纪 60 年代提出，90 年代以后流行	软件架构	一系列相关的抽象模式，用于从宏观层面刻画特定软件系统的组成与特性，包括系统各组件、组件外部可见属性及组件间相互关系。3 种架构：逻辑架构、物理架构、系统架构	架构偏重于设计，通常采用多视图设计法
20 世纪 90 年代以后流行	软件框架	整个或部分系统的可重用设计，面向特定领域（含 ERP、Web 服务、GUI 等业务领域）、可复用的"半成品"软件。实现了特定领域的共性部分，并提供系列定义良好的热点以保证灵活性和可扩展性，包括 3 个层次的框架：系统基础设施框架（如微软 MFC 等）、中间件集成框架（如 DCOM、CORBA、ORM 等）以及企业应用框架（如金融、工控等领域）	偏重于具体技术实现，包括构件、构件间关系及交互机制、热点行为调整机制。通过软件框架实例化，即利用软件框架的模板参数化、继承和多态、动态绑定、构件替换等行为调整机制，将具体应用的特有模块与框架可变点相绑定来调整该框架的可变部分，生成最终系统
20 世纪 80 年代提出，90 年代以后成熟	中间件	提供系统软件和应用软件之间连接，以便于软件各部件之间的通信和资源共享，可复用	可以屏蔽操作系统和网络协议的差异，使得应用软件可以工作于多平台或操作系统环境

随着软件规模日趋扩大，软件自身结构（包括内部函数与函数之间、模块与模块之间、子系统与子系统之间的互联、互通、互操作关系）也越来越复杂。对于许多复杂多变业务和海量数据以及大数据，并无通用解决方案，常采用模块化、组件化、服务化的方案实现复杂业务的分而治之，采用具有逆向控制（Inversion of Control）特点的软件框架，将一组类（或模块）及其交互作为一个整体来考虑，系统的可维护性和柔韧性则需要采用适当的设计模式和代码规范来保证。更重要的是，在网络空间里，存在着大量的局部自主软件系统，这些软件的开发模式及过程、体系结构、编程语言、运行维护方式大多是异构的，呈现出显著的多样性和差异性。随着物联网、云计算、工业 4.0、大数据、信息物理系统中的网络和系统应用，软件的内涵也在飞速变化，包含上千万行软件代码的嵌入式设备也屡见不鲜。

这些系统一方面在持续集成导致耦合、关联程度不断深化，另一方面，这些软件系统又直接或间接作用于人类社会系统和物理系统，复杂软件系统内部的交互和耦合日趋复杂且持续演进，软件系统整体行为难以通过各组件特征行为的简单叠加来刻画。其根本原因在于，复杂软件系统当中存在强烈的非线性作用、自组织、自适应和涌现等本质特征。而且，复杂软件系统大多承担着非常重要的业务使命，系统生存周期长、动态性和开放性强、安全可靠性要求高，很多的软件系统甚至是任务关键系统和安全关键系统。

复杂软件系统的安全保障，从获取正确的软件需求（包括安全需求）、进行正确的系统设计、采用本质安全的编程语言和规范、进行软件安全性（动态和静态）验证测试，再到使用高级模型"自动正确构建"（Correct-by-Construction）软件的模型驱动开发，需要全方位综合安全解决方案。

1.2.5　工业互联网

工业互联网基于"互联网络"和"工业系统"的深度融合，以机器设备、工控系统、信息网络以及人之间的互联为基本特征，为工业实现数字化、网络化、智能化发展而服务，为工业生产领域实现全部要素、整个产业链与价值链的相互联通提供基础支撑，是传统互联网从下游消费领域向上游工业生产领域追溯的核心、基础载体。工业互联网作为关键基础设施网络，集中体现了可靠性要求强、实时性要求高、覆盖面要求广等显著特征。

工业互联网的本质是网络，但它对传统意义上的网络连接目标和功能进行了极大拓展。互联主体包括工业云平台、工业互联网、工业应用、在制品、智能生产制造设备以及工厂中的工控设备与系统等。

典型的工业互联网基本架构分为工厂内部网络（内网）和工厂外部网络（外网），内网和外网分别承担不同的功能和使命。内网涉及运营技术、运维技术或工业生产与控制技术（Operational Technology，OT）网络和信息技术（Information Technology，IT）网络，OT 网络主要实现工业现场的传感装置、控制器、监控设备等控制，而 IT 网络则包括制造执行系统、企业资源计划、客户关系管理等系统并与互联网相连接。外网通常采用云计算方式，用于工业生产上下游企业与用户以及智能产品的连接，即工业云平台。根据目标定位和规模的不同，工业互联网平台既可以"工厂云平台"的形式部署在生产企业内部，也可以"工业云平台"的形式部署在生产企业外部。

1.3 网络空间安全体系能力及其生成、度量及评估基本概念

网络空间信息安全保障问题，本质上是其安全能力的生成及其效用发挥问题，安全度量、分析、评估成为了安全能力研究的核心科学与工程问题，且具有多视角、多层次、多技术的典型特征。网络空间信息系统的复杂性，为研究网络空间安全能力生成、度量及评估带来了严峻的挑战。

如何实现网络空间安全体系能力生成、度量及评估，是网络空间安全保障理论研究和工程实践无法回避的问题。传统的安全性分析技术和方法在此显然遇到了极大的困难；而网络空间信息安全性分析的工程应用特性，又决定了实际的安全性问题很难完全满足理论研究给定的理想假设和苛刻条件，理论研究与实践应用之间存在鸿沟甚至是严重脱节的现象。因此，必须从复杂系统和体系的角度，寻求一套有效的理论与工程应用相结合的方法来解决。

1.3.1 网络空间信息安全体系与体系能力

复杂信息系统中的复杂性不可避免，但绝不意味着不可处理。而复杂信息系统天然带有的复杂性，又使得利用复杂性理论来研究网络空间信息系统的问题，成为题中应有之义。另一方面，网络空间安全体系能力生成、度量及评估包含了多个系统的相互作用，既涉及规模、结构、功能的复杂性，又涉及时间、空间以及行为的复杂性，传统的系统工程分析手段与方法已经难以适用。21 世纪初提出并得到迅速发展的体系（System of Systems，SoS）思想，为研究网络空间安全体系能力生成、度量及评估问题提供了全新的视角与理论、技术及方法支持，使得借助体系工程理论来研究网络空间安全能力的生成、演化模式与途径、体系测度等关键问题成为可能。

1.3.1.1 网络空间信息安全特性

通常认为，信息安全的特性（也有文献称之为信息安全属性或要求）包括保密性、完整性、可用性、可认证性、不可否认性、可追溯性以及可控性等。其中，

保密性、完整性、可用性最为基础，是信息安全的基本属性，并称为信息安全的CIA（Confidentiality，Integrity，Availability）三要素。而可认证性、不可否认性、可追溯性以及可控性等则被称为信息安全的扩展属性。

（1）保密性。

保密性是指信息按给定要求不泄露给非授权（又称为非法）的个人、实体或过程，或提供其利用的特性。保密性针对的是防止对信息进行未授权的"读"，其核心是通过各种技术和手段来控制信息资源开放的范围。

（2）完整性。

完整性是指信息未经授权不能进行改变，用以保证数据的一致性。完整性保证的核心是保证信息不被修改、不被破坏以及不丢失。完整性的破坏可能来自未授权、非预期、无意这三个方面的影响。除了恶意破坏之外，还存在可能出现的误操作以及没有预期到的系统误动作，它们同样影响会完整性，同样需要采取完整性保护措施来加以防范。

（3）可用性。

可用性是指信息和资源在授权主体需要时可提供正常访问和服务，甚至在信息系统部分受损或需要降级使用时，仍能为授权用户提供有效服务。攻击者通常会采取资源占用的方式来破坏可用性，使得授权者的正常使用受到阻碍。

（4）可认证性。

可认证性（又称为真实性）是指能够核实和信赖一个合法的传输、消息或消息源的真实性的性质，能够确保实体（如用户、信息、进程或系统）身份或信息、信息来源的真实性，即保证主体或资源确是其所声称的身份的特性，以建立对其的信心。可认证性不仅是对技术保证的要求，也包含了对人的责任的要求，其内涵要求不能被完整性所代替。

（5）不可否认性。

不可否认性（又称为抗抵赖性）是指信息交换双方（人、实体或进程）在交换过程中发送信息或接收信息的行为均不可抵赖，这是面向收、发双方的信息真实一致的安全要求，包括源发证明和交付证明，用来保证信息和信息系统的使用者无法否认其行为及其结果，防止参与某次操作或通信的一方事后否认该事件曾发生过的企图得逞。与完整性不同，不可否认性除了关注信息内容认证本身之外，还可以涵盖收发双方的身份认证。

（6）可追溯性。

可追溯性（又称为可核查性、可确认性）是指确保某个实体的行动能唯一地追溯到该实体，即能够追究信息资源什么时候使用、谁在使用及怎样操作使用等，表征实体对自己的动作和做出的决定负责。

（7）可控性。

可控性是指保证信息所有者可掌控信息与信息系统，并能够对其应用完成授权、审计、追踪与监管等控制，保证能对传播的信息及内容实施必要的控制以及管理，即对信息的传播及内容具有控制能力。

通过上面的分析可以看出，信息安全的基本属性（保密性、完整性和可用性）主要强调的是对非授权（非法）主体的控制，而信息安全的扩展属性（可认证性、不可否认性、可追溯性以及可控性等）则是通过对授权（合法）主体的控制，合法用户仅可于授权范围内实现授权访问和操作，并对其访问和操作行为进行监督和审查等。

由于信息安全包含了上述属性，因此，对上述属性的任何破坏，均可以视为对信息和信息系统安全的破坏，换句话说，如果上述属性无法得到有效保护，我们就可以说该信息或信息系统是不安全的。

1.3.1.2　网络空间信息安全体系

由于信息时代网络空间中的系统或复杂系统所处外部环境的不确定性日益增强，许多特定目标或问题大多需要若干系统或复杂系统协作完成。此类完成特定目标(或问题)需要若干系统或复杂系统组合而成的系统被称为"系统的系统"（SoS），即体系。在不同应用领域和场景中，体系定义也各有差异。

通常认为体系具有以下特征：①体系规模大，由逻辑上（甚至是地理上）分布广泛的组分系统协作集成而得；②体系结构复杂，组分系统具备独立功能、可独立运行、可同时执行、可互操作，完成共同目标时相互依赖；③可动态配置，适应不同任务需求；④具有涌现性，可涌现出新功能或者新行为；⑤系统持续演进；⑥开发、实施过程中实行集中管理与规划。

随着网络空间安全形势的日益严峻，攻防形态和样式发生重大变化，为安全防御能力需求分析提出了新要求：安全的整体性需求突出了体系对抗的特点，博弈决策中的不确定性因素越来越多，网络空间信息安全分析与控制必须立足于网络空间框架下的整体性、对抗性和不确定性。网络空间信息安全分析与控制中，涉及各系统间的频繁和紧密联系与交互，系统间联系多以信息为介质、以网络为载体，通过各安全组件及其功能的交互与协同，来完成共同的安全保障使命和目标。

网络空间信息系统的攻防体系对抗，是指攻防双方基于各自的攻击体系和防御体系，为争夺有利态势，围绕网络空间信息系统的制信息权所展开的全系统、全时空、全要素的整体性对抗。第一，网络攻防的所有要素、单元和力量，都是基于相同的攻防策略，这也是体系对抗能力生成的反过程。第二，争夺有利态势、实现实时态势感知是关键所在。如果无法有效掌握攻防态势，显然就无法实现有效的体系对抗。第三，掌握信息优势（获取度量相关信息），发挥攻防效用具有决定性意义。第四，攻防双方进行整体对抗，呈现出高度的综合性。网络体系对抗遵循"蝴蝶效应""木桶原理""安全困境""墨菲定律""冰山原理"等，防御体系中各层次存在的任何"短板"和脆弱性，均可能被利用并导致该层次体系"崩溃"，而且暴露出来的问题，或许仅仅是冰山一角。这与采用"还原论"思想来考虑安全能力的"机械"组合具有本质区别。

因此，本书认为，网络空间信息安全体系其实是基于统一标准将一组地理上分布广泛且具有安全控制功能的安全组件及其能力所组成的逻辑聚合体，该聚合体能够完成单个组件或其能力所无法完成的网络空间信息安全保障目标。而这种聚合体，可以通过复杂系统的理论和方法，来研究其结构如何影响系统的性质、行为和功能。其中，表征安全组分连接关系的结构，反映了事物的基本属性，可以采用网络科学方法进行体系描述与建模，分析其关联关系及对体系能力和效用的影响。

1.3.1.3　网络空间安全体系能力

能力（Capability）是指实体在规定的一般（或标准）环境和条件下，使用体系要素执行并完成或被用于完成特定使命任务、达到预期效果的功能特性。通俗地说，能力就是一种在特定环境、标准和约束下达到所期望效果的本领。

网络空间安全能力是指复杂信息系统在应用环境和条件下，使用安全组件和安全功能执行并完成或被用于完成保障系统安全稳定、可靠运行的、达到预期攻防对抗效果的本领和特性。环境和条件是指影响安全任务执行的外部因素；安全任务则是指可实施的行动，包括对执行水平的要求；而所要达到的预期攻防效果，即为安全使命目标。

复杂信息系统兼具复杂系统和信息系统的双重特征，其安全能力构建较为困难。安全保障体系应提供安全保护与防御的整体能力，通过安全预警、保护、检测、应急以及恢复等活动，保障信息系统及信息的安全。这种能力需求显然是一种体系能力需求。

网络空间安全体系能力是基于安全防御体系，融合各种安全要素、防御设施（单元、组件和系统），以一体化综合防御为主要形式，以分布式防御为基本方式，在攻防双方体系对抗中表现出来的态势感知、纵深防御、快速响应、全面保障等整体安全能力。网络空间中针对该系统的所有安全服务、安全措施、安全组件和安全要素均需服从服务于安全体系能力这个总目标，满足全时空、全要素的体系对抗要求。

1.3.2　网络空间安全体系能力生成、度量及评估涉及的基本概念

网络空间安全体系能力需要两大支撑：一是攻防体系对抗策略，二是动态防

御系统，两者缺一不可。攻防体系对抗是目的，动态防御系统是基础，为了攻防体系对抗去构建动态防御系统，而动态防御系统的建立反过来又推动体系对抗能力的生成。而这种体系能力的构建和生成分析，又离不开网络空间安全体系能力生成、度量及评估。

1.3.2.1　体系能力生成、度量及评估系统科学与工程三维结构

网络空间的复杂信息系统自身具有高度的复杂性，其体系能力生成、度量及评估也必然是一个复杂问题，涉及包括计算机、通信、网络、控制、安全、管理与评估等诸多学科，需要采用有效的系统科学与工程方法来解决，而该方法又涉及思想维、知识维和应用维的相互关联与支撑。图 1.1 给出了网络空间安全体系能力生成、度量及评估系统科学与工程的三维结构。体系能力生成、度量及评估的系统思想与安全领域知识相结合，形成了该领域的领域理论；系统思想与应用方法和技术相结合，产生出认识论和方法论；安全领域知识与应用方法和技术相结合，形成该领域的工程应用。而网络空间信息系统具体实例的体系能力生成、度量及评估实施问题，则对应着该三维结构中的一个空间点。

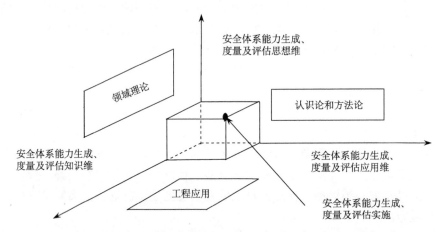

图 1.1　网络空间安全体系能力生成、度量及评估系统科学与工程的三维结构

因此，要进行网络空间安全体系能力生成、度量及评估，必须从以上三个维度、三个方面来把握其内涵。1.4 节将以此为基础，来分析和凝练其核心科学与工程问题。

1.3.2.2　网络空间信息安全度量

度量的科学概念最早见于古希腊数学家海伦的《度量论》。度量的本意是在物理空间（特别是几何空间）测量物理量（如长度），进而求取给定对象的长度、

面积及体积等。后来，度量的概念逐步向物理空间之外的领域拓展，在信息空间和网络空间也获得了广泛应用。进而，度量的概念也从对物理世界的实体度量，拓展到虚拟空间的要素度量。不过，无论是物理空间的实体度量，还是虚拟空间的要素度量，都是人类认识客观世界、感知客观事物的有效方法。

度量是认识客观事物的有效手段，利用相应的度量方法和工具实现对事物属性的数学化、形式化刻画，有助于准确认识其多方面属性，不仅可以了解事物的当前状态（"态"），还能够预测其发展趋势（"势"），也就是说，度量是刻画事物"态势"的有效和必要途径。而事物的可度量程度，在某种程度上也是完备科学与不完备科学之间的根本差距，一个事物如无法有效度量，也必将难以实施有效的管理。

在度量领域，"Measure"（测量）、"Measurement"（测度）和"Metrics"（度量）等术语常被互换混用，但其间存在着重要的细微差别。在软件工程领域中，"Measure"对一个产品过程的某个属性的范围、数量、维度、容量或大小提供了一个定量的指示。"Measurement"则是确定一个测量的行为。

网络空间本质上是包含信息环境在内的一个整体域，涵盖诸多既相互独立又相互依存的信息基础设施和网络等各种复杂信息系统。这些复杂信息系统以信息多维的形式客观存在，其安全能力亦可度量。广义的信息安全度量通常包括安全目标定义、安全需求分析、度量模型构建、度量基线确定、安全改进和控制实施等。网络空间信息安全性能度量包括度量对象、度量环境以及度量方法等 3 个要素。

科学、有效的度量需要确定度量范围和度量标准，通过测量与计算，得到给定事物的某种属性描述和表征。网络空间信息安全度量，需要实现对被度量信息系统的多维度指标数据采集，利用特定的分析与综合方法，经聚合得出该系统的安全能力、安全状态以及安全趋势。根据利益攸关者以及度量目的不同，网络空间信息安全度量可以用于系统整体安全能力的评估，也可以用于整体安全态势的宏观评估，还可以用于系统安全合规情况的综合判断，后续还可以用于安全攻防对抗测量的制定、优化和调整。安全度量对象涉及系统安全的定性特征和定量特征，而科学有效的安全度量需要进行量化评估。因此，还必须采用从定性到定量的综合评估决策方法。

1.3.2.3　网络空间安全分析与评估

度量的目的之一是为分析信息系统的安全风险提供基础数据，而实际上采用度量方法得到的结果则是人们对于安全风险的判断，系统的"实际安全风险"与人们对于安全风险的"判断"之间存在差异，这种差异的大小体现为度量的"有效性"强弱，有效性越强，则两者差异越小。

网络空间安全能力分析涉及海量安全参数的分析和处理。大数据和深度学习时代的到来，使得复杂信息系统及其行为过程数据的忠实记录成为可能，此类"中间过程"的数据对于分析复杂信息系统及其安全风险至关重要，因此，大数据和深度学习提供的"数据化"为网络空间安全风险分析带来了新的机遇。比如，隐私保护和隐私传播的背景——社交网络，最初只能通过问卷调查等原始方式来建立小规模的社交网络模型；此后，可以通过 QQ、微信等即时通信和社交软件，获得大规模网络模型，但是，这种网络模型中，每一条链接建立的时间无法精确获知。随着大数据技术的应用，人们现在可以获取链接建立时间、链接建立时主客体行为（浏览、关注、操作等）数据。物联网系统、物理信息系统也可为安全分析提供从起点到终点的观察数据。这些数据涵盖了从原因到结果之间的所有细节及其逻辑关系，为研究复杂信息系统及其安全提供了数据准备。与此同时，深度学习技术的出现，使人们可以在另外一个维度来分析处理和利用数据，从而将基于数据的网络空间安全体系能力分析提升到了一个新高度。

网络空间安全评估是根据影响系统安全的主要因素，采用系统分析方法，基于信息采集来确定分析目标，构建综合反映系统达到规定的安全体系目标能力的测度算法及其评估过程。

评估方法上，常用定量、定性、定量与定性相结合的分析方法。定性方法包括逻辑分析法、德尔菲法等，定量方法包括主成分分析法、因子分析法、聚类分析法、时间序列模型分析法、回归分析法、决策树分析法等，定性与定量相结合的方法则包括层次分析法、网络分析法、模糊综合评价法、灰色综合分析法以及神经网络和深度学习评价法。也可以按模拟法、统计法和多指标综合评价法来分类，模拟法包括蒙特卡罗法、兰彻斯特方程法、基于仿真的探索性分析法等，解析法包括可用性-可信性-固有能力（Availability-Dependability-Capability，ADC）法、系统有效性分析（System Effectiveness Analysis，SEA）法，统计法包括指数法、德尔菲法、试验统计法等，多指标综合评价法则包括层次分析法、模糊综合评价法等。

1.4　本书研究的核心科学及工程问题与本书内容组织

网络空间安全体系能力生成、度量及评估涉及多个主体（即利益攸关方（Stakeholder）），涵盖安全生命周期的各个阶段和各个环节，必须从系统科学和系统工程的角度来分析和考虑需要研究的核心科学和工程问题。本书的内容也围绕上述观点组织和展开。

1.4.1　网络空间安全体系能力生成、度量及评估核心科学和工程问题

网络空间信息安全问题具有很强的复杂性，不能从孤立或静止的角度去认识

和处理。网络空间安全体系能力生成、度量及评估，需要认识和处理安全能力需求、构建安全度量模型、确定安全能力基线并进行差距分析、安全能力参数采集、量化与评估等科学和工程问题。其中，观点、概念、原则是本质的和第一位的，而技术方法和实现则是手段，是从属于基本观点和基本原则的。因此，应首先解决认识论和方法论问题，并以此来指导其他问题的解决。

1.4.1.1　认识论和方法论问题

从科学方法论的视角来考察，复杂性是研究复杂信息系统一切问题的首要概念。传统观点认为"复杂"与"简单"两者具有相对性，只能相对把握，信息系统未被认识或问题无法解决时被认为具有复杂性。而现代系统科学理论则认为，复杂性是复杂信息系统的本质、固有属性，不以人的主观意志为转移，不会因对该系统的深入认识而消失。

由于复杂信息系统具备本质的复杂性，所以，针对网络空间信息系统的度量、分析及评估的认识和方法也必然是多视角、多层次的，这是由该系统的本质特性所决定的。而研究网络空间信息系统的度量、分析及评估的视角和层次不同，对相应的方法、技术和流程的要求也必然有所不同。

网络空间的信息安全涉及承载业务、安全风险、攻击威胁以及防御等诸多要素，受信息系统的内外部环境、系统结构、系统行为等各方面影响，不仅其涉及要素不断变化，而且其影响因素也在不断演进，因此，网络空间信息安全的平衡是一种演进的平衡，其安全能力必然是一种体系能力，必须采用体系工程的思想和方法来分析。

必须指出，任何认识论和方法论意义下建立的模型，都是对真实世界系统抽象和简化，并非是对真实世界系统的完全复制，因此，任何模型对客观世界的再现都不是完美无缺的。只要所建模型能够符合假定约束，合理逼近原系统，并实现该约束下的目标，即可认为该模型是客观的、合理的且实用的。

1.4.1.2　体系能力生成、度量及评估知识管理问题

网络空间安全体系能力生成、度量及评估需要大量的专业知识支撑，涉及大量的方案、模型、算法、工具等领域和专业知识（包括显性知识和隐性知识），需要利用知识工程体系思维，构建知识工程体系和知识参考资源描述框架，具体涵盖体系框架、参考资源描述框架、知识模型、知识框架中的不确定性问题及其智能处理方法等。

1.4.1.3　安全体系能力需求获取与能力生成问题

通过安全能力需求分析，来获取安全体系能力需求获取，是实施度量的前提

和基础。在这个过程中，需要明确网络空间信息安全防御使命、目标和功能，并对其业务进行描述（包括业务应用、业务流程以及信息流程等）。复杂信息系统面临着环境动态演进、威胁复杂多变等挑战，传统的基于威胁的需求获取方法难以适用，必须寻求一种有效方法，来对当前的安全防御体系能力需求进行获取。同时还应结合度量问题，考虑安全能力供给在网络攻防行动中产生的综合效果。特别是要提出对复杂信息系统及其信息的保密性、完整性、可用性、可认证性、不可否认性、可追溯性、可控性以及实时性等安全属性的需求程度。

1.4.1.4　安全度量模型构建问题

网络空间信息安全度量旨在解决被考察系统是否安全和安全程度问题。网络空间信息安全度量难题源于其自身的复杂性、不确定性以及攻防的不对称性。安全防御体系的构建，既与系统组件配置是否符合约定的标准规范（即技术和管理是否合规）有关，又受信息系统所具有的脆弱性、所面临的威胁等风险因素所影响，同时安全管理是否符合安全策略也是重要因素，因此需要对上述影响因素综合考虑，建立适用的体系模型。系统安全性能的度量与评估，一是要以安全保障与安全能力提升为目标导向，二是要建立安全性能度量方法论，基于该方法来划分安全度量的环节并组织实施，三是要构建一种安全性度量框架和指标体系。

安全度量模型的建立，暗含对安全风险形成、识别、传播与演化机理的分析。安全风险的形成，同系统承载的业务使命、拥有的资产、具有的脆弱性以及面临的威胁有关。

1.4.1.5　度量基线确定与能力分析问题

基线（Baseline）是度量比较基准。实践中，往往将基线作为安全风险与安全投入的平衡分界线。因此，安全基线的确定，是系统体系能力生成、度量及评估的先决条件。安全度量基线则是为度量系统安全状况而使用的一套指标体系基准，它将以基线为基础，度量被分析系统的当前安全状况，以实现相同场景下不同系统或同一系统不同时段的安全状态比较。而安全基线涉及系统使命、安全要求、系统环境、对抗态势等诸多因素，通常难以确定。此外，相同场景下不同系统或同一系统不同时段的安全能力差距分析，也涉及诸多定性和定量因素，在理论和实践上存在相当的难度。

1.4.1.6　安全能力参数采集、量化与评估问题

安全评估和控制是保障网络空间信息安全运行的关键环节。对于网络空间信息安全来说，风险评估和风险控制的最终目的在于识别系统中客观存在的威胁利用系统脆弱性所产生的破坏和损失，风险管理的目标是采取安全控制措施来降低

风险，使之处于可接受范围之内。

网络空间信息安全分析与控制的目标是采用系统化、规范化、可度量的方法来实现风险控制，但是，安全风险及控制并不是建立于基本物理量的测度和物理定律基础之上的，因此，有助于理解安全风险和刻画安全风险属性的量化方法就成为度量、评价、预测、实施以及优化等风险控制工程化问题的关键所在。

目前存在着多种安全评估标准，评估标准不统一导致评估结果可比性差。很多指标脱离具体的应用环境，或与安全防御和对抗使命相关性不强，脱离了具体的约束条件，而仅仅是作为一种"抽象"存在，严重丧失了实际的指导意义。而且，在效能指标上，存在用技术指标构造或直接替代效能指标的错误倾向，通常无法综合反映系统的安全体系能力。在实际安全评估中，通用型安全评估方法或仅使用某一种方法有时无法很好地解决问题，需要结合网络空间信息安全分析的实践，改进或选取合适的安全评估方法，以增强安全评估的分辨率、合理性、可用性。

1.4.2　研究路线与关键内容

本书围绕上面给出的网络空间安全体系能力生成、度量及评估核心科学和工程问题，分 8 章展开了相关研究和论述。

第 1 章主要分析了网络空间安全体系能力生成、度量及评估的基本问题。①网络空间信息系统的内涵、特征与描述框架。信息与信息系统部分讨论了信息的内涵、特征及度量、信息系统的功能、架构与计算模式；系统的复杂性与复杂系统部分讨论了系统的复杂性、复杂系统及其典型特征；网络空间信息系统的分类、描述框架及概念模型部分讨论了基于复杂性视角的信息系统分类、复杂信息系统层次结构及其描述框架、基于复杂网络理论的复杂信息系统概念模型等。②典型复杂信息系统形态，包括：网络空间视野下的复杂信息系统形态、关键信息基础设施网络、云计算系统、复杂软件系统和工业互联网等。③网络空间安全体系及其度量、分析及评估的基本概念。网络空间安全体系与体系能力部分讨论了网络空间信息安全特性、安全体系与安全体系能力；网络空间安全体系能力生成、度量及评估的基本概念及其关联。④网络空间安全体系能力生成、度量及评估的核心科学与工程问题。最后给出了本书研究逻辑结构和路线图（见图 1.2）。

第 2 章主要探讨了面向体系能力的网络空间安全认识论与方法论。①传统的网络空间安全认识论及其缺陷，包括：基于还原论的网络空间安全认识论及其缺陷；基于整体论的网络空间安全认识论及其缺陷；基于一般系统论的网络空间安全认识论及其缺陷等。②基于现代系统科学理论的网络空间安全认识论，包括：现代系统科学及复杂系统理论精要；网络空间安全的体系观、动态观与开放观；网络空间安全要素、结构、功能的辩证分析；现代系统科学原理和规律对复杂信息系统安全问题的揭示与启发；现代系统科学视野下的安全体系能力再认识等。③从基于威胁到基于能力的安全防御体系演进，包括：网络空间信息面临从单点威胁到高级威胁的转变；网络空间信息攻防从系统对抗到体系对抗；网络空间安全防御建设从基于威胁到基于能力；"基于能力"对网络空间安全体系能力生成、度量及评估的启示等。④基于体系思想和系统工程融合的网络空间安全分析方法论，包括：体系思想与系统工程方法的融合；体系能力目标导向的网络空间安全分析系统工程方法；网络空间安全体系能力生成、度量及评估的方法论实施途径等。

第 3 章主要论述了网络空间安全体系能力生成、度量及评估知识工程体系。①网络空间安全体系能力生成、度量及评估的知识管理，包括：网络空间安全体系能力生成、度量及评估的知识管理需求；安全体系能力生成、度量及评估的知识工程体系与参考资源框架；网络空间安全体系能力参考资源描述方法等。②面向安全体系能力生成、度量及评估的 DIKI 知识模型及知识图谱，包括：DIKI 模型框架；DIKI 模型框架中的数据、信息、知识与智能的联系与区别；面向安全体系能力生成、度量及评估的信息安全数据、信息、知识与智能等。③安全体系能力生成、度量及评估中的不确定性问题及其智能处理，包括：安全体系能力生成、度量及评估中的确定性与不确定性问题及其分析方法；随机性问题及其概率统计处理方法；模糊性问题及其模糊理论处理方法；粗糙性问题及其粗糙集理论处理方法；灰色性问题及其灰色理论处理方法；未确知性问题及其未确知数学处理方法等。④网络空间安全体系能力生成、度量及评估的机器学习方法，包括：适用于安全体系能力生成、度量及评估的机器学习基本流程；适用于安全体系能力生成、度量及评估的机器学习主要算法流派；安全体系能力生成、度量及评估中的深度学习方法等。

第 4 章主要研究了复杂信息系统安全体系能力需求与能力生成机理。①网络空间信息安全能力、组件与机制的关系分析，包括：安全能力、功能、性能与效能；安全组件与安全机制；安全体系能力涌现过程及能力关系等。②网络空间信息安全防御体系架构，包括：基于能力的网络空间信息安全防御体系架构；网络空间信息安全防御体系的动态特征；网络空间信息安全防御技术及其安全能力供给等。③安全体系能力需求获取、能力生成与能力指标分解，包括：安全体系能力需求分析与能力生成框架；体系能力需求描述及安全使命任务–安全体系能力映射；安全体系能力指标分解与能力列表等。

第 5 章主要讨论了网络空间安全风险分析及安全态势演化。①安全风险分析及安全态势演化概述，包括：网络安全风险分析架构；网络信息系统安全态势感知与演化分析等。②系统脆弱性、缺陷关联及其故障传播，包括：系统脆弱性及其面向安全度量的表征方法；系统脆弱性评价方法；信息系统的缺陷及其关联与传播；基于复杂网络的边加权网络模型；基于边加权网络模型的关联缺陷及故障传播分析等。③安全威胁模型的构建及信息系统攻防状态表征，包括：网络空间信息系统的威胁来源及动机；网络空间信息系统的威胁模型构建方法；信息系统攻防状态表征的基本问题及经典图形建模方法；面向安全体系能力分析的信息系统攻防状态图建模分析方法。④基于攻防博弈的信息系统安全防御效用分析，包括：博弈模型及信息系统攻防博弈建模；基于攻防博弈的信息系统安全防御效用求解等。

第 6 章主要分析了安全体系能力度量框架与指标体系模型。①网络空间安全体系能力的能观性及能力度量基本概念，包括：网络空间安全体系能力的能观性分析；面向安全体系能力度量的网络安全态势感知；信息系统安全体系能力度量相关概念内涵等。②网络空间安全体系能力度量机制与基本模型，包括：基于 DIKI 的信息系统安全体系能力度量基础模型；面向指标体系构建的安全测度数据源；测度定义及描述等。③安全测度选取、度量框架及指标体系，包括：基于安全测度选取的网络信息安全度量与分析框架；基于安全性要求的安全度量框架及其指标体系；基于安全域划分的安全度量框架及其指标体系；基于合规性要求的安全度量框架及其指标体系；基于攻防对抗博弈的安全度量框架及其指标体系等。④网络空间信息安全度量基线模型与构建方法，包括：网络空间安全体系能力度量基线；网络空间安全体系能力基线的构建方法等。

第 7 章主要论述了安全参数采集、安全体系能力分析与评估。①网络空间安全体系能力评估的参数采集原则，包括：安全体系能力评估的安全参数采集的特殊性与难点；信息系统安全体系能力评估的安全参数采集原则等。②网络安全体系能力监测及安全参数采集框架、机制与方法，包括：面向安全体系能力分析的安全监测及参数采集范围与框架；信息系统基础参数数据采集机制与方法；信息系统安全参数数据采集机制与方法等。③安全参数及能力指标关系分析、优化与综合，包括：基于层次结构树的指标关系分析与综合；基于网状结构的指标关系分析与综合。④基于 ANP-AQFD 的复杂信息系统安全体系能力分析方法，包括：QFD 模型及其缺陷；基于 HOQ 展开改进的 AQFD 模型；基于 ANP-AQFD 模型的复杂信息系统安全体系能力分析等。

第 8 章主要进行了网络空间安全体系能力生成、度量及评估研究展望。①网络空间安全体系能力的内涵、外延及融合问题，包括：网络空间信息系统形态多样性及其安全体系能力多样性；信息安全能力与物理安全能力、功能安全能力的融合方面；安全技术能力与安全管理能力的融合方面等。②安全体系能力度量及评估的工程实现与自动化问题，包括：网络空间安全能力需求、生成与度量的指标体系方面；安全体系能力度量及评估过程的智能处理与自动化方面等。③网络空间安全态势感知与安全控制问题，包括：基于控制论的网络信息安全能观性、能控性及稳定性分析方面；基于现代系统科学理论的网络空间安全控制及风险管理方面等。

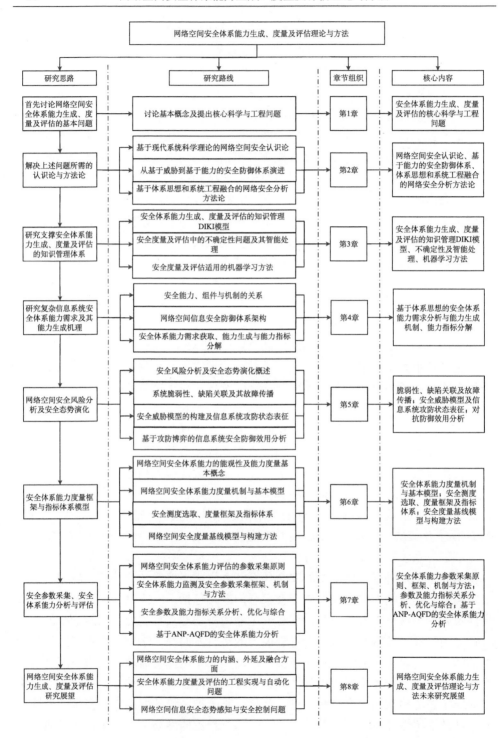

图 1.2　网络空间安全体系能力生成、度量及评估研究逻辑结构及路线图

第2章 面向体系能力的网络空间安全认识论与方法论

客观世界中的各学科领域都具有特定的认识论与方法论，网络空间安全领域也不例外。网络空间作为人类赖以生存的第五维空间，与物理空间的相互映射、相互渗透、相互作用并相互控制，这为考察网络空间信息的体系能力生成、度量及评估提供了全新的认识论和方法论视角。本章将重点讨论面向体系能力的网络空间安全认识论与方法论。

2.1 传统的网络空间安全认识论及其缺陷

认识论是方法论的前提和基础。网络空间安全的认识论，是建立在网络空间世界观之上的。在网络空间安全分析与控制的研究历史中，还原论、整体论以及一般系统论这三种科学与工程常用的思维方法，都分别发挥了重要作用。还原论是着眼于"窄处"，将网络空间信息的安全问题层层分解，先分析和认识分解后所得的各个组成部分（如物理环境安全、网络通信安全、区域边界安全、计算环境安全等），然后再将这些领域的安全问题所形成的认识组合，构成对将网络空间信息的安全问题的整体认识。整体论方法则是着眼于"宽处"，将网络空间信息的安全问题视为一个整体，以其全局作为出发点和落脚点来考察。一般系统论部分克服了上述理论的缺点，获得了一定的应用。但是，这些方法在网络空间安全领域的应用，都存在着先天的局限。

2.1.1 基于还原论的网络空间安全认识论及其缺陷

还原论的基本思想是：世界上各种现象均可被还原为一组相互独立的、不因外因而改变其本质的基本要素，研究基本要素即可推知整体现象的性质。

2.1.1.1 还原论在网络空间安全分析与控制领域的应用及贡献

在网络空间安全领域，还原论（Reductionism）的应用由来已久。还原是将复杂的系统（或者现象、过程）逐层分解为其组成部分的过程，在此过程中，从整体到部分、由连续到离散、化复杂为简单，不断分析被考察对象，直至将其恢复至最原始的状态。这种方法以分解为主要手段，将复杂的系统、事物、现象乃至工程对象等化解为各部分的组合来认知和表征，将高层的对象分解为较低层的对象、将复杂的对象分解为简单的对象来处理。这种处理方式的理论基础是：还原论认为，在复杂系统中所具有的任何高层规律（无论该高层规律多么独立于底层规律），均可在该系统所基于的底层规律上被完全体现出来。若高层规律无法被底层规律所表示，就无法突现出来。

还原论思想将网络空间安全问题的各种现象均视为更低级、更基本的现象的集合体，从而采用低级形式的规律代替高级形式的规律，具体应用时，首先要将网络空间安全分析与控制与其环境相分离，使该问题成为与环境相隔离的孤立对象；再将该问题分解成多个部分，将高层次的复杂问题分解成较低层次问题（比如，将安全性分解为保密性、完整性和可用性等），直至逐级分解为可以解决的简单问题（比如，将保密性分解为对称加密、非对称加密、无密钥加密等，而对称加密又可以分解为分组密码和序列密码等）；在此基础上，采用自下而上的方法逐步认识各系统要素的行为和性质（或解决各层次问题），以形成复杂问题的整体认识（或解决方案）。例如，为了构建网络信息系统安全保障体系，可以将其安全性问题分解为物理环境系统、网络通信系统、区域边界系统、计算环境系统等各个子系统的安全问题，分析理解各个子系统的安全控制点，对各个基础的安全控制点分别采取相应的安全措施，并将各层次的安全措施组合起来，由此来构成整体的网络信息系统安全保障体系。还原论这种寻找并研究物质的最基本构件的做法是现代科学的较合理研究方法，具有重要价值，特别是对于解决网络空间安全中的简单问题，如防火墙设计、入侵检测系统部署等问题仍具有一定的现实指导意义。

2.1.1.2 还原论认识方法的局限性及缺陷

还原论作为一种形而上学（Metaphysics）方法，以孤立、静止、片面的观点来看待事物，而未关注其运动、变化和发展及其内部原因。采用还原论方法来处理网络空间信息的安全问题，容易陷入机械分解"盲人摸象"的误区。该方法在信息安全领域的最初应用，与当时对信息安全的认识、度量测试和评估手段的欠缺有关。

最初，人们对于信息安全的认识仅仅停留在保密性方面，后来逐步拓展到完整性、可用性和不可否认性、可控性等方面，经历了信息保密、信息保护的历史阶段，最后形成了动态的、立体的信息安全保障体系的概念。人们从基本认识出发，对网络空间信息的安全问题进行分解，首先认识和解决各个局部问题，再将局部认识组合形成整体的安全认识，这种认识不可避免地具有较强的局限性，导致了整体和局部的割裂，"只见树木，不见森林"，无法准确地反映事物的整体性质，有时候形成的认识甚至是错误的。随着信息系统复杂程度的不断提升，还原论方法的局限性越发明显。网络安全的复杂性则要求必须将其微观和宏观统一结合，研究微观如何涌现出宏观的问题。但是，还原论将研究对象由整体向下逐步细粒度分解，缺乏有效的自下至上的综合通道，仅凭局部细节无法处理整体性和高层次的问题，更无法解决系统的"涌现"问题。

同时，度量测试和评估手段的欠缺，也无法为"细粒度"分解的网络空间安全问题提供工具支撑。

2.1.2　基于整体论的网络空间安全认识论及其缺陷

与还原论相对，整体论是将物质世界视为普遍联系和不断发展、运动、变化的统一整体，并将自然界视为由分立的、具体的物体或事物所组成，而这些物体或事物又无法进一步完全分解为"组成部分"，而且，事物的整体大于其部分之和，将其部分机械组合无法生成这些事物，更不能实现其性质与行为的解释。

2.1.2.1　整体论在网络空间安全分析与控制领域的应用及贡献

整体论认为，对事物整体的认识，不能仅由认识其部分或其更大整体来完成，有关整体或较高层次的概念、定律既无法从有关部分或更低层次的概念、定律中推导而得，也不能从关于更大整体或更高层次的概念、定律中推导而得。因此，在采用整体论来考察网络空间安全问题时，为保持其整体性，通常要利用观察、激励/响应、输入/输出、模型、模拟、隐喻等整体研究方法，而不是将整体分解为各种构成元素。

比如，考察一个网络系统的安全性，整体论方法倾向于通过输入指令或进行攻击测试，观测该系统对于外界威胁和攻击的响应，构建针对该系统的广义安全输入/输出关系，来把握该网络系统的整体功能和性能，而非像还原论那样将网络系统分解为主机安全、应用程序安全、函数安全或线程安全等不同粒度的基本元素。这种处理方法的思想基础是，网络系统的安全是一个整体，各要素间相互联系，无法实现机械分割，而且，整体的性质（或功能）与其各部分的性质和功能叠加之和并不等同；整体与部分遵循的规律分属于不同的描述层次；整体的运动特征只可于比其部分所处层次更高的整体层次上方可描述。该理论着重强调了网络系统的整体安全功能，而并不看重系统内部的安全功能实现机制。

2.1.2.2　整体论认识方法的局限性及缺陷

整体论在解决复杂问题方面，较还原论具有天然优势，不过，该理论在微观层次、细节问题的考察方面存在显著不足。处理网络空间安全问题，采用整体论方法能够了解其大致的、整体的安全规律，但是，整体规律与局部细节直接存在辩证统一关系，要想科学地考察其安全规律，就必须综合分析其各组成部分的相互联系、相互作用的方式，以及在互相制约中达到平衡的规律。自然辩证法认为，观察和认识事物，既不能只顾整体层次，也不能仅停留在局部层次，既要关注"宽处"的整体，也要重视"窄处"的局部，要做到"宽"和"窄"的辩证统一，实现"又见树木，更见森林"，而整体论在这方面显然缺乏理论基础和支撑工具。

2.1.3 基于一般系统论的网络空间安全认识论及其缺陷

为了解决还原论和整体论各自的局限，一般系统论是将整体论和还原论结合起来，实现了系统的整体性和局部的具体性的有机结合与辩证统一，绝非是用空洞的整体论来反对刻板的还原论。

2.1.3.1 一般系统论在网络空间安全分析与控制领域的应用及贡献

系统科学思想的形成有两条线索。一是源自历史的朴素整体论等系统思维思想发展，二是受具有重大实践意义的系统分析和系统工程的推动。而真正科学意义上的系统科学思想，则肇始于美籍奥地利理论生物学家和哲学家贝塔朗菲的一般系统论。

贝塔朗菲的一般系统论认为，总是存在适用于综合系统或子系统的一般模式、原则和规律，而与系统具体种类、组分性质及其间关系无关。一般系统论的目的就是要确立这些一般模式、原则和规律。该理论基于类比与同构等方法，总结概括了人类的系统思想，构建了开放系统的一般系统理论体系，使得人们能从整体出发来研究系统及其各组分之间的相互关系，进而从本质上来阐释整体的结构、功能、行为和动态性。

采用一般系统论的方法，可将小规模信息系统安全体系视为一个整体，以技术、管理、行为及人为核心要素，各个子系统将对系统整体性、关联性、层次性等系统特征产生重要影响。因此，可以使用一般系统论从宏观、中观和微观这三个层面来指导小规模信息系统安全体系的构建。

宏观层面，一般系统论通常是将安全体系视为被保护信息系统的一个子系统。该子系统由多种要素组成并与环境相互作用，具备一般系统的共同的基本特征，各种因素之间、因素与系统环境的相互关系、作用和影响，系统结构、系统行为以及系统运行的规律和特点，以信息的保密性、完整性和可用性为基本属性的信息安全要求，最终都表现为系统层面的可控制性、可管理性和可改造性，以满足网络信息系统的整体安全需求。信息系统安全具有综合集成性，也会涌现出新的安全性质，体现了整体大于部分之和的系统思想。安全系统中所涉的人、操作、技术以及预警、保护、检测、响应、恢复等任何单一因素均无法表示整体的特征，只有从整体上综合采取措施，才能有效地保障网络信息系统的安全。安全保护子系统既与网络信息系统的功能子系统相对独立，又与各子系统深度交融和耦合，从而构成了具有特定安全防护能力的网络信息系统。而这种网络信息系统，又与环境发生关系，体现出整体性、关联性、层次性等一般系统的共同基本特征。

一般系统论在具体安全技术和管理措施上也获得了广泛和有效的应用。比如，研发和应用防火墙技术，需要考虑防火墙和系统环境的交互、网络安全域的划分、网络边界的界定。制定防火墙规则时，又需要根据不同的架构，采取不同的访问控制策略。选择实现技术时，还需要综合考虑软件防火墙、硬件防火墙的优劣。在设计或者选用防火墙时，还需要综合考虑吞吐量、并发连接速率、新建连接速率、延时、自身安全性等性能指标。在部署防火墙时，还需要统筹考虑与入侵检测系统、防病毒、恶意代码检测等技术和产品的分工和协作等。

2.1.3.2　一般系统论认识方法的局限性及缺陷

受当时的科技水平和人们的认识所限，贝塔朗菲创立的一般系统论并未能发展形成支撑整体论方法的具体方法体系。钱学森深刻指出，"几十年来（贝塔朗菲的）一般系统论基本上处于概念的阐发阶段，具体理论和定量结果还很少"。将一般系统论应用到小规模信息系统的安全问题上虽然取得了很大成就，但该理论属于类比型一般系统论，虽然强调了系统的整体性，但未能对安全系统的有序性和目的性给出满意解答。

此外，一般系统论的涌现是指整体所产生的（其组成部分所不具有的）崭新性质，着重表达的是事物组成的高层次对于低层次的不可还原性。这种涌现性重在强调整体与部分的关系，用以反对化简或还原的方法。一般系统论与复杂适应系统理论对"涌现"概念的认识也有很大不同，一般系统论中的涌现并不完全符合复杂适应系统理论所谈的涌现规律，具有较强的局限性。

2.2　基于现代系统科学理论的网络空间安全认识论

网络空间安全认识论是将该空间视为人类除了物理空间之外的另一生存空间。世界将由物理空间和网络空间深度融合所构成，物联网、物理信息融合系统即为典型代表。信息及信息系统所面临的风险，既是一种客观存在，也含有人类思维意识作用的成果，天然兼具物质和意识的两重性。从唯物辩证法的角度来考察，物理空间的物质生产不会因网络空间的形成和演进而失去第一性；与此同时，网络空间又将与物理空间相互映射、相互控制、相互融合而形成共生关系。利用网络空间的特性（尤其是跨时空特性），后可追溯历史，前可预测未来，这意味着人类将进入一个高维度空间，体现出网络空间和物理空间互控共生的哲学内涵。本书认为，要解决网络空间中安全体系能力生成、度量及评估问题，必须从现代系统科学的角度来考虑。

2.2.1 现代系统科学及复杂系统理论精要

2.2.1.1 现代系统科学理论体系

在贝塔朗菲提出一般系统论之后，很多科学家在各自领域中对该理论进一步深入研究，逐步揭示了有关复杂系统的一系列重要规律。钱学森提出，系统论是整体论与还原论两者的辩证统一。系统论方法强调从整体角度出发实现系统分解研究，进而综合集成到系统整体，并实现整体涌现，以便从整体上来研究和解决问题。这种系统论取还原论和整体论两者之长，将系统整体与组成部分辩证统一起来，具有显著优势。同时，系统论与控制论、信息论逐渐向着融合的方向发展，而系统论是这种融合的基础；同时，系统论与运筹学、系统工程、IT 技术等学科也日益相互渗透、紧密结合。普里高津创建了"耗散结构理论"，该理论指出了耗散系统因涨落导致有序而带来的系统进化不可预测的随机性。哈肯提出了协同学，指出支配系统发展的根本原因在其慢变量，揭示了远离平衡态的各种开放系统和现象从无序到有序转变的共同规律。托姆创立了突变论，将系统内部状态过程连续而结果不连续的整体性"突跃"称为突变，用来认识和预测复杂的系统行为。艾根提出了超循环理论，阐释了非平衡态系统的自组织现象。这些理论揭示了无序性不仅与有序性必然相关，而且还在事物的演进过程中起到必要的作用。

耗散结构理论、协同学、突变论、超循环理论等新的系统科学理论，既发端于一般系统论，又从诸多方面深刻地丰富和发展了系统论的内容，并共同成为了现代系统科学的基础科学理论，展示了现代系统论方法从哲学到科学，再到工程技术各个层面的完整图景。现代系统科学作为研究一切系统演化、协同与控制（结构与功能）共同规律的科学，不仅在传统工程科技领域受到广泛重视，也必将在网络空间安全体系能力生成、度量及评估中发挥重要的基础理论支撑作用。

2.2.1.2 复杂系统的非线性、涌现性和自组织临界性

复杂系统所具有的上述特性，均内含非线性（Nolinear）、涌现性（Emergence）和自组织临界性（Self-Organized Criticality），这是复杂系统的典型特征。

（1）非线性。

非线性现象是非线性系统中独有的反映其运动本质的一类现象，而系统科学本质上是一种关于非线性的科学。非线性因线性而得名，显然暗含着非线性与线性之间天然具有本质和深刻的联系。

从动力学意义上来说，线性是其方程解满足齐次可加性，意味着系统的性质可经由元素或组分性质叠加而得，线性关系只有一种，具备简单性。线性运动是规则和光滑的时空运动，并可用性能良好的函数关系表示；而非线性则不满足齐

次可加性，意味着不规则的运动、转换和突变，非线性关系千变万化，具备复杂性。严格来讲，现实世界中并不存在完全理想的线性系统，大多数自然和人工系统，本质上都是复杂的、非线性的。非线性和线性最大的差别在于，非线性可能会导致混沌、不可预测或不直观的结果。

线性是简单的比例关系，系统各部分贡献相互独立，显然是非线性的特例。而非线性则是偏离了线性关系，系统各部分之间的相互关联、耦合和影响是非线性问题产生复杂性和多样性的本质原因。由此，非线性系统中各种因素失去了独立性，致使整体不等于部分之和，叠加原理不再适用。

不过，已然成熟和体系化的线性系统理论仍是系统科学中不可忽视的内容。这不仅是因为线性理论是非线性理论的必要基础知识准备，而且很多非线性系统可以通过"线性化"来处理。线性化处理需要满足一定的前提条件：系统中的非线性因素弱到可以允许忽略不计，此时，演化方程近似满足叠加原理；如果关心的是非线性系统的局部性质，而非线性模型又满足连续性和光滑性要求，则可进行局部线性化处理。在系统非线性不强时，可采用小偏差线性化近似视为线性系统。需要注意的是，线性化的本质是将非线性因素忽略掉，而忽略掉的部分恰是系统多样性和复杂性的产生之源。如果线性化所"损失"的这种根源恰好是不应该损失的，就不能简单地采取线性化处理方法。

（2）涌现性。

涌现性是指复杂系统中由次级组成单元间的互动而具有的特征，是简单规则以难以预测的方式生成的复杂宏观行为，反映了复杂系统整体具有、部分或者部分之和没有的属性、行为和功能等。复杂系统的涌现随处可见，比如：自然界中，气体压力由大量气体分子共同作用而涌现生成；网络世界中，网络舆情的出现、大规模网络的拥塞瘫痪、网络信息系统的安全能力等。上述例子直观表明，一旦将整体还原为其组分，涌现性便不复存在；即便是对各部分特性有了充分认识，也难以通过将其叠加汇总来认识其整体特性。

涌现性是复杂系统思想的核心体现，为认识系统宏观与微观之间的联系提供了新的视角。20 世纪 90 年代美国圣塔菲研究所则提出采用涌现观点来研究系统复杂性。霍兰意识到涌现的本质为"由小生大，由简入繁"，并认为复杂性研究"本质上是关于涌现的科学，核心在于如何发现涌现的基本法则"。复杂系统的涌现则是指由简单的行动组合而产生的复杂行为，个体在局部区域根据少数简单规则发生相互作用，能够自下而上形成系统整体复杂有序的功能模式，即是用较少的一系列规则来确定较大的复杂领域，系统的复杂行为完全可以从实施局部的简单规则中涌现出来。从而，问题就转化为如何找到低层次个体间局域的相互作用的简单规则，"把对涌现的繁杂的观测还原为简单机制的相互作用"。复杂系统是还原到个体相互作用的简单规则，从而实现了可以还原的涌现。钱学森提出采用低可靠元件组成高可靠系统，就是复杂系统涌现性在工程领域中的具体应用。

（3）自组织临界性。

系统科学范畴内的组织，是指系统内的有序结构或该有序结构的形成过程，有他组织和自组织之分。自组织是指系统有组织的行为不存在内部和外部的控制者或领导者，而是遵从相互默契的某种规则，各司其职而又自动协调形成了有序结构。

自组织临界理论认为，系统会自然地向自组织临界态发展；如果某一参数达到混沌区的临界点，通常会以突变形式形成有序态。在临界点前，因系统运动形式简单而不可能实现自适应进化。系统一旦进入混沌区，其运动将无法预测，不可能形成有序态。而在临界点处，系统内部将出现长程相互作用，导致自相似分形结构的出现。一旦系统到达自组织临界态，即便是极小的干扰也可能导致系统的一系列灾变。比如，网络谣言或者观点的积累和传播会导致群体性突发事件等。

任何系统均具备自组织属性，否则就丧失了存在基础和发展动力。自组织理论为研究复杂自组织系统的形成和发展机制提供了全新的理论支持。比如，复杂系统具有非线性、涌现性等典型特征，其安全状态处于完全有序与完全无序之间。复杂信息系统的安全状态由无序自动走向有序、由低级有序自动走向高级有序需要满足何种条件，就可以应用自组织理论来讨论。显然，一个复杂信息系统的自组织属性越强，其保持和产生新安全能力的本领也就越强。

复杂系统理论强调采用整体论和还原论相结合的方法去分析系统的存在、运动以及发展机理，但它又超越了一般系统论。采用主体（Agent）及其相互作用或演化的变结构来描述复杂系统，旨在以系统涌现等整体行为作为研究和描述对象，来探讨一般的演化动力学规律。

2.2.2　网络空间安全的体系观、动态观与开放观

网络空间信息中的安全组分种类、数量、层次繁多且关联复杂，并与环境进行着大量的信息、能量甚至是物质交换，接受外部环境输入、干扰并向环境提供输出，相对于简单系统，该系统的整体行为可能会涌现出显著不同的性质，甚至会具有主动适应和演化的能力。因此，必须从复杂系统的体系化、动态性与开放性的角度来认识网络空间信息的安全问题。

2.2.2.1　网络空间安全的体系观

本书认为，网络空间信息的安全能力绝不是传统意义下的"安全防御系统"或"安全防御体系"的安全能力，而是复杂信息系统涌现出来的体系能力。这个观点源自本书对复杂信息系统和其安全保障能力之间关系的思考。因为，传统意义下的安全防御系统或体系，通常认为是在被保护的原始信息系统当中应用的安

全技术和部署的安全组件的组合，事实上，所谓独立的安全防御系统并不存在，一旦出现了这种应用和部署，原始信息系统的形态和功能就都发生了改变，成为了一个"新"系统，而"新""旧"系统之间的区别就突出表现在安全能力方面。所以，复杂信息系统的安全能力，绝非简单等同于所谓的安全保障系统的能力，而是复杂信息系统在采取了安全保障措施情况下所具有的安全能力，这种能力显然是一种涌现而生的体系能力。

同时，本书认为，安全体系能力（安全保障能力）并不等于攻防对抗能力，攻防对抗能力是安全体系能力的真子集。这是因为，攻击固然会给复杂信息系统带来严重甚至是主要的安全威胁，但系统安全性的破坏，也可以来自被攻击以外的其他原因，比如配置错误、管理失误等。安全防御体系中各层次存在的任何"短板"和脆弱性，均可能导致安全性的破坏。

2.2.2.2　网络空间安全的动态观

动态性是指系统状态随时间而变的规律，按确定性规律随时间演化的系统称为动力学系统。在网络空间安全研究范畴内，普遍存在着随时间而变化的复杂性和非线性现象，需要观测研究分析网络空间安全运动规律，建立合理的系统模型（动力学模型），为安全分析、设计及预测提供依据。

网络空间安全体系的动态特征体现为：①安全体系由多种安全状态变量或安全参数构成，变量之间相互联系，并处在恒动之中，即安全状态变量具有持续性；②复杂信息系统的安全状态变量是时间的函数，即随时间而发生明显变化；③复杂信息系统的安全状态可由其状态变量随时间变化的信息（数据）来描述。

2.2.2.3　网络空间安全的开放观

开放性是系统科学中最重要的基本概念之一。开放是指研究对象与外界环境之间存在物质、能量或信息的交换。网络空间安全体系与外界存在着大量的信息（甚至是物质和能量）交换，显然是一个典型的开放系统。安全体系与环境间的信息交换，导致了其运动在一定条件下可以为熵减过程，促使系统趋向于组织化和有序化，实现安全状态的动态平衡。

在开放条件下，网络空间安全体系的熵增量 $dS = d_eS + d_iS$（d_eS 为系统与外界的熵交换，d_iS 为系统内的熵产生），在远离平衡态并存在负熵流时，可能形成"稳定有序的耗散结构"。原因在于，热力学第二定律仅要求系统内的熵产生非负，即 $d_iS \geq 0$，而外界向系统注入的熵 d_eS 则可为正、零或负，具体取决于该系统与其外界的相互作用：$d_eS < 0$ 时，如果负熵流除了可抵消掉系统内部产生的熵 d_iS 之外，还能使系统总熵增量 dS 为负，导致总熵 S 减小，此时该系统将进入相对有序的状态。由此可以看出，可在一定条件下，促使网络空间安全体系演化进

入一个熵减过程，此时，安全体系的有序化或组织化程度逐步提升，内部结构更加复杂、功能更为完善，实现从低级阶段向高级阶段的过渡。安全体系的有序化表示了系统的目的性，也是系统所追求的目标方向，即形成网络空间信息的安全保障能力。不过，网络空间信息的安全保障，具有机密性、完整性、可用性等多个保障目标，部分目标还相互矛盾（比如机密性和可用性就是一对需要平衡的矛盾目标），需要各子系统相互协调或协同。

同时，开放系统的动态平衡要求系统具有一定的自我调控能力以保持稳定，但这种稳定性的保持也有一定的限度。开放系统可以始于不同的初始条件、经由多种途径，抵达同一最终状态，也就是开放系统具有等终极性或发展多途径性。开放系统通常并无唯一的最优解，体现出开放的灵活性。开放系统的这种特性给予网络空间安全保障的启示是，可以从系统不同的安全初始状态，采取多种安全途径或安全控制措施，实现同一安全保障目标或保持安全状态的动态平衡。

如果将网络空间信息的概念范畴进一步拓展，比如拓展至工业互联网、因特网直至整个网络空间，其安全体系又符合钱学森定义的"开放的复杂巨系统"特征。该类系统的主要特征有：①系统自身与环境存在海量的物质、能量或信息的交换，即"开放的"；②系统规模巨大，包含众多子系统，成为"巨系统"；③各子系统种类繁多、结构与功能繁复、存在着大量的非线性作用，即"复杂的"；④系统层次众多。显然，复杂巨系统的系统构成元素数量巨大且具有非线性特征，系统具有层次结构且各层之间具有联系，存在涌现与自组织现象，不断地动态演化。当从某一层跨越到另一层时，原层次中的规律通常会发生变化。复杂巨系统中的关系既可能是定量的，也可能是逻辑的，系统与外界有能量、信息或物质的交换，接受环境的输入和扰动、向环境提供输出，且主动适应和进化。

2.2.3　网络空间安全要素、结构、功能的辩证分析

现代系统科学理论指出，系统的核心要素在于要素、结构、功能，三者之间存在着辩证关系。所有系统均有特定的结构与功能，结构与功能是系统的基本属性。因此，讨论网络空间安全体系，首先要讨论该系统的要素、结构、功能及其辩证关系。而该系统结构与功能的相关性，又符合系统论的最基本定律——结构功能相关律。

2.2.3.1　网络空间安全要素与结构之间的辩证关系

网络空间安全要素众多，比如，加密算法、加密机、安全协议、访问控制设备、防火墙、入侵检测系统、备份系统等。而结构则是指复杂信息系统内部各安全保障要素之间的相互联系与作用的形态，即安全保障要素在空间的排列秩序及其间具体联系和作用的方式。网络空间安全结构的形成源自于系统的"内相关"，

结构就是这种"内相关"的外在表现。

网络空间安全要素的存在是其安全结构存在的基础，安全结构不仅取决于要素的存在，也取决于各安全要素之间的分布关系。而且，一旦形成某种安全结构，系统就具有了相对的独立性。比如安全保障管理体系，具有一定的结构，虽然整体上管理体系一直在持续发展变化，其中的管理要素也在不停变化，但其结构通常仍保持相对稳定的状态。反过来，系统的安全要素又要依赖于系统的安全结构。

从时空观点来看，网络空间安全体系的结构又有时间安全结构和空间安全结构之分。时间安全结构是指网络空间安全要素之间因相互作用而在一维时间上的形成的排列分布及其相互关系，这是一种历时态变动结构，具有流动性和变化性。比如安全数据的获取、传输、分析和响应，就构成了时间安全结构。这种安全结构会随着系统内部各安全要素之间关系的变化及外部环境条件的变化，必然由旧的安全结构形态向新的安全结构形态转化。空间安全结构是指网络空间安全体系内部各要素之间因相互作用形成的排列分布及其相互关系，这是一种同时态稳定结构。比如，安全保障体系中，防火墙、入侵检测、备份系统等分处于空间排列的不同位置。由此可以看出，网络空间安全体系的结构是其空间安全结构随时间而变化的产物，是空间安全结构和时间安全结构、稳定性安全结构及可变性安全结构的统一。

2.2.3.2　网络空间安全要素与功能之间的辩证关系

网络空间信息的安全功能是其安全要素在内、外部活动中表现出来的行为特性、作用、能力和功效等，有外部功能和内部功能之分。复杂系统的安全功能只有在其内部各个安全要素之间、系统与环境之间相互作用的过程中才表现出来，是其固有相关性的表现。安全功能既依赖于安全要素活动，也依赖其外部安全环境，只有在适当的外部环境中，安全系统才能将其安全功能表现出来。比如，只有外部发起了攻击，系统的防攻击功能才能发挥作用。

安全功能与安全要素活动既相互依赖，又相对独立。安全功能一旦形成又具有相对独立性，个别安全要素活动未必能影响和改变整个系统的安全功能。

2.2.3.3　网络空间安全结构与功能之间的辩证关系

网络空间安全是结构和功能的统一体，有关安全的结构和功能均被系统所包含，并取决于系统。结构具有一定安全功能，为安全功能之基础；而安全功能则依赖于一定结构，为安全结构之表现。系统的安全功能决定了系统安全结构，是因为安全结构的存在和产生依赖于系统的安全功能，安全结构之所以得以维持，正是源自系统的安全功能需要。结构主要是考察系统各安全要素之间的关系，而安全功能则主要是考察安全行为特性、能力。

2.2.3.4 网络空间安全要素、结构与功能之间的辩证关系

复杂信息系统在安全方面的结构揭示了系统内部各安全要素的秩序，安全功能则体现了系统对外部作用过程的秩序。这种结构作为安全功能的基础，蕴藏于复杂信息系统之内；而安全功能则是安全要素与结构的表现，显现于复杂信息系统之外。通常，结构相对稳定，安全功能则易于变化，而有关安全的结构是否合理，对外又需要安全功能来表现。结构决定了安全功能，而安全功能又对结构具有能动的反作用。此外，复杂信息系统的层次性也决定了系统安全功能与结构划分的相对性，换言之，在一定条件下，安全功能与结构可以相互转化。

认识和研究复杂信息系统的安全关系，必须准确把握安全要素及其结构与安全功能的辩证关系，而这种辩证关系又为认识和改造该系统的安全性提供了重要的原则和方法。

2.2.4 现代系统科学原理和规律对复杂信息系统安全问题的揭示与启发

现代系统科学的基本原理和基本规律，对于研究复杂信息系统的安全问题具有重要的揭示和启发作用。

2.2.4.1 现代系统科学基本原理对复杂信息系统安全问题的揭示与启发

现代系统科学基本原理有整体性原理、关联性原理、层次性原理、统一性原理、目的性原理、动态开放性原理以及自组织原理，表 2.1 给出了上述基本原理对于复杂信息系统安全规律的揭示和启发。

表 2.1 现代系统科学基本原理对复杂信息系统安全问题的揭示与启发

原理	原理内涵	对复杂信息系统安全问题的揭示与启发
整体性原理	系统是元素的有机组合，整体性能大于各要素性能之和。整体性反映了整体与部分、层次、结构以及环境的关系	复杂信息系统安全是整体性问题，整体特征反映在安全问题与安全要素、层次、结构、环境的关系上，应始终重点考察系统的安全要素与层次、结构、功能与环境的关系，以提高整体安全性
关联性原理	系统与其要素之间、各要素之间以及系统与环境之间的相互作用、依存和制约等关系。脱离关联性，就无法揭示系统本质	复杂信息系统的安全性规律需要通过要素间关系（层次与结构）来体现。整体包含某安全要素，说明该安全要素必定具有构成整体的相互关联的内在根据
层次性原理	系统组织在地位和作用、结构和功能上表现出具有本质区别的等级秩序，不同层次的差异性导致了运动的特殊性。系统演化既可为层内进化，也可为层间演化	安全子系统层间演化耦合模式，可从低层次安全系统耦合生成高层次安全系统；层间演化内生模式，可从低层次安全系统自身转化成高层次安全系统。处理复杂信息系统安全问题应考虑该系统所处的纵向层次和横向层间的关系

续表

原理	原理内涵	对复杂信息系统安全问题的揭示与启发
统一性原理	系统存在着同构和同态共性特征。同构为等价关系，同态系统为相似关系。不同系统的数学同态关系具有自反性和传递性，但不具备对称性。数学同态仅可用于系统分类与模型简化，而不能用于等价类划分	同构具有自反性、对称性和传递性，可以根据等价关系将现实安全系统划分为若干等价类，实现集合中的元素分类，选取各类代表元素以降低安全问题复杂度，以此寻找不同的安全运动的共同规律
目的性原理	系统与环境作用过程中，发展方向既与偶然的实际状态有关，更取决于其自身所具有的、必然的方向	在特定范围内，复杂信息系统的安全性，其发展和变化既在某种程度上受条件和途径的影响，但更重要的是其自身总趋向于某种预定状态
动态开放性原理	系统演化的前提和系统稳定的条件是与外界环境持续进行物质、能量或信息交换，即对外界环境开放	复杂信息系统内部的有机关联及外部环境交换均为动态过程，不能以静态观点来考虑安全问题。系统内部结构状态随时间而变，与外部环境必定通过边界进行物质、能量或信息的交换
自组织原理	非线性导致开放系统的微涨落可放大为巨涨落，在更大范围内引发更为强烈的长程相关，系统内部各要素自发组织，系统从无序趋向有序，从低级有序趋向高级有序	安全系统越趋向有序，其组织程度越高、稳定性越强，反之亦然。安全系统失稳导致状态变化，突变过程是系统发展过程中的基本质变形式之一。出现分叉现象以及突变方式的多样性，决定了安全系统质变和发展的多样性

2.2.4.2　现代系统科学基本规律对复杂信息系统安全问题的揭示与启发

现代系统基本规律有结构功能相关律、信息反馈律、竞争协同律、涨落有序律以及优化演化律，表 2.2 给出了上述基本规律对网络空间安全规律的揭示和启发。

表 2.2　现代系统科学基本规律对网络空间安全问题的揭示与启发

规律	规律内涵	对网络空间安全问题的揭示与启发
结构功能相关律	系统发展演化动力来自元素、结构和功能的多元相关。结构和功能互为前提和因果，持续动态相互作用与转化，构成了系统发展演化的具体过程	可以根据网络空间信息的结构来推测其安全功能，也可以根据安全功能来推测其结构，并根据需要来改变结构或功能
信息反馈律	基本模型为循环过程，使系统能够自调节。反馈本质上传递的信息，是关于系统复杂性和组织性的规定性	信息反馈是研究复杂信息系统安全状态的重要一环，负反馈对系统的安全稳定性起强化作用，而正反馈则使系统远离安全稳定状态，推动系统安全平衡的演化
竞争协同律	通过竞争和协同推动系统演化。协同反映了系统或要素之间保持合作性、集体性的态势，而竞争则反映了系统或要素保持的个体性的态势	安全组件的竞争和协同是安全系统自组织的内在动力，本质区别是达到更有利于生存和发展目的的方式
涨落有序律	系统必须开放；非平衡是有序之源；存在非线性相互作用；通过涨落达到有序	复杂信息系统的安全状态倾向于因涨落而趋于有序化、趋于稳定。系统安全从无序向有序，必然性通过偶然性而得以表现
优化演化律	系统具有自我优化的倾向，优化通过演化实现，表现系统的进化发展，而优化是演化的目的	复杂信息系统在安全性方面的优化最重要的是整体优化，其基本法则是"形态越高，发展越快"

2.2.5 现代系统科学视野下的安全体系能力再认识

第 1 章概述部分已经简单给出了安全体系能力的概念。本节将在现代系统科学视野框架下，来进一步讨论安全体系能力。

2.2.5.1 现代系统科学视野下基于能力的安全思想

现代系统科学认为，能力是网络空间中复杂信息系统的关键要素，而安全能力则是复杂信息系统遂行安全使命的重要保障，在安全体系能力生成、度量及评估中的地位至关重要。

前已述及，能力是指实体在规定的一般（或标准）环境和条件下，使体系要素执行并完成或被用于完成特定使命任务、达到预期效果的功能特性。网络安全能力可以"黏合"各利益攸关方的需求，满足不同安全防御任务的度量方式，刻画多个安全组件组合或系统集成后所具备的综合度量描述，是现代系统科学框架下安全体系工程中的核心要素。

网络空间信息系统的安全能力与其安全功能、安全效能密切相关。安全功能通常侧重于该系统某方面安全度量指标；安全效能是衡量某个安全防御系统或者整个安全防御体系在网络攻防对抗条件下呈现出来的效用；而安全能力则是安全防御组件或体系在特定的配置和使用环境下所发挥出来的效果，由于不同的安全组件组合与运用方式可能产生不同的效果，因此安全能力是一种动态变化的体系能力，适宜作为复杂信息系统安全体系刻画的主要度量指标。

2.2.5.2 安全体系能力的基本特征

虽然网络空间中的信息系统形态繁多、使命作用各异、环境规模差异巨大，但从其应用场景和不同用法中，仍可以提炼出安全体系能力的基本特征：层次性、内含性、外显性、目标性、演化性、突变性、可分解性、涌现性、知识性、可度量性、可综合性。表 2.3 给出了复杂信息系统安全体系能力基本特征的具体说明。

表 2.3 复杂信息系统安全体系能力基本特征的具体说明

特征	内涵	对安全体系能力生成、度量及评估的作用及约束
层次性	安全体系能力在不同层次上具有差异性，这是由信息系统及其安全问题的复杂性所决定的	需要考虑安全体系能力的层内演化内生耦合模式以及由低层次向高层次的能力综合
内含性	反映的是复杂信息系统内在的安全本领或特征	需要考虑复杂信息系统安全体系/能力与复杂信息系统/能力之间的逻辑关系
外显性	安全体系能力必须通过安全活动（含攻防对抗）而得以外显	分析安全体系能力，不能脱离具体环境和具体的安全活动

特征	内涵	对安全体系能力生成、度量及评估的作用及约束
目标性	安全体系能力是针对某个具体的信息系统而言的,对达成该系统安全防御的主观/客观目标具有直接作用	不能脱离具体的信息系统,去泛泛而谈安全体系能力,也就是说,不存在一个脱离对象、环境和防御活动的安全体系能力
演化性	安全体系能力不是一成不变的,而是随着环境、功能使命、防御活动等在持续演化	不能用静态的思维和方法来考虑安全体系能力的体系能力生成、度量及评估
突变性	体系能力的对外呈现是一种非线性行为,某个组分系统的控制参数的微小变化,即可能导致体系能力发生突变。同一体系能力在不同的环境作用也可能突变	需要寻求控制系统安全状态变化的慢弛豫变量,并对该类变量采取精准的控制,以防止突变的发生
可分解性	安全体系能力的层次性内含其可分解性,但这种分解绝非简单的自上而下还原	不能采用还原论的观点和方法来进行安全体系能力的简单分解,必须采用系统科学的思想来实现安全体系能力的分解
涌现性	安全体系能力不是各子能力的简单叠加和组合,而会在层内演化内生、层间自下而上聚合	需要考虑不同子能力、不同属性、不同指标的系统涌现
知识性	是体系与安全相关知识的表示和处理对象,多领域、多层次、多利益攸关方的科学理论、工程实践经验、个体或集体智慧的高度整合与综合	进行安全体系能力生成、度量及评估,必须辅以知识管理体系,实施知识管理工程
可度量性	外显性和目标性决定了安全体系能力是可度量的	可根据安全体系能力产生的安全效能及满足主观要求的程度来进行能力度量
可综合性	可分解性、涌现性和可度量性决定了安全体系能力可以逐层次综合集成,直至生成整体能力	安全体系能力生成、度量及评估必须走自上而下分析与自下而上综合相结合的技术途径

上述安全体系能力基本特征,为基于体系能力的复杂信息系统安全体系能力生成、度量及评估的理论研究和技术实现提供了基本遵循。

2.2.5.3　从物理域、信息域向认知域的视角演进

诚然,网络空间安全的问题始于物理域,系统的安全相关活动发生于物理域,因此首先应从物理域采集安全相关数据,并在信息域空间进行分析处理。然而,仅在物理域和信息域来认识网络空间安全问题已经远远不够,需要上升至认知域来考察安全问题。

网络空间安全问题已远非技术攻防和管理保障所能涵盖,有研究表明七成以上的安全事件是人为的问题。例如,有的高级持续威胁(Advanced Persistent Threat,APT)就是以人为突破起点,综合运用社交攻击法(社会工程学)、心理学等知识手段,寻求并利用人在网络空间中的弱点,再通过技术措施来实施攻击。这就要求对网络空间安全的认识和理解,要突破物理域、信息域等纯技术范畴的局限,以全新的认知域视角来考察包括信息内容、社会特性等在内的网络空间安全问题。

2.3　从基于威胁到基于能力的安全防御体系演进

"不谋全局者,不足谋一隅"。 网络空间信息的安全威胁形势分析和攻防对抗趋势判断,是构建安全防御体系、体系能力生成、度量及评估安全能力的基本前提。本书认为,安全威胁及攻防对抗日益呈现出"从单点威胁到高级威胁""从平台对抗到体系对抗""从基于威胁到基于能力"的三大新趋势和新特征。应将网络空间信息的安全体系能力生成、度量及评估放到整个安全威胁和攻防对抗的安全防御大背景中来考虑。安全防御系统逐渐从"被动威胁导向""标准合规导向"向"体系能力导向"演进。安全攻防对抗思路从基于威胁演变为基于能力,也为安全体系能力生成、度量及评估提供了重要启示。

2.3.1　网络空间信息面临从单点威胁到高级威胁的转变

网络空间信息通常会面临各种各样的网络威胁及内部威胁,其数据存储、处理与传输均存在高危风险。威胁(Threat)是指能对资产或组织造成损害的潜在原因,是一种不希望发生但有可能发生的潜在事件,通常具备可能损坏资产和目标或危及其安全的影响力。对组织机构构成的威胁是重要的风险要素之一,而威胁关注的则是有价值的信息资源。

传统的网络安全威胁多为单点威胁,具体形式表现为 Web 入侵、恶意代码传播、邮件攻击、拒绝服务攻击等。在某种意义上说,这些威胁对于信息系统的影响不大,主要体现为用户体验不佳、网络服务效率低下、安全事件影响可控等。采用 Web 防护(WAF 等)、恶意代码查杀、DoS 攻击缓解、垃圾邮件过滤等单点应对方式来处理,可以取得较好的查杀和防范效果。

但是,随着网络空间的发展,关键信息基础设施和重要信息系统,特别是包括能源、电力、交通、金融、国防、军事等攸关国计民生和国家利益的核心信息基础设施和信息系统,成为了威胁的主要目标,攻击行为主体也从业余黑客发展为专业黑客、黑色产业组织、网络恐怖组织甚至是国家或地区有组织攻击团体,此时的攻击是以组织甚至是国家利益博弈、地缘安全竞争与合作等为大背景,目标是扰乱、控制、窃取、破坏关键信息基础设施和重要信息系统,攻击对象也从传统的 IP 网络信息系统扩展到了包含云计算、物联网、工业控制网络、移动互联网络等在内的整个网络空间,而攻击手段则多种多样,既有传统漏洞、0 Day 漏洞、勒索软件与挖矿木马等,也会通过供应链、社会工程等实施组合攻击。

其中,黑客组织(特别是政府或团体)利用"先进"的攻击手段对特定目标实施长期持续攻击的 APT,对于网络空间及复杂信息系统危害巨大。APT 通常具有隐蔽性强、潜伏期长、持续性强、目标性强等特点。比如甚嚣尘上的"方程式"

（Equation）、"海莲花"（APT-TOCS)、"白象"（White Elephant）等实施的都是有组织、装备化的攻击。APT 攻击的最终目的是在被攻击环境中构成作业闭环，比如，可以首先通过网络渗透侵入目标系统并上传多种攻击载荷，然后通过持久化工具实现开机启动、长期驻留，然后开启远程 Shell 实施远程命令控制，获取系统基本信息和提权管理权限，同时生成并记录磁盘文件列表、采集键盘输入或敏感文件并记录、打包，然后开启 HTTP 服务，远程获取全盘文件列表和用户击键记录，并将所收集的敏感文件、数据或日志回传。

这种高级威胁，有的是利用各种手段精心构造的恶意网络武器（如震网病毒）或商业间谍武器，攻击者掌握了高级漏洞发掘和超强的网络攻击技术，甚至是利用 0 Day 漏洞，所需的技术壁垒和资源壁垒较高，而且其攻击目标也不是一般用户，而是拥有敏感度高、价值大的信息系统或数据的高级用户，尤其是有可能影响国家和地区政治、军事、外交、金融等高级别信息系统和信息的所有者。还有另外一种情况，也值得特别注意：有些 APT 攻击者的研发能力有限，通常会使用开源或免费工具和普通的网络操作工具（比如执行命令行、压缩普通文件等），通过攻击者的自身技能来弥补工具的不足，这种方式虽然通常没有 Rootkit 技术掩护而会使得系统环境发生较明显变化，利用 1 Day 漏洞甚至是陈旧漏洞，并熟练利用漏洞免杀改造，但是多数查杀工具对该攻击所使用的常规工具和陈旧漏洞并不敏感，反倒为该攻击的"免杀"开了方便之门。而且，APT 攻击还会与被攻击目标的可信程序/业务系统脆弱性进行融合，加大了被检出的难度。比如，火焰（Flame）攻击利用 MD5 碰撞漏洞，伪造出合法的数字证书来假冒可信任软件，最终达到了欺骗攻击的目的。再者，APT 攻击各环节持续时间通常较长，有的甚至长达数年，远远超出了传统依靠时间序列进行攻击检测的时间尺度。

高级威胁因成本伸缩性大、隐蔽性更强、追踪溯源复杂、检测和处置困难，是网络空间安全体系能力生成、度量及评估不得不考虑的核心风险源。

2.3.2　网络空间信息攻防从系统对抗到体系对抗

当前的信息系统应用，纵向上向传统领域应用不断深化，横向上向新兴领域不断拓展。传统的安全防御，往往采用单点防御，如前面提到的恶意代码查杀系统（查杀病毒、木马、间谍软件等）、安全网关系统（网关、网闸、防火墙、IPS等）、漏洞扫描系统（主机漏洞、网络漏洞、数据库漏洞等）。这些对抗手段在单点威胁的时代，确实发挥了至关重要的作用，而且在未来也仍不可或缺。

但是，在高级威胁时代，攻击形式和方法发生了极大变化，体系化特征越来越明显。比如，在勒索病毒攻击中，很多被感染终端计算机都采取了防护措施，但事实证明并未奏效。防御失守的直接原因是没有可检测勒索行为特征的威胁模型。勒索软件利用终端漏洞突破防御措施，而对文档的加密操作又大多被终端防御系统视为用户正常操作而放行，针对这种高级威胁不采用体系对抗的思路来应对，结局必定是防不胜防。因此，要想取得对抗优势，必须走多维度、多功能、多系统协同防御的道路，实现全系统、全要素和全时空的对抗。这就意味着，复杂信息系统的对抗，必将从系统对抗演变为体系对抗（Systems Confrontation）。

在体系对抗的闭环中，体系的优劣取决于攻防要素的性质、数量、质量及其分布等，其中又以要素性质及其关系所决定的结构为要。而要素与其结构、功能又存在着对立统一的辩证关系。在体系对抗中，过去的防御系统、平台、单元成为了防御体系感知或执行的"末梢"终端，表面上是系统、平台、单元在防御，本质上是整个体系在对抗；对抗场景中，防御方将面临着多方位、多对手的高级威胁，过去独立的各系统、平台、单元靠各自为战取胜的模式必将难以为继，必须采取智能协同模式。而智能协同的要义又在于基于目标的协同。根据攻击的威胁程度和危害后果排序，通过防御协同和效能叠加，不断缩小攻击者的攻击面，并力争在最短时间内发现并摧毁最有威胁的攻击行动。

同时，复杂信息系统的体系对抗，还可能突破虚拟的网络空间，向真实的物理空间渗透并发挥破坏作用。震网病毒攻击因网络空间而起，最后作用于核电站实体并导致巨大破坏，即为实例。在物联网、工业互联网飞速发展的今天，这种影响不可不察，必须给予足够的重视。因此，对于很多重要的复杂信息系统来说，必须考虑在攻防对抗中考虑其实体空间的功能安全问题。相关问题请参见作者在科学出版社出版的《工业互联网安全体系理论与方法》中的专题讨论。

此外，在体系对抗中，人的作用必须重视。传统的防御思路大多是将问题交由防御系统来处理，而忽视了人的主观能动性和专业判断力。防御系统能够发挥作用，无法脱离具体的防御场景及其承载的信息价值，而防御方的安全人员对此最为熟悉，传统安全产品的自我闭环必须向安全人员开放并为其赋能，实现体系对抗闭环。因此，应把人作为安全的尺度之一，关注人在攻防对抗体系中的特殊价值。

2.3.3　网络空间安全防御建设从基于威胁到基于能力

传统的小型信息系统以及边界、环境及业务较为明确的信息系统，通常采用基于威胁的安全体系能力生成方式。这种方式以应对现实的网络安全威胁为主，源于应对网络安全威胁和攻击的现实要求，很大程度上依赖于现实安全威胁的激发，属于安全事件激发——响应的应对型，本质上可视为被动型生成模式，能力生成过程具有当前性、被动性和维持性的特点。

但是，网络空间的复杂信息系统，涉及大数据、物联网、云计算、工业控制系统及工业互联网络，结构复杂、业务繁多，传统的网络边界持续瓦解，所面临的威胁具有极大的不确定性、难以预测，单纯采用基于威胁的安全能力生成方式已难以适用。未来并非现实的延长线，网络空间安全问题始终面临着较强的不确定性和风险性，而且很多威胁和攻击具有很强的隐蔽性。网络空间斗争日益复杂化，清晰地识别出所有的敌对威胁行为体已不可能。此时，应从更高层次决定和规制网络空间安全能力必须具有更高远的目标指向，旨在形成面向未来的安全防御能力。因此，需要采用基于能力的安全体系能力生成方法，以攻防对抗体系能力目标为牵引，属于体系能力目标——构建模式，具有更强的前瞻性、主动性和适应性。显然，与传统的基于威胁的防御体系不同，基于能力的防御体系的能力生成通常并非是针对具体的攻击威胁，而是面向未来的不确定性环境，是对充满不确定性的未来战略目标的评估而得的结果。

当前阶段，很多信息系统依靠安全合规建设、安全风险评估、安全测评（比如我国实行的网络安全等级保护）等方式，逐步建立了安全技术和安全管理框架，形成安全基线并达到了"及格线"要求，对于保障系统安全发挥了重要作用。比如，在传统的网络安全域边界对威胁进行识别并拦截，虽然复杂的高级威胁能够绕过边界防护，但这些防护手段仍然能够消耗攻击资源、延缓攻击成功，为防御对抗争取时间，依然具有重要的作用。不过，不达到安全合规要求固然不可接受，但仅达到基线合规却远远不够。真正意义上的有效防护，应是以安全合规为基础，以安全能力为目标，以安全体系协同为牵引，以单点能力提升为推动，通过将传统的"基于威胁"和"标准合规"导向的安全体系建设转变为"基于能力"导向，形成全要素、多维度、多层次的一体化防御系统。

2.3.4　"基于能力"对网络空间安全体系能力生成、度量及评估的启示

"基于能力"的观点，给本书理解安全体系的构建和能力提升的叠加演进，进而实施安全体系能力生成、度量及评估带来了重要的启示。安全能力涉及网络空间信息系统的内外部环境、基础架构、承载业务、安全指标体系、能力关联与涌现、智能分析等诸多环节。

2.3.4.1　安全体系能力生成、度量及评估是安全能力需求分析的"反"问题

从某种意义上来说，网络空间信息的安全体系能力生成、度量及评估，是其安全能力需求分析问题的反问题，是对其形成的安全能力的"认识"、"反演"和"量化"过程。

要想进行有效的安全体系能力生成、度量及评估，必须深刻理解安全能力的形成过程。网络空间安全能力的"叠加演进"，并不只是前一阶段向后一阶段的进化，而是每一阶段的能力均强依赖于前一阶段。比如基础架构要求在安全规划和建设过程中重视安全，被动防御则是基础安全措施；主动防御的监测威胁、事件响应、威胁对抗等手段需要构建在基础架构和被动防御之上。基础架构实现了

安全的全面覆盖，而被动防御则可以做到深度拓展，由此将网络空间信息的安全能力与安全物理环境、安全通信网络、安全区域边界、安全计算环境以及管理等各个层级的深度结合，将安全能力部署到各网段、各层次、各业务以及各实体之上。安全防御系统和能力，绝不是独立于被保护信息系统的，而是与该系统高度融合。

2.3.4.2 基于现代系统科学与工程的角度来认识和反演体系能力涌现过程

网络空间安全能力的"叠加演进"，绝不是各阶段安全能力的线性叠加，而是类似于滑动标尺模型下基础架构安全、被动防御、积极防御、智能分析乃至反制攻击的层次化防御的体系能力涌现。网络空间信息的这种体系能力涌现，是各组件各系统的关联性、层次性、协同性等共同作用的结果，是各要素与其结构、功能的辩证统一，是系统复杂性的内在表现，必须从现代系统科学的角度来认识。

同时，网络安全措施和组件的大量部署并不必然带来攻防对抗效果的显著提升，有些时候甚至会产生反效果。只有形成合理的网络安全防御体系结构，保证安全组件互联互通，充分发挥信息力与结构力的融合作用，使防御体系涌现出整体合力。

因此，对于网络空间信息的安全体系能力生成、度量及评估，必须按照体系的思想框架并结合系统工程方法来实现体系能力涌现的反演。网络空间安全防御体系构建，将系统的安全需求转化为其安全体系能力建设，并将体系能力分解为系统功能与解决方案来实施。反过来，要通过安全体系能力生成、度量及评估来实现安全能力的反演，必须将安全能力的具体实现（即现实安全系统与功能）纳入到体系能力框架当中来考虑。比如，云计算安全系统中既有安全措施基于各自独立需求而研发部署，但其对安全体系能力的贡献需要各安全措施相互协作、依赖与支撑，要充分考虑其间的关联关系，才有可能得到其整体的安全体系能力。

2.3.4.3 结合威胁、能力、效能各要素来进行安全体系能力生成、度量及评估

通过前面的分析，本书发现，虽然完全沿用基于威胁的安全分析思路已不适用，但基于威胁的安全分析思想也未从安全分析实践中消失，威胁仍然是安全分析的必要前提和根源，只是需要从更高层面上来理解。

基于能力的安全分析并未忽略已经确定的明确威胁，而是将视野拓展到更大范围，在应对确定性威胁的同时，更加关注那些具有不确定性的威胁，以提升整个防御体系应对各种威胁的能力。

基于能力的分析方式，不只是对确定的威胁做出反应，而是将未来的可能威胁也考虑在内，着重于考虑确定的威胁所需的能力，由此看来，它不仅与基于威胁的方式并不对立，而且可以说是基于威胁的继承和发展。

分析、控制及评估的基础是度量，而有效的度量则又涉及网络空间信息的体系结构、安全防御措施、系统脆弱性、攻击态势以及安全事件的影响等因素。

同时，能力的价值最终要体现在效能上，整体效能最大化是防御系统的最终目标。因此，各环节方案优化都必须以效能作为顶层目标。而效能又在不同阶段不同层次上有不同的表征。比如，指标效能可用于反映某一方面的功能特性，系统效能则可用于反映静态综合效能，而对抗效能则是整个防御系统体系能力的最终效用。

因此，网络空间信息的安全体系能力生成、度量及评估，应该采用基于能力、结合威胁、效用驱动的技术途径。

2.3.4.4　网络空间安全的能力基线

虽然单纯无法依靠单点技术、单点创新和产品堆砌来获得整体能力，但是安全能力的形成仍然需要一个基础。安全能力的涌现并非是凭空而生，而是依托于基础结构安全、被动防御、主动防御、智能分析与反制攻击等各层级的能力涌现，这种能力的度量客观上需要一个基准。有了这个基准，才能对一个具体的信息系统实施度量，并进而进行能力差距分析，使得同一场景下的不同系统的度量结果、同一系统的不同时间点的度量结果各自具有可比性。

不过，网络空间安全的能力基线的确定是一个相当复杂和困难的过程。试图对所有信息系统采用同一安全基线来进行度量，既无可能，亦无必要。例如，对于工业互联网和普通 IP 网络来说，两者承载的业务区别很大，安全能力要求也相差甚远，采用同一种安全基线来度量，显然是不现实的。再如，对于同一类其至是同一个系统来说，如果其安全度量目的不同（比如合规测评或安全风险分析），也应该采用不同的能力基线确定方法。

无论是采用何种基线，抑或是用于何种度量目的，安全能力度量仍然需要一个客观基准，度量过程就是确定该基准并计算系统安全状态与该基准的广义距离的过程，而系统安全状态与该基准的广义距离（安全能力差距），也就是安全度量结论。

2.3.4.5　实施有效的安全体系能力生成、度量及评估知识管理

网络空间安全体系能力生成、度量及评估具有知识密集型的特点，需要用到大量的方案、模型、算法、工具等领域和专业知识。这些知识包括多学科交叉融合的显性知识和隐性知识。显性知识采取适当的方式需要正式、规范、客观地表达，而隐性知识则需要借助特定的方法使其发挥作用。

该问题的高度复杂性和专业性决定了必须实施有效的知识管理。而知识管理，则需要采用适当的知识工程体系和参考资源描述框架，来管理和描述大量的

安全特性、安全机制、安全产品、数据库或知识库、算法、分析方法、模型、指标体系、工具、法律法规标准以及辅助资源等知识参考资源。通过知识工程体系，实现知识资源的沉淀、保存与共享，最大化地提高安全体系能力生成、度量及评估效率。

2.4 基于体系思想和系统工程融合的网络空间安全分析方法论

信息系统安全问题是典型的复杂系统问题，适用于系统科学思想指导下的传统系统工程方法。网络空间信息的安全问题则是带有典型体系特征的复杂系统问题，部分超出了传统系统工程理论和方法范畴。本节将在此前分析的认识论基础上，研究基于体系思想和系统工程相融合的网络空间安全方法论，用以指导体系能力目标导向下的网络空间安全体系能力生成、度量及评估。

2.4.1 体系思想与系统工程方法的融合

系统工程方法在网络空间安全领域获得了广泛应用，常见于信息系统的安全防御体系建设。而网络空间安全体系能力的分析，涉及大量的非线性、涌现性甚至是自组织问题，也需要采用系统工程方法来解决。同时，网络空间信息的安全能力是一种体系能力，其能力生成和分析，又需要结合体系思想来解决。

2.4.1.1 体系思想与系统工程方法融合的必要性与可行性

在 20 世纪 60 年代之前，笛卡儿方法论对西方科学研究起到了极大的推动作用。但在 20 世纪 40 年代美国"曼哈顿计划"研制世界上第一颗原子弹和氢弹、20 世纪 50 年代美国"北极星计划"研制海基战略武器系统等工程过程中，人们逐步发现笛卡儿方法论存在的机械综合、关联不够等缺陷难以解决许多复杂问题，这些问题无法分解，而且分解之后的局部并不具有原来整体的性质，从而导致系统工程方法论的出现。随后，20 世纪 60 年代系统工程方法论在美国阿波罗 1 号登月工程中的成功应用，标志着西方科学研究方法论从以笛卡儿方法论为代表的还原论方法到系统工程方法的成功转变。

传统的系统工程方法，将网络空间信息的安全防御视为一个具有层级结构、实现集中控制并全局可见的整体，而事实上，网络空间信息的安全防御体系呈现出松耦合的系统特征，存在着显著的网状结构，并非是基于紧密层级结构特征的单系统架构。比如，云计算、移动互联网络、物联网、物理信息融合系统等网络空间信息形态的出现，使得其安全防御要素的分布、开放特征愈加明显，正在形成以安全体系能力为导向的安全防御体系需求。传统方法采用多级递阶控制思想来进行处理，必须明确系统的目标与边界，已无法很好地适应功能更丰富、逻辑和地理分布更广阔、关系更复杂、边界更开放的网络空间安全的体系特征。因为，网络空间安全体系的系统目标和边界已经不再具有刚性特征，而是强调安全体系能力的演化和应对未知攻击模式的适应性，强调安全体系能力对安全体系对抗过程及效能的影响。

另一方面，体系能力并非是凭空生成，而是基于系统及其要素。体系思想要求建立安全体系能力与体系解决方案之间的映射关系，从现实系统当中涌现出所需的安全体系能力。在这个意义上来说，体系思想融入系统工程过程，不仅是必要的，而且是可行的。也就是说，融合了体系思想的系统工程方法是对系统工程方法的延伸和拓展，或者说是系统工程方法的高级形式。

2.4.1.2　体系思想与系统工程方法融合的途径

系统与体系既有密切关系，又有明显区别。元素（组元）构成系统，而系统又构成体系。相互联系的两个以上的元素（组元）即可构成系统，但并非所有系统均可成为体系。系统概念的内涵为元素、结构、功能、环境及运行，并以结构为最核心要素，而体系的内涵则是目标、能力、数据、信息、服务与标准等，并以能力为最核心要素。系统分析应始于功能，并以多要素分析为表现形式；而体系分析则应始于其目标，并以多视图为表现形式。系统的发展受环境影响最大，体系的形成则受目标要求影响最大。

在系统科学理论指导下，系统工程方法在网络空间信息系统安全分析中得到了广泛应用，在应用过程中主要是遵循美国系统工程专家霍尔提出的霍尔三维结构（硬系统方法论）、英国学者切克兰德在 20 世纪 80 年代提出的切克兰德方法（软系统方法论）。将体系思想融入系统工程过程，并应用于网络空间信息的安全分析领域，要关注现代网络空间安全环境和对抗模式发生的重要变化，也就是由安全防御平台化向安全防御体系化、攻防对抗平台化向攻防对抗体系化的过渡和转变。

需要指出，使用传统方法进行信息系统安全保障建设，一旦建设完成和运行，该系统也会涌现出安全体系能力，只不过人们所研究的往往是"安全保障系统"的能力，而并非是复杂信息系统的安全能力。更为重要的是，这种体系能力的形成是被动的，而在体系思想指导下的安全能力生成和安全控制，应该采取主动化的思路和措施。因此，本书认为，将体系思想和系统工程相融合，首要的一条就是要贯彻安全体系能力目标的思想。在进行系统分析时，不再是围绕各组件各平台的能力来展开，而安全控制也不再是依靠采用新技术、提升安全各组件的性能以提升安全性的传统方法，而是通过对未来网络空间信息环境和安全保障需求的分析，系统全面梳理现有安全设施和组件以及安全新技术的发展，从体系的角度设计和构建在未来特定时间段内能够形成信息对抗优势的防御体系。

对于那些符合"开放的复杂巨系统"特征的安全体系来说，既不能简单地采用耗散结构理论、协同论等处理简单巨系统的理论来处理，也不能用传统的系统动力学方法来处理，更不能直接上升到哲学层面。要解决这类问题，需要建立从定性到定量的综合集成方法（或称为综合集成技术）。

具体的融合，可以参照钱学森提出的综合集成研讨厅体系的基本框架。霍尔三维结构适用于以系统为研究对象进行优化分析，更侧重于定量分析。融合了体系思想的系统工程方法，应在传统系统工程方法基础上，实现从"定性定量相结合"到"从定性到定量"跨越的综合集成。该方法应包括知识体系、计算体系和人工体系三部分。知识体系主要涵盖综合集成所需的知识、建模、仿真、验证等方面的知识参考资源；计算体系主要是包括利用计算、存储等机器资源实现人机结合、从定性到定量的综合集成工具；人工体系主要是包括人类专家的认知、经验、决策和操作等。融合了体系思想的系统工程方法，立足整体、统筹全局，使整体与部分之间实现辩证统一，同时借助数学方法和计算工具，实现分析与综合的有机组合，完成体系使命。一言以蔽之，就是这种改进与应用是以体系目标为导向的。

2.4.2　体系能力目标导向的网络空间安全分析系统工程方法

本节将给出以体系能力目标为导向的、适用于安全分析的系统工程方法流程，为后续的网络空间安全体系能力生成、度量及评估提供方法层面的指导。

2.4.2.1　基于安全体系能力目标的三维结构

基于体系能力目标的三维结构包括时间维、逻辑维与知识维。这种结构是对霍尔三维结构的继承和发展。在构建三维空间时，既继承了传统霍尔方法论对元素、结构、功能、环境及运行等要素的关注，更融入了体系概念下目标、能力、数据、信息、服务与标准等要素，特别注重目标与能力这对最重要的体系要素。这种结构通过三维体现了整体性，知识维体现了技术应用综合性，逻辑维体现了问题导向性，而时间维和逻辑维则体现了组织管理上的科学性。

以体系能力目标为导向的系统工程方法来分析网络空间安全，需要描述其三维结构框架，通过对其各个阶段和步骤的阐释，细化展开为分层次的树状结构。

时间维以工作阶段或进程为指标，分为总体调研、方案拟定、度量实施、分析评估四个阶段。总体调研阶段进行调研和需求分析，确定被评估复杂信息系统的总体情况（含基础架构与安全措施），制定需要评估的安全性目标。方案拟定阶段，提出具体的分析计划方案，从安全体系能力的生成出发，结合安全物理环境、安全通信网络、安全区域边界、安全计算环境等安全情况，制定度量和测评方法，特别是对需要采集的数据、采集工具和分析方法做出详细方案。度量实施阶段，应完成数据采集工具的安装、部署、配置、调试、集成等，启动运行，获取数据并存储。分析评估阶段，按照方案选取指标体系和分析方法进行评估，并给出相应结论。

知识维涵盖完成上述各阶段、各步骤所需的共性知识与各领域专业技术知识，包括安全机制、安全产品、数据库或知识库、算法、分析方法、模型、指标体系、工具、法律法规标准以及辅助资源等。

2.4.2.2　具体逻辑过程与步骤

时间维给出了各阶段所要完成的工作内容，逻辑维则是指完成工作内容所应遵循的逻辑过程与步骤，分为明确问题、确定目标、系统分析、系统综合、优化、决策与实施等七步。

（1）明确网络空间安全体系能力生成、度量及评估的问题及要求。

全面获取和分析网络空间安全分析的历史、现状与发展趋势，明确需要解决的安全体系能力生成、度量及评估问题。并根据该系统的基础架构、承载的业务、面临的威胁、存在的脆弱性等，确定安全体系能力生成、度量及评估的要求。利用模型法，借助结构，将该问题分解为多个相互关联的"简单"子问题。分析时则可以利用统计法，构建非物理多变量模型，采用主成分分析法、因子分析法、时间序列分析以及模糊数学分析等方法及其组合；不确定因素可以运用德尔菲法等进行主观概率分析或赋值。

（2）确定安全体系能力目标及其评价指标体系。

考虑评价指标量化、主客观因素分离、综合评价方法等。采用效用理论法、风险评估法等来构建指标体系。效用理论法的核心是建立效用及其函数，考虑攸关方偏好，基于公理构建价值理论体系；风险评估法主要是根据效用函数来进行风险与安全性评价，并对多目标冲突问题进行折中平衡评价。

（3）网络空间安全系统分析。

采用建模与仿真等方法来描述复杂信息系统，包括度量的基本测度及衍生测度选择、分析模型以及各种指标等。基本测度选择首先是寻找和筛选可反映问题本质的变量，并对内生变量与外生变量加以区分，获取可描述系统状态及其演进的一组状态变量与决策变量。然后，根据待考察对象的特点，确定变量间的相互依存与制约关系，得出描述该系统本质特征的状态平衡方程式等模型并进行仿真，以发现更普遍、更集中和更深刻反映系统本质的特征及其演变趋势。还可以采用故障树分析或事件树分析等方法进行可靠性与安全性分析评价。

（4）网络空间安全系统综合。

系统综合的目标是在给定条件下，设计可完成预定任务的系统结构或可达预期目标的手段，制定相关策略、活动、控制方案和整个系统的可行方案。在具体实施时，预定结构或方案通常会与理想目标存在差异，需要结合对问题本质的深入分析或典型实例，给出可实现目标要求的替代实施方案。该步骤通常需要借助计算机辅助与系统模拟仿真等手段来实现人机交互与结合的系统综合。比如，按照安全能力目标要求，形成一组可供选择的度量和分析方案，明确基础架构、被动防御、主动防御、智能分析等环节的安全措施与组件，以及安全网关、加密算法与设备、IDS、负载均衡设备、备份设备等安全防护组件的相应参数、部署位置、与其他系统的联系等。

（5）网络空间安全系统方案优选。

基于评价目标体系，生成各项策略、行动及系统总体方案并进行优化选择。根据系统具体结构与方案类型，构建模型来分析各方案的功能、性能、目标达成度以及在评价指标体系下的优劣次序，力求选出最优、次优或合理的方案。采用线性规划、动态规划以及非线性规划最优化方法，来选取可令目标值最优的控制变量或系统参数值，进而从多种方案中求取最优、次优或满意解。具体来说，离散变量可采用组合优化法。多目标优化可以采用加权、重要性排序、人机交互等方法来处理，求取其非劣解集。

（6）网络空间安全方案决策。

这一步的目标是基于分析、综合、优化与评价做出决策，选定行动方案。决策又有定性决策与定量决策、单目标决策与多目标决策、个体决策与群组决策之分。决策受人的主观认知能力限制，影响决策的主观因素有主观偏好、主观效用和主观概率等。影响决策的客观因素有不确定因素和难描述现象等。这些就需要有科学的综合决策分析与评估方法来支撑。决策支持系统、专家系统等是常用的决策支撑工具，基于大数据的决策方法、基于深度学习的人工智能辅助决策方法也在逐渐兴起。

（7）网络空间安全方案实施。

计划、决策的目的是为了实施，而实施则必须按照具体的工作安排与计划执行。对上述步骤反复修改和完善，最终制定出可供执行的网络空间安全体系能力生成、度量及评估的具体方案。

2.4.3　网络空间安全体系能力生成、度量及评估的方法论实施途径

方法论的实施途径是解决工程问题的必要手段。无论何种方法论，其实施途径都不外乎（正向与逆向）理论分析、（现实系统与仿真）实验验证以及工程应用实现等三个核心手段。在网络空间安全体系能力生成、度量及评估领域中，上述三个手段工程实现都获得了广泛应用。

2.4.3.1　正向理论分析与逆向理论分析

理论分析是通过理性思维认识事物的本质及其规律的一种科学分析方法,分为正向分析和逆向分析。在网络空间安全分析领域,首先要对工程对象及获取到的数据和信息进行整理、分类和统计,然后利用抽象思维对其加工处理,力图揭示出信息系统安全的本质要素和内在联系,进而上升为理性认识。安全性理论分析具有特定的理论范式和方法,其中涉及理论假设、理论判断、理论推理等,可以部分客观地反映现实世界中的工程系统。

理论分析方法可以在明确概念内涵和外延的基础上,将待考察工程对象分解为若干组成部分及其特征、属性、关系等,从本质上对待考察对象进行界定和确立,通过综合分析来把握其本质规律。理论分析包含四个要素:①概念定义(厘清内涵和外延);②提出问题并陈述事实(通过文字描述和统计描述等方法);③分析过程,包括因果分析、结构功能分析、比较分析、系统分析等;④给出研究结论,即理论分析结果。

在网络空间安全领域,逆向分析应用广泛。这种方法是针对待考察工程对象进行反向分解、重构和推理分析。网络空间安全领域的诸多分支都可以分为攻击和防御两个方面,而该领域的竞争与对抗,本质是攻防双方的斗争与对抗。比如,在密码学中,密码编码学的使命是设计安全、可靠、方便、易用的密码系统,而密码分析学就是要从攻击的角度,在未知密钥相关信息的情况下,利用技术手段通过密文来得到明文或密钥的全部或部分信息,也就是实现对密码体制的攻击。在软件安全性工程中,正向工程主要是通过软件安全需求工程、软件安全编码、安全管理、危险识别、软件安全性正向分析、软件正向测试来完成;逆向工程则主要是通过逆向测试、逆向分析来完成。在软件逆向分析中,需要基于编程基础和软件工程知识,将低级代码(机器代码、汇编代码、二进制代码)转化成抽象的逻辑代码(高级代码),进而完成相关的安全性分析。在网络空间安全体系能力生成、度量及评估中,既要研究安全防护的手段和方法,也要通过安全威胁分析、风险评估来进行安全攻击分析。

2.4.3.2　现实系统与建模仿真实验验证

实验验证是事先对网络空间安全体系能力生成、度量及评估中某一事物给出假设或猜想,然后对该假设或猜想进行实验,并证明原有假设或猜想是否正确的一种检验方法。实验设计应遵循随机化、局部控制和可重复三原则。随机化旨在保证数据采样可良好反映问题空间或分析数据的分布情况,降低主观因素影响;局部控制是为了提供子区域划分采样的取值一致性;可重复是为了消减实验的随机误差,减小不可控因素影响。具体可采用蒙特卡罗采样(Monte Carlo Sampling,

MCS）、拉丁超立方采样（Latin Hypercube Sampling，LHS）、正交阵列采样（Orthogonal Array Sampling，OAS）、D 最优设计（D-Optimal Design，DOD）和均匀设计（Uniform Design，UD）等。

实验验证分为现实系统实验与系统仿真两种手段。网络空间中的复杂信息系统，其生命周期中的各个阶段，安全性相关指标计算可采用不同的方法。但是，对于现实系统来说，在规定的时间内获得各项指标的"精确值"非常困难甚至是不可行的。比如，物理信息融合系统、物联网等系统中的物理设备或硬件设备老化导致的性能退化，既与其使用寿命相关，也易受其运行环境与使用强度的影响。事实上，系统的性能退化不仅存在于硬件系统，而且也存在于软件系统。随着系统复杂性的提高，传统的基于理论分析的方法和基于现实系统实验的方法在系统安全性分析、控制效能评估方面面临的困难越来越大，而系统仿真技术所具有的高维处理能力、高度灵活性等特性使得仿真方法在网络空间安全体系能力生成、度量及评估及其效能评估方法显示出了较大优势。

系统仿真是一种人为实验手段，根据对系统各要素及其相互关系的分析，在计算机（仿真工具）和（或）网络空间实体（风险控制对象及环境）上建立安全风险控制系统的有效模型，该模型作为实际系统的映象，能够描述待考察系统的结构或行为过程且具有特定的数量关系或者逻辑关系，在此基础上进行试验或者定量分析，整个仿真过程能够较为真实地描述网络空间安全体系能力生成、度量及评估的运行、演变以及发展过程，解决预测、分析和评价等系统问题，为正确决策提供支撑。对于无法建立物理模型或数学模型的目标系统、通过数学模型解析求解困难的问题、复杂的不确定性和随机问题，使用系统仿真方法效果较好。系统仿真模型的建立过程，同笛卡儿方法、系统工程方法、体系工程方法中系统分解及降阶思想密切相关和高度契合。

在复杂信息系统安全体系能力生成、度量及评估过程中，需要构建安全度量框架模型、不确定信息分析处理模型、脆弱性描述模型、威胁评价模型、攻击行为描述模型、攻防对抗博弈模型、安全能力综合评价模型等，实施仿真或实验验证。

2.4.3.3　工程应用实现

工程应用实现源于工程和设计问题，是为解决某个特定问题而实现软硬件系统或者装置的过程。这个过程一般分为四步：①需求分析；②构建需求规格说明；③设计并实现该软硬件系统或者装置；④系统测试与结果分析。

在网络空间安全体系能力生成、度量及评估的具体工程实践中，理论分析、实验验证与技术实现这三种方法，既可以针对某个特定问题独立运用，也可以从全局分析的角度来组合使用。运用网络空间安全方法论分析和解决安全风险控制问题，既需要从复杂信息系统的底层软硬件出发，也需要从系统和体系的角度来考虑全局问题。

由于本书定位及篇幅所限，有关网络空间安全的系统科学与系统工程问题的进一步深入讨论，请参见作者在科学出版社出版的《网络空间安全系统科学与工程》一书。

第3章 网络空间安全体系能力生成、度量及评估知识工程体系

网络空间安全体系能力生成、度量及评估是一个复杂的系统工程问题，具有知识密集型的特点，需要大量的专业知识来支撑。而这些知识的管理，本身也需要利用科学有效的知识工程体系思维，建立一套知识工程体系和知识参考资源描述框架。本章将重点分析和研究网络空间安全体系能力生成、度量及评估的知识工程体系，包括体系框架、参考资源描述框架、DIKI 知识模型、知识框架中的不确定性问题及其处理方法，以及智能处理方法等。

3.1 网络空间安全体系能力生成、度量及评估的知识管理

要进行有效的网络空间安全体系能力生成、度量及评估，需要利用大量的方案、模型、算法、工具等领域和专业知识（Knowledge），对知识管理提出了很高要求。而高效的知识管理，又需要相应的知识工程体系框架和参考资源描述框架支撑。

3.1.1 网络空间安全体系能力生成、度量及评估的知识管理需求

一切系统均处于运动之中，而这种运动又是系统中矛盾斗争的结果，复杂信息系统也不例外。该系统的安全运动，可以归结为"风险"和"反风险的控制作用"这两大对立的基本矛盾。网络空间信息安全攻防，在结构与维数上均具有高度的复杂性，呈现出规模庞大、结构复杂、目标多样、层次纷杂、变量众多、功能综合等特点。要认识进而度量、分析及评估其安全，在总体分解与协调、模型简化、综合评估、动态优化等科学与工程问题上，都面临着许多挑战。比如说，安全对抗当中存在的大量不确定性、高度非线性、高度复杂性等，这些问题处理起来存在很大困难。

安全体系能力生成、度量及评估中用到的知识，是指通过学习、实践或探索而得的有关负责信息系统安全的认识、判断或技能（需要指出的是，此处所讲的知识，与下文 DIKI 模型中的知识的范畴存在区别）。这些知识，显然具有多学科交叉融合的特点，既包括显性知识，也包括隐性知识。显性知识（Explicit Knowledge），既可以用文字、符号、图形等清晰地表述，又能向他人完整地传递，

具有正式性、规范性、客观性。在网络空间安全体系能力生成、度量及评估过程中，就用到大量的显性知识，比如防火墙的配置规则、脆弱性的分类、加密算法流程等。而隐性知识（Tacit Knowledge）则是指人脑中未以文字、符号、图形等方式表达的知识，难以形式化描述或与他人共享，具有复杂性、主观性和隐含性。这类知识也大量存在，比如攻击代价的估算、安全体系能力权重的专家赋值等。

复杂信息系统的安全保障，涉及大量的安全控制模型知识。这些模型，需要分析系统各要素及其相互关系，对安全控制对象及环境建立其安全风险控制的数字模型、物理效应模型或数字物理效应混合模型，以有效地描述网络空间安全体系能力生成、度量及评估的运行、演变以及发展过程。比如说常用的访问控制模型、加密控制模型、通信控制模型、鉴别控制模型、内容控制模型、结构控制模型、通信链路安全控制模型、通信实体安全控制模型、基础设施安全控制模型、行为安全控制模型以及风险控制模型等。

拥有各类攻防知识是进行网络攻防对抗的关键。网络攻防模型则是对攻防双方利用攻防知识进行博弈过程的描述，这也是一种知识资源。攻击方基于攻防知识，利用各种攻击技术和手段，发现并利用对方网络系统脆弱性，使防御方的信息系统产生较多的风险因素，从而增大攻击方攻击的成功概率。防御方需要基于攻防知识，利用各种防御技术和手段，发现并消减己方信息系统的脆弱性，从而降低对方攻击的成功概率。

在安全风险评估中，可将风险视为业务、资产价值、脆弱性和威胁的四维矢量运算，应基于相关的技术与管理规范来评估信息系统及其所承载信息的安全属性。信息系统的资产、面临威胁、存在的脆弱性、已有安全控制措施的识别，以及所采用的综合评估方法等，无不需要应用专业的安全知识。

霍尔在其提出的系统工程三维结构中，将专业知识作为一个重要的维度。ISO9001——2015 更是在新版标准中引入了"组织知识"的概念，重点强调知识管理的重要性，要求组织进行系统的知识管理活动。Intel 在新产品研发提速过程中发现，60%以上的技术问题早已在其他产品研发中出现并得到解决。这些都在启示我们，网络空间安全体系能力生成、度量及评估也需要有效的知识工程体系来支撑。可以说，构建基于知识的图谱、场景以及知识应用是网络空间安全体系能力生成、度量及评估的最核心支撑之一，需要进行知识分类，并从资源的角度来沉淀、保存和共享，以最大化地提高安全体系能力生成、度量及评估的效率，也能够保证专业化、规范化水平。该领域的知识管理应成为一种管理思想和方法体系，基于数据和信息来积累、共享及应用知识。

知识资源是知识管理的核心内容。在知识管理过程中，首先要进行多维知识的分类，将知识内容按照一定的规则分类，从不同的维度构建知识体系。从知识类型来看，知识又可以分为事实知识（Know-what）、原理知识（Know-why）、技能知识（Know-how）和人际知识（Know-who）等四类。事实知识主要用于描述客观事实，更接近于信息或情报（Information）。在网络空间信息安全领域，专家必须拥有大量的事实知识方可成功地完成体系能力生成、度量及评估工作。原理知识是有关工程原理和法则的知识。比如，网络攻击原理、加密算法原理等。技能知识则主要是有关工程技术及实施能力的知识。比如，防火墙等安全设施组件的安装、配置，渗透攻击工具及其使用等。人际知识通常涉及安全团队人员的专业特长和业务分工，不同的专家擅长不同的学科领域。

综上可以看出，网络空间安全体系能力生成、度量及评估工程需要应用大量的安全特性、安全机制、安全产品、数据库或知识库、算法、分析方法、模型、指标体系、工具、法律法规标准以及辅助资源等知识参考资源。

3.1.2 安全体系能力生成、度量及评估的知识工程体系与参考资源框架

3.1.2.1 安全体系能力生成、度量及评估的知识工程体系

知识体系的建立是知识工程的核心工作。本节从网络空间安全体系能力生成、度量及评估的工程实践出发，分析该工程需要应用的资源特征，涉及通过知识对象范围与分类、知识加工以及知识与安全业务的融合，构建知识工程体系。这些知识资源需要通过知识表示（Knowledge Representation），实现数字化、标准化、结构化、范式化和模型化规范，并将其应用于知识工程平台。

网络空间安全体系能力生成、度量及评估的知识工程体系的形成，离不开相应的知识模板（知识模型）和知识库，将模板和知识载体关联入库，最终形成各种类型的知识库。在知识加工处理的过程中，实现知识工程集成平台，提升知识的显性化、可共享化、工具化及智能化水平。

网络空间安全体系能力生成、度量及评估的知识工程体系，本质上是为了保障网络空间安全体系能力生成、度量及评估的可行性和高效率而提供参考资源。这种资源是经过整理加工，可供安全体系能力生成、度量及评估利用的一切有形物质和无形要素，是极具参考价值的增值资源。结合网络空间安全体系能力生成、度量及评估的工程实际，通过对该工程流程的全面梳理，将已有知识与分析流程融合，以直接支持安全体系能力生成、度量及评估工作。

3.1.2.2 安全体系能力生成、度量及评估的知识参考资源框架

本书提出将网络空间安全体系能力生成、度量及评估的知识参考资源分为安全特性、安全机制、安全产品、数据库或知识库、算法、分析方法、模型、指标体系、工具、法律法规标准以及辅助资源等 11 大类，每个大类又分为若干子类，具体如表 3.1 所示。

表 3.1　网络空间安全体系能力生成、度量及评估的知识参考资源框架

类别	子类示例	子类实例示例
安全特性	基本特性	机密性、完整性、可用性
	扩展特性	实时性、不可抵赖性、可控性等
安全机制	加密机制	对称加密、非对称加密、无密钥加密、量子加密、混沌加密等
	数据签名	数据单元签名、数据单元验证等
	访问控制	自主访问控制、强制访问控制、基于角色的访问控制、细粒度访问控制等
	数据完整性	可恢复连接完整性、无恢复连接完整性、选择字段连接完整性、选择字段无连接完整性
	认证	实体认证（身份认证，信源、信宿等识别和认证）、消息认证；鉴别信息口令、数据加密确认、通信握手协议、数字签名、数字证书和第三方公证机构确认
	流量填充	冗余业务流填充等
	路由控制	路由控制数据传输、路由选择等
	公证	数字签名、加密和完整性机制等
安全产品	防火墙	包过滤、应用代理、状态检测、Web 应用；传统、下一代；单机、网络、分布式；百兆、千兆中低端、万兆及以上高端；软件、软硬件结合、硬件、虚拟；基于 X86 通用处理器、基于 ASIC、基于 FPGA、基于 NP、基于多核等
	入侵检测系统	主机 IDS、网络 IDS、混合 IDS 等
	扫描器	主机扫描、网络扫描、端口扫描、数据库扫描；集中式扫描、分布式扫描等
数据库或知识库	脆弱性数据库	CVE、CWE、CCE、CPE、OWASP；CNNVD、CNVD 等
	攻击知识库	主动攻击、被动攻击、隐蔽式攻击；窃听、欺骗、重放、流量分析、篡改、拒绝服务、信息泄露、提权、恶意代码和否认等
	对象安全知识库	主机安全、网络安全、操作系统安全、虚拟化安全、Web 安全、通信安全等
	领域安全知识库	IP 网安全、物联网安全、云计算安全、工业控制网络安全、移动互联网络安全、区块链安全等
算法	不确定性信息处理算法	概率统计方法、模糊数学方法、粗糙集方法、灰色系统理论、未确知数学方法等
	人工智能算法	弱人工智能（Narrow AI）和强人工智能（General AI）；专家系统、模糊逻辑、粗糙集、多 Agent 系统、知识表示、推荐系统、演化计算、机器学习等
	机器学习算法	监督学习（如分类问题）、无监督学习（如聚类问题）、半监督学习、集成学习、深度学习和强化学习等；决策树、回归分析、分类/聚类、孤立点检测、度量学习、因果分析、支持向量机等
分析方法	定性方法	逻辑分析法、因果分析法、德尔菲法等
	定量方法	主成分分析法、因子分析法、聚类分析法、时间序列模型分析法、回归分析法、决策树分析法等
	定性与定量相结合方法	层次分析法、网络分析法、模糊综合评价法、灰色综合分析法、数据包络分析法、神经网络分析法、深度学习分析法等
模型	防御模型	PDCA 模型、OODA 模型、P^2DR 模型

续表

类别	子类示例	子类实例示例
模型	脆弱性、威胁评价及攻击行为模型	CVSS、OWASP、DREAD、攻击树模型、攻击图模型
	攻防博弈模型	随机博弈、多阶段博弈等
	安全体系能力模型	安全体系能力生成模型、能力差距分析模型、能力演进模型等
	综合评估模型	AHP、ANP、模糊综合评价、灰色评估等
指标体系	技术体系	物理和环境安全、网络和通信安全、设备和计算安全、应用和计算安全等
	管理体系	安全策略和管理制度、安全管理机构和人员、安全建设管理、安全运维管理等
	安全体系能力	机密性、完整性、可用性、实时性、不可抵赖性、可控性等
工具	安全参数采集	主动式采集：扫描器、代理和插件、SNMP、Telnet、SSH、WMI、文件传输协议、JDBC/ODBC、Honeypot、Honeynet 等；被动式采集：有线采集、无线采集、集线器采集、交换机采集、Syslog 采集、SNMP Trap 采集、NetFlow/IPFIX/sFlow 采集、Web Service/MQ 采集、DPI/DFI 采集等
	安全参数整合	标准化、规一化、加权融合等
法律法规标准	法律法规	美国：联邦信息安全管理法、网络安全法案等；中国：网络安全法、国家安全法、电子签名法等；网络安全等级保护管理办法等
	标准规范	国际：ISO/IEC 2700X 信息安全管理体系系列标准等；中国：网络安全等级保护定级指南、技术要求、实施指南、测评指南等；安全产品技术要求等系列标准
辅助资源	评估流程	风险评估流程、网络安全等级保护实施及测评流程、渗透攻击流程等
	文档模板	安全规划及设计文档、检查表、评估报告、测试报告等
	最佳实践	安全体系能力评估各领域、各行业、各系统、各模块等不同粒度的业内最佳实践

3.1.3 网络空间信息安全体系能力参考资源描述方法

通过知识工程体系建设，不仅能够有效地统一不同部门和领域对网络空间安全体系能力生成、度量及评估的粒度与视角，有利于相互理解和协同；同时，又能够提升体系能力生成、度量及评估的效率与效益。而安全体系能力生成、度量及评估的知识工程，最为基础的是构建网络空间信息安全体系能力参考资源，现以安全体系能力参考资源为例，介绍相关的参考资源描述方法与框架。

3.1.3.1 网络空间信息安全体系能力参考资源的设计要求

在安全体系能力生成、度量及评估工程实践中，不同领域、不同机构因不同目的而分别建设了不同的知识参考资源，这些知识参考资源之间存在较大差异，相互之间难以理解、交互和集成。这是因为在知识参考资源中，不同类别的知识具有不同的形态和特征，采用了不同的采集、聚集和描述方法，难以通过统一的安全知识参考资源描述框架来描述。而在同一个资源类型中，也存在着这样的问题。

为了给各专业、各领域、各系统及各利益攸关方开展参考资源建设提供统一的描述方法和标准参考，我们结合网络空间信息安全工程特点，以安全体系能力参考资源为例，给出一种网络空间信息安全体系能力参考资源描述框架，以提升能力参考资源的可参考性、可集成性以及可比较性。

网络空间信息安全体系能力参考资源设计，需要支撑安全体系能力生成、度量及评估活动对体系能力、系统功能以及属性指标的要求。安全体系能力自然需要采用体系化描述，也就是对安全体系能力概念的内涵、外延及其相互关系做出明确界定。内涵规范了安全能力的自身属性，即能力定义、类别、结构、测度以及输出等；外延则是信息系统安全防御的需求体现，涵盖了安全保护行为、攻防对抗活动及其满足度，对外体现为外部输入；而关系则体现了安全能力的运用要求，安全防御系统对信息系统安全保障的支持程度体现为综合运用该能力后所能达到的安全防御和对抗效果。

因此，网络空间信息安全体系能力参考资源设计具体要求如下：①建立网络空间信息系统安全能力词典，包括术语定义、能力测度以及评估标准等；②描述安全体系能力的结构化组成及其协同关系；③构建安全能力与安全防御活动的映射关系；④构建安全能力与安全组件（安全设备或软件等）的映射关系。

3.1.3.2 网络空间信息安全体系能力树状结构描述

有关能力指标分类及属性将在第 4 章详细讨论，此处仅不失一般性地论述能力指标体系的描述方法。网络空间信息安全体系能力指标体系有多种分类方法，但无论何种分类方法，均可按图 3.1 所示的树状图来进行能力结构图表示。其中，C_0 为信息系统的安全体系能力；存在 m 个一级子能力，分别记为 $C_1, C_2, \cdots, C_m$。依此类推，构建出 n 层能力树状结构。

各子能力属性是能力测度集中的元素，包括数值型指标和非数值型指标。数值型指标为定量指标，而非数值型指标为定性指标。定量指标用于描述时间、空间、数量或质量属性，比如，CPU 占用率、网络带宽、密钥长度等。定性指标则是以语言（文本）或布尔型来表征安全能力指标，比如，加密方式、访问控制模型等。安全能力属性描述框架包括能力标识（ID）、能力名称、能力指标以及能力的约束条件等。

安全能力的关系主要分为派生、依赖、聚合与组合四类关系（第 4 章将专门详述）。安全能力关系描述框架如表 3.2 所示。

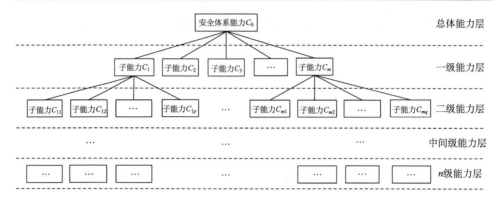

图 3.1　网络空间信息安全体系能力树状结构图

表 3.2　网络空间信息安全能力关系描述框架

安全能力	C_1	C_2	…	C_i	…	C_n
C_1	–	–	–	–	…	–
C_2	聚合	–	–	–	…	–
…	…	…	…	…	…	…
C_i	派生	–	依赖	–	…	–
…	…	…	…	…	…	…
C_n	组合	–	–	派生	…	–

3.1.3.3　网络空间防御活动与安全能力映射关系描述

网络空间信息系统的安全能力最终要在攻防对抗等过程行为中体现出来。特定的防御活动需要相应的安全能力来支撑，而特定的安全能力又可以支持相应的防御活动。因此，网络空间防御活动与安全能力之间存在着映射关系。这种映射关系实质上是一种二维矩阵，表 3.3 给出了其映射关系的描述框架。其中，D_i 为防御活动，D_{ij} 为 D_i 活动的子活动，且以"√"来表示安全能力对防御活动的支持关系。

表 3.3　网络空间防御活动与安全能力映射关系描述框架

安全能力		安全能力对网络空间防御活动的支持关系								
		D_1			D_2			…		
		D_{11}	D_{12}	…	D_{21}	D_{22}	…	…	…	…
C_1	C_{11}	–	√	…	√	–	…	…	…	…
	C_{12}	√	–	…	–	√	…	…	…	…
	…	…	…	…	…	…	…	…	…	…

续表

安全能力		安全能力对网络空间防御活动的支持关系								
		D_1			D_2			...		
		D_{11}	D_{12}	...	D_{21}	D_{22}	...	...	...	...
C_2	C_{21}	–	–	...	–	–	...	...	...	...
	C_{22}	–	√	...	√	–	...	...	...	...
	...	...	...	...	...	...	...	...	...	...
...	...	...	...	...	...	...	...	...	...	...

3.1.3.4　网络空间安全组件与安全能力映射关系描述

网络空间安全组件是提供安全能力的基础。一种安全能力可能需要多种安全组件来共同提供，也可能由多种安全组件来分别提供，同样地，一个安全组件也可能提供多种安全能力。因此，网络空间安全组件与安全能力映射关系也适宜采用矩阵来描述，表 3.4 给出了其映射关系的描述框架。其中，E_i 为安全组件，且以 "√" 来表示安全能力对防御活动的支持关系。

表 3.4　网络空间安全组件与安全能力映射关系描述框架

安全组件			E_1			E_2			...		
安全能力映射	C_1	C_{11}	–	√	...	√	–	...	...	...	...
		C_{12}	√	–	...	–	√	...	...	...	...
		...	...	...	...	...	...	...	...	...	...
	C_2	C_{21}	√	–	...	–	–	...	...	...	...
		C_{22}	–	–	...	–	√	...	...	...	...
		...	...	...	...	...	...	...	...	...	...
	...	...	...	...	...	...	...	...	...	...	...

安全体系能力和安全子能力的描述是安全体系能力参考资源的关键所在，安全能力关系描述框架是对系统安全综合能力内涵的定义和分析，揭示了安全体系能力的结构组成及关联关系，最终体现为对信息系统整体防御能力的支持；而安全子能力则侧重于相对独立的技术能力的属性表示和度量，可视作通过属性及指标来度量的系统功能和性能。这就给我们通过基于基本测度的衍生测度来生成信息系统的安全体系能力提供了有益的启发。

3.2　面向安全体系能力生成、度量及评估的 DIKI 知识模型及知识图谱

网络空间安全体系能力生成、度量及评估过程，可以抽象出观测、理解、预测与决策行动的行为本质，需要数据、信息、知识以及智能予以支撑。而数据、信息、知识与智能既有联系，又有区别，往往难以区分和管理。为此，人们通过 DIKW 模型来进行知识管理。结合复杂信息系统体系能力生成、度量及评估的具体情况，我们对 DIKW 模型进行了改进，提出了 DIKI 模型。

3.2.1　DIKI 模型框架

DIKI 模型，是数据（Data）、信息（Information）、知识（Knowledge）以及智能（Intelligence）层次模型。该模型是对传统的 DIKW 的工程化改造。

3.2.1.1　DIKW 模型发展历史

1934 年，诺贝尔文学奖获得者、英籍美裔文学家托马斯·斯特尔纳斯·艾劳特在其作品《岩石》中就曾提出思考："人们在知识中失掉的智慧去了何方？人们在信息中失掉的知识又去了何处？"（Where is the wisdom we have lost in knowledge? / Where is the knowledge we have lost in information?）。半个多世纪后的 1982 年，受艾劳特疑问的启发，美国教育家哈蓝·克利夫兰在《未来主义者》杂志发表了"信息即资源"的论述，构建了 DIKW 模型框架雏形。此后在 1987 年，知识管理思想的创始人之一、美国福特汉姆大学教授米兰·瑟兰尼在《管理支持系统：迈向综合知识管理之路》一文中对信息即资源的思想进行了扩展。1989 年，美国宾夕法尼亚大学沃顿商学院管理学教授罗素·艾可夫在《从数据到智慧：人力系统管理》一文中，对 DIKW 模型体系进行了系统的概括和阐述：DIKW 是一种金字塔形的层次体系，自下至上依次为数据、信息、知识与智慧（Wisdom），DIKW 亦由此得名。

3.2.1.2　基于 DIKW 的 DIKI 模型框架

DIKW 模型框架中，数据是指标记客观存在的符号，常为直接观察、测量所得，如未处理过的文字、数字、图形等记录数据。信息则是通过有脉络的数据整理，经过处理后有意义的数据，它从数据之中凝练而得，用以回答数据的含义（如 Who、Where、When、What 等）。知识通常是指导实践（How、Know-what、Know-how）。而智慧则是对知识的综合应用并知道为什么（Know-why）。DIKW 模型的顶层设定为智慧。所谓智慧，是指一种启示性的要素，其本意是知其所以

然，它关注未来，具有预测的能力。DIKW 模型认为，在知识与智慧之间存在着理解（Understanding）这种状态。智慧存在着广义和狭义之分。狭义的智慧是指生物的一种基于神经器官的高级综合能力，涵盖感知、记忆、理解、联想、分析、决策等多种能力，还包含情感、文化、包容等多种要素。广义的智慧则是由智力、知识、方法与技能、非智力、观念与思想、审美与评价等多个子系统构成的复杂系统。但是智慧定义的这种抽象性，使得在实际工程应用当中，难以把握和理解，也缺乏有效的工具支持，使得该模型的应用受到极大限制。

在网络空间安全体系能力生成、度量及评估的科学研究和工程实践中，我们体会到智慧和智能虽然是一字之差，但这两个概念存在着较大区别。智慧侧重于从感知到记忆再到思维的这一过程，其输出为行为和语言，而将行为和语言表达出来的过程非常困难。为此，面向工程应用实际，我们采用了"智能"的概念，专指在给定任务或目标下，具有根据环境条件确定合适的策略和决策，并能够有效地实现其目标的过程或能力。由此，我们给出了面向网络空间安全体系能力生成、度量及评估的 DIKI 模型，如图 3.2 所示。

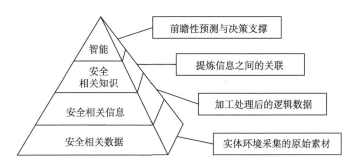

图 3.2　面向网络空间安全体系能力生成、度量及评估的 DIKI 模型框架

3.2.2　DIKI 模型框架中的数据、信息、知识与智能的联系与区别

在 DIKI 模型框架中，数据、信息、知识与智能这四个概念在内涵和外延方面，既有本质联系，又有核心区别。其中，"数据"处于 DIKI 金字塔模型的最底层，它是对事实的最原始记录，形式可为基础的数值、文本或其他事实的载体；DIKI 金字塔的层级越高，相关层级要素的组织性、关联性就越强，该层要素的价值也就越高，而处于 DIKI 金字塔模型最高层的"智能"，则具备了综合分析、逻辑推理和智能判断与决策等高级别能力。

3.2.2.1　数据、信息、知识与智能的联系与区别

数据是人们搜集的源自社会和自然现象的原始材料，具备真实、客观等特点，

并与观察及度量的手段与方法密切相关。数据表现为规则化排列组合的物理符号，用以承载或记录信息，形式上可用数字、文字、符号、图像等方式呈现，也可以是音频或视频等。使用者可以按一定的形式对数据加以处理，实现对客观事物的数量、特征等及其相互关系的抽象化表达，以便进行自然或人工传输、存储与处理。

信息是对数据进行处理后、具有逻辑关系的数据解释的产物，因此，对于其接收者具有意义。作为数据载荷的内容，信息表现为经过加工处理、有逻辑、有一定含义、对决策有价值、具有时效性的数据流，可减少不确定性。信息必定源于数据，而且信息的抽象程度高于数据。也就是说，数据只有经过处理才能够更好地用于解释，另一方面，数据只有经过关联和解释才有意义，而数据由此才转化为信息。从这个意义上来说，信息是经过加工处理、进而可影响客观世界的数据。

知识是反映各种事物的信息经过信息接收者的提炼和推理而获得的正确结论，反映了人利用信息来认识、掌握自然与社会、思维方式与运动规律的过程。简言之，知识是对相关信息进行过滤、提炼及加工而得，具备规律性、本质性、系统性等特点。由信息形成知识的一般过程是：在人的参与和主导下，通过归纳、演绎、比较等实现信息开采，并将其有价值的部分抽取出来，结合人类已有知识结构，从而将这部分有价值的信息转化为知识。

要理解智能，应从体系的高度出发。从系统科学的角度视之，人脑产生智能是"从处理信息的基本逻辑单元的连接中涌现而得"，是服从控制论规律的生物系统。人工智能就是模拟生物（特别是人类）的系统思维，体现出了复杂系统的涌现性。比如，当安全防御设备、安全技术体系、安全操作人员以及各种安全保障力量等"链接"在一起时，就能够形成一种以"取得攻防对抗优势"为终极牵引的复杂系统，在信息安全防御中因各种"活力"的作用而涌现出所谓的"智能"。另一方面，网络空间信息安全的学习、推理、处理及规划，也需要使用机器学习等"智能"方法，让机器具有观察与感知能力，甚至是拥有与人类同样的本领来解决复杂问题。

DIKI 模型的不同层级采用不同技术加工手段，以提升其知识工程体系特征。现场情况经数字化采集和处理后具备数据的显性化特征；数据加工整理后成为信息，信息标准化后具有共享化特征；信息资源进一步形成知识，具备自动化特征；而将知识集成模型化后使之具备智能特征。后续可采用大数据分析方法，使得整个知识工程体系涌现出智慧特征。

综上可知：从本质上来讲，数据、信息和知识均为人类社会生产和工程实践活动中的基础性资源；从形态上来讲，数据、信息和知识均可采用数字、文字、符号、图形、声音、影视等形态来表达。在 DIKI 金字塔体系中，数据通过原始观察、感知和度量而得，又是信息加工处理的原材料；信息则是通过分析数据关系而得，又是知识加工处理的原材料；知识将数据与信息之间、信息与信息之间、行动中的应用之间构建起有意义的联系，是智能得以体现的基础；智能则是人类和人工智能系统所表现出来的一种独有能力，能够实现知识的搜集、整理、加工、应用以及传播，并基于此形成对客观事物和工程对象的深刻认识、卓越判断和前瞻预测。因此，从涵盖范围上来说，从大到小依次是数据、信息、知识和智能。

此外，必须指出，数据、信息、知识、智能的分类与具体的语境（上下文）密切相关，不仅依赖于语境本身，而且同时依赖于接收者，换言之，在特定的应用背景下，四者之间的界限并不完全清晰。加工过的数据，对部分接收者（个人或者信息系统）来说为信息，而对另外的接收者来说，则可能仍为数据。某些内容，在 A 语境下为知识，而在 B 语境下则可能为信息。

所以，在考察网络空间信息安全体系能力问题风险分析和控制时，要用到相关数据、信息、知识与智能时，必须要与特定的语境（即特定的场景、主客体及活动等）结合方有意义。

3.2.2.2 数据、信息、知识与智能在安全体系能力生成、度量及评估中的作用

安全度量为网络信息安全分析和评估之基，如果安全度量不科学、不准确，显然无法形成对网络安全态势的精准认知，也就无法进行安全评估的精准计算，进而科学高效的安全控制更是无从谈起。因为网络空间安全的度量面临着度量对象的复杂性、不确定性和攻防双方信息的极大不对称性，加之网络信息安全的含义并不精确、安全体系能力的生成与演化机理尚不明晰、定性问题与不确定性问题的量化准则尚不客观,所以网络空间安全的度量及评估一向为业界的公认难题。借助于 DIKI 框架视图，可以给我们考察网络空间安全的度量问题提供一个新的视角。

网络空间安全体系能力生成、度量及评估是一个非常复杂的过程，涉及数据的采集、处理、分析、预测、判定等诸多环节。网络空间安全体系能力生成、度量及评估的过程，也是一个数据信息不断抽象、凝练、升华的过程。在这个过程中，需要获取与网络空间安全体系能力生成、度量及评估有关的数据，并将获取到的数据去除噪声，利用相应的处理规则，将数据凝练转化为信息，然后再将信息升华转化为相关知识，进而形成智能，通过一定的机制，实现网络空间安全风险智能化评价。这个过程，其实也就是一个网络空间安全体系能力生成、度量及评估知识管理的过程，该过程将与原始安全事件相关的庞大无序的数据信息，通过数据信息的管理和分类，达到有序状态，完成从原始安全数据到网络空间安全体系能力生成、度量及评估结论的演进。

3.2.3 面向安全体系能力生成、度量及评估的信息安全数据、信息、知识与智能

面向网络空间安全体系能力生成、度量及评估的 DIKI 模型展现了与网络空

间安全体系能力生成、度量及评估有关的数据、信息、知识、智能之间的关系。换一个角度来看，这个模型也为如何利用安全数据、信息、知识、智能的特征实现风险评价，提供了一个可资借鉴的思路。

3.2.3.1　DIKI 架构下的网络空间信息安全数据

从安全度量的角度来看，首先是实现安全活动及事件特征的获取。网络空间安全体系能力生成、度量及评估当中的数据是对被评估对象进行安全事件要素观察、测量、测试和记录的结果。具体来说，就是有关网络空间的考察对象关于安全的时间、事件、对象或概念等基本信息。安全数据本身如果没有表达为有用的形式，那么该数据就难以用于安全体系能力生成、度量及评估分析。

比如，在某个网络信息系统中，建立 TCP 连接的握手次数是 3 次、系统宕机恢复时间是 60s、软件模块是 6 个、操作系统版本是 Windows 10、网络带宽是 1Gbit/s 等，这里面的数据包括"握手次数""3""系统宕机恢复时间""60""s"等原始材料。对于安全体系能力生成、度量及评估来说，可以从事实、信号、符号等角度来理解安全数据，如表 3.5 所示。

表 3.5　对于 DIKI 架构下的网络空间信息安全数据的理解

理解角度	释义
事实	未经组织、未处理的客观观察；需要语境（Context，上下文）和解释方有含义和价值；并非所有的数据均为事实，如错误的、无意义的数据不属于事实
信号	从信息感知角度来看，数据被定义为可感知到的测量值
符号	将数据定义为可感知的符号集合，用于表征并记录或存储的相关对象、事件或者环境

不过，单就这些未被加工解释的安全数据本身来说，并未回答特定问题，也就是说，安全数据在没有被处理之前，其本身并不代表任何的潜在意义。人们仅仅通过上述安全数据，无法形成对信息系统安全性这个客观对象的总体印象。

3.2.3.2　DIKI 架构下的网络空间信息安全信息

单凭信息系统的原始安全数据显然无法直接进行其安全体系能力生成、度量及评估分析，因此需要对数据进行加工和处理，赋予安全数据以意义和目标。因此，信息是有意义的。同一信息的数据表现形式可以为多个，比如系统宕机恢复时间是 60s，也可以表示为 1m。将"系统宕机恢复时间"与"60s"这两个数据相关联，则可以得到 "系统宕机恢复时间是 60s"这个有用信息。

从这个意义上讲，可以将信息理解为有组织的结构化数据，且与某个特定目标和语境相关联，从而体现出其意义、价值。此外，信息还具有主体性，通常需要依附于特定的对象。

3.2.3.3　DIKI 架构下的网络空间信息安全知识

网络空间安全体系能力生成、度量及评估的知识来源于相关信息，但其又非该信息之子集，而是对信息进行筛选、归纳、总结、提炼、综合、分析、理解等处理的结果，应与具体的安全情境相结合，并用于决策和解决问题，以指导"如何"（How to）进行安全保障活动。比如，在网络运行管理中发现这样一种现象：在试图进行 TCP 连接时，出现了大量的无效 Syn 连接请求，导致系统服务能力下降。安全研究人员对连接过程和连接次数等数据进行分析后，得到"网络因无效 Syn 连接请求而无法建立正常的 TCP 连接"的信息。而安全研究人员关于正常的网络 TCP 连接的已有知识是：正常的网络 TCP 连接是 3 次握手、出现大量无效连接请求会导致服务能力下降。当安全研究人员对大量的无效 Syn 连接请求信息进行归纳，并与网络 TCP 连接的已有知识对比就会总结出：出现大量的无效 Syn 连接请求，就可能是"出现了 Syn 洪水拒绝服务攻击（DoS）"，并将"出现大量的无效 Syn 连接请求""网络出现服务能力下降"作为是否遭受 Syn 洪水拒绝服务攻击的判断依据，并得到验证。由此，安全研究人员将"网络连接和服务异常"的信息转化为判断"Syn 洪水拒绝服务攻击"的知识。

在安全体系能力生成、度量及评估中，可以将知识理解为框架化的经验、情景信息、专家观察的混合，是由处理、组织、应用过的信息转化而得。知识在业务流程、处理和工程实践中多有应用，形式通常体现为资料及文档描述的环境和框架，用于评估和融入有关安全的新经验和新知识。

对于安全体系能力生成、度量及评估来说，可以从以下几个角度来理解：处理、过程、命题，如表 3.6 所示。

表 3.6　对于 DIKI 架构下的网络空间信息安全知识的理解

理解角度	释义
处理	采用组织化或结构化的形式；基于时间等因素的多源安全信息关联和融合；情景、价值、经验以及规则的综合
过程	依靠安全实践经验，厘清安全主客体（Who）、时间（When）与措施（How），从而明晰如何做（Know-How）
命题	信念的构建；认知框架的外化；关于网络空间以及网络空间信息安全环境的主观感知

3.2.3.4　DIKI 架构下的网络空间信息安全智能

对于信息系统安全分析与评估来说，智能的概念非常重要。从安全体系能力的概念出发来理解智能，可以有体系视角、演化视角以及技术视角等多个维度。

以体系视角来看网络空间信息安全智能，首先要认识到网络空间的安全对抗是由攻防组件、人力以及两者结合的三种要素所组成。特别是现代的网络攻防对抗，显然具有高度的组织性，强调的是体系对抗。无论是网络攻击还是网络防御，都呈现出从低级形态到高级形态、从无序状态到有序状态、从简单行为到复杂行为的演化趋势。因此，需要从体系对抗的高度来进行安全体系能力生成、度量及评估。实际上，攻防对抗的智能化，是复杂系统的涌现行为的外在表现，必然要求其安全体系能力生成、度量及评估也是智能化的。

以演化视角来看网络空间信息安全智能，首先要认识到网络空间的安全对抗是动态的、发展的，绝非静止的、一成不变的。网络信息系统自身、所处环境、存在的脆弱性、面临的威胁、遭受的攻击及其应对，无一不在无时无刻地演进之中。

无论是从体系的观点来看，还是从演进的观点来看，安全体系能力生成、度量及评估都离不开基于技术视角的解析，更离不开技术手段和方法的支撑。从技术角度来看，网络空间信息安全分析及评估中，智能方法在学习、推理、处理及规划等方面至关重要。比如，攻防对抗博弈，防御方先需要采用智能方法来实现防御的最佳效能，特别是在抵御各种复杂攻击时更是如此。人工智能方法众多，机器学习是其中一种实现方法，而深度学习又是机器学习的一种具体实现技术。

人工智能常用方法有专家系统、模糊逻辑、粗糙集、多 Agent 系统、知识表示、推荐系统、演化计算、机器学习等。这些方法又分为弱人工智能（Narrow AI）和强人工智能（General AI）。弱人工智能能够让机器具有观察与感知能力，部分实现理解和推理。而强人工智能则是让机器获得自适应能力，拥有与人类智慧同样的本质特性，解决此前未遇到过的复杂问题。

在网络空间信息安全分析与评估当中，工程上实用的仍多为弱人工智能方法，它能与人类同样或比人类更好地执行特定任务。强人工智能的道路离实用仍相当遥远。

3.3　安全体系能力生成、度量及评估中的不确定性问题及其智能处理

不确定性是复杂信息系统最为常见的固有属性，对不确定性安全问题及其在

整个信息系统上传播的刻画是复杂信息系统安全体系能力生成、度量及评估的关键所在。在复杂信息系统安全问题研究中，需要处理大量的多源、多类、异构的安全数据和信息，涉及安全数据和信息不确定性的来源、传播机理及处理方法等研究内容。

3.3.1 安全体系能力生成、度量及评估中的确定性与不确定性问题及其分析方法

3.3.1.1 安全体系能力生成、度量及评估中的确定性与不确定性

一般而言，信息是人类社会认识世界和改造世界的知识根源，复杂信息系统及其安全分析及评估也必然会用到各类信息和数据。根据对立统一的哲学思想和系统理论，网络空间的信息系统（含信息、数据、知识等）大致可以分为确定性和不确定性两类。

在网络空间安全领域，确定性是指其中事物联系与发展过程中必然的、清晰的、精确的、呈现明显规律性的属性；与之相对，不确定性则是指其中事物联系与发展过程中或然的、模糊的、无明显规律性的属性。复杂信息系统安全问题的不确定性，源自其自身的内在变异，外在表现为随机性、模糊性、灰色性以及不精确性等。同时，人们在复杂信息系统安全分析当中，对客观实体及其现象的认知和表达也存在着模糊性等局限，因此这种认知和表达结果（即获取或感知到的原始数据信息）本身也存在着极大的不确定性，即由主观因素不确定传播而来的不确定性，基于此种数据信息而得出的安全分析和处理结果，显然也具有不确定性。也就是说，网络信息安全分析中的数据信息不确定性，一是来自其自身固有的复杂性以及人们对其认知的不完备性，二是来自安全数据信息在其获取、描述、传输与处理过程中因各种系统误差和随机误差而导致的不确定性的传播。

在复杂信息系统及其安全分析及评估时用到的数据与信息，有时是确定的，更多的时候则是不确定的。确定性和不确定性又是相对的概念，两者既有内在联系，又有本质区别，是辩证统一的矛盾统一体。确定性系统当中以确定性为主、不确定性为辅；而不确定性系统则是以不确定性为主、确定性为辅。单就数据与信息本身来说，是确定的或者不确定的，本无优劣之分，问题的关键是如何认识、把握与处理确定性和不确定性，如何处理好两者之间的辩证统一关系。

在网络空间安全领域，不确定性主要体现为随机性、模糊性、粗糙性、灰色性以及未确知性。

3.3.1.2 确定性与不确定性相结合的分析方法

确定性分析方法处理确定性问题，包括问题的约束条件、边界、要素或结果的确定性。对于网络空间信息安全来说，确定性分析的应用范围受到一定限制，

主要作用于区域性、局部性或微观性问题，这些问题可以采用解析方法进行分析，主要使用定量分析工具来完成。在特殊情况下，确定性问题也可以采用定性分析方法，比如具有确定性特征的复杂问题的抽象、概括或分类等。

不确定性问题主要是约束条件、边界、要素或结果的不确定性，这种不确定性在网络空间信息安全领域中普遍存在。不确定性问题的解决，通常需要采用特定的描述方法、模型和工具，通过构建复杂问题的全部不确定条件、要素、边界和过程模型，对其进行模拟仿真,利用统计分析结果来求取该复杂问题的解决方案。

网络空间信息安全中，确定性分析方法和不确定性分析方法分工不同，区域性、局部性、微观性或者结构化问题可以通过确定性分析来完成，解决其单个要素或要素间简单交互问题，而网络空间信息安全的宏观性、"涌现性"以及复杂结构与性能分析，则需要使用不确定性分析方法和手段，解决其复杂结构关系与整体"涌现性"问题。

从系统科学和复杂系统理论的观点出发，安全体系能力生成、度量及评估中的宏观"涌现"行为源自复杂系统内部元素间的简单交互，简单行为与交互的分析是宏观"涌现"行为分析的基础。因此，在网络空间信息安全中必须采取确定性与不确定性相结合的分析方法，而该方法又与定性和定量相结合的方法殊途同归。

3.3.1.3　不确定性数学方法分类及对比

确定性对象（含数据、信息、知识等）属于经典数学的研究对象，采用确定性数学方法。而如何对不确定性进行定性和定量描述、发现不确定性对象的数量规律及其优化，则属于不确定数学的研究范畴。所谓不确定性数学，是指研究和处理自然社会和工程对象中存在的不确定现象的数学理论和方法。对应于随机性、模糊性、粗糙性、灰色性以及未确知性数据和信息，又分为概率统计方法、模糊数学方法、粗糙集方法、灰色系统理论和未确知数学方法。

随机性、模糊性、粗糙性、灰色性以及未确知性数学方法，虽然都是对不确定性的描述和处理，但其在表征对象、所用集合、技术方法、方法依据、信息要求、计算目标等方面各有不同，如表 3.7 所示。

表 3.7　网络空间信息安全分析中常用的 5 种不确定性处理方法

类型	表征对象	所用集合	技术方法	方法依据	信息要求	计算目标	应用示例
概率统计	随机性信息	Cantor 集合（康托尔集）	频率统计	映射	典型概率分布、大样本	历史统计规律	攻击发生概率
模糊理论	模糊性信息（认知不确定性）	模糊集合	截集	映射	隶属度可知、经验	认知表达	安全综合评价

续表

类型	表征对象	所用集合	技术方法	方法依据	信息要求	计算目标	应用示例
灰色理论	贫信息不确定性（部分已知，部分未知）	灰集合	构造灰色序列	信息覆盖	任意分布、小样本	现实规律	安全规则关联分析
粗糙集理论	边界不清晰的信息	粗糙集（近似集）	上近似/下近似	划分	等价关系、信息表	概念逼近	IDS 数据属性约简
未确知数学	不可知信息	未确知集合	主观概率/主观隶属度	映射	主观、可推断	结论确定	未确知推理

由于网络空间信息安全问题的复杂性，在很多场景中，若干种不确定性数据和信息相互交融，需要组合运用多种不确定数学方法，形成复合型不确定性数学方法。不确定数学方法在网络空间安全体系能力生成、度量及评估领域中应用很广，特别是在模式识别、聚类分析、层次分析、综合评价、智能决策等环节中尤为重要。

3.3.2　安全体系能力生成、度量及评估中的随机性问题及其概率统计处理方法

3.3.2.1　安全体系能力生成、度量及评估中的随机性问题

在网络空间安全中，存在这样一种现象：安全事件的若干结果是确定的，而这些确定性结果的出现则呈现或然性，其原因在于偶然因素的作用。随机性是客观对象本身含义明确，仅仅是因为发生的条件不充分，从而出现了"条件与事件之间无法呈现确定的因果关系"的情况，进而事件是否出现表现出一种不确定性。攻击路径的选择、攻击成功的概率等即属此例。这种因随机信息而引起的不确定性称为随机不确定性。从这个意义上说，随机性研究的是未来事物的不确定性。

3.3.2.2　网络空间信息安全随机性问题的概率统计处理方法

通常采用概率论和数理统计来研究大量相同随机现象的规律。概率论以随机现象为基础，对随机现象的某一结果出现的可能性进行科学、客观判断，并实现定量描述。概率安全分析则是将安全相关信息（例如，安全事件出现频率、安全事故危害、网络组件可靠性、分析方法的不确定性等）数量化，通过某个连贯框架，提供某个系统或领域的安全全景图，揭示其脆弱性，从而有助于实现适度安全，优化资源配置，提升安全成本效益。

要研究网络空间安全中安全事件相关的随机现象，必须首先研究其服从的概率分布。比如网络安全事件发生频数（即单位时间 T 内网络安全事件发生的次数）

可被视为离散随机变量 X，该假设的前提是网络安全事件多以离散、相互独立的方式发生。

常用的离散分布包括二项分布、泊松分布、几何分布以及超几何分布等。考察网络空间中安全事件及其数字特征服从何种分布，应考虑其定义、概率质量函数和分布特征。但是，在工程实践当中，有时候无法获知随机现象所服从的分布概型，有时候可以获知或推断出概型但无法确定其分布函数参数。这种情况下，必须通过概率统计方法来寻求概型及其参数：从被研究对象总体中服从特定目的或随机抽取部分样本来观测或试验，以获取用于推断总体分布概型及其参数的所需信息。此类推断多以特定的概率来表征推断过程及其结论的可靠程度，即统计推断。在网络空间安全分析中，借用这种方法可以实现假设检验、参数估计、方差分析以及回归分析等。

3.3.3　安全体系能力生成、度量及评估中的模糊性问题及其模糊理论处理方法

3.3.3.1　安全体系能力生成、度量及评估中的模糊性问题

模糊性与模糊概念密切相关。模糊概念是指因客观对象复杂而导致其概念外延具有不确定性，即其外延（事物特征界限）是不清晰的、模糊的。比如，对于"防火墙的易部署性"这样的概念，内涵较为清晰，但其外延，即"达到什么程度是容易部署"则难以界定，因为在"容易部署"和"不容易部署"之间并无明确边界，所以，"防火墙的易部署性"就是一个模糊概念。

在网络空间安全中研究模糊性时，有以下特点值得注意。一是，模糊性受主观因素影响，即认识主体对模糊事物的界定边界不完全一致，但与此同时，对不同认识主体给出的界定进行模糊统计，又会发现这些边界符合一定的分布规律；二是，在具体的网络空间安全工程实践中，又时常需要借助模糊性，模糊性也是对客观对象的有效描述和表征；三是，模糊性与随机性具有本质不同，不应混淆。模糊性来源于客观对象概念本身的不清晰，也就是说，某个对象是否属于该概念集合难以确定，是因其概念外延模糊而导致的不确定性。

3.3.3.2　网络空间信息安全模糊性问题的模糊理论处理方法

描述并处理模糊性并非是排斥精确性，恰恰相反，采用模糊性来描述事物旨在更合理、更精确、更科学地表征事物的性质或类属。美国科学家 Zadeh 教授提出了模糊集合（Fuzzy Set）的概念，构建了模糊理论体系。在网络空间信息安全领域，模糊理论应用甚广，包括模糊拓扑、模糊图论、模糊综合评价、模糊概率统计、模糊攻防博弈等。

模糊集合基本概念如下。

设给定论域 U，U 到[0,1]闭区间的任一映射 μ_A：

$$\mu_A:\ U \to [0,1],\quad u \to \mu_A(u)$$

确定了 U 的一个模糊子集 A，μ_A 称为模糊子集的隶属函数，$\mu_A(u)$ 称为 u 对于 A 的隶属度，反映了 u 对于模糊子集 A 的从属程度，值越高说明 u 从属于 A 的程度越高。隶属度函数较难确定，在网络空间信息安全领域，常通过人工专家经验或统计规律来确定。

在此基础上，网络空间信息安全模糊综合评价通过构造等级模糊子集，实现反映网络空间安全的模糊指标的量化处理，确定其隶属度，然后进行模糊综合计算。基本步骤如下。

（1）确定安全体系能力的因素论域 U。设存在 p 个安全评价因素，因素集 U 表示评价因素全集，记为 $U = \{u_1, u_2, \cdots, u_p\}$。

（2）确定安全评价结论等级论域 V。所有的安全评价结论构成评价集，记为 $V = \{v_1, v_2, \cdots, v_m\}$，各等级均有一个模糊子集与之对应。

（3）建立综合评价矩阵 R。某个安全评价因素对安全体系能力的贡献，可用模糊向量 $(R \,|\, u_i) = (r_{i1}, r_{i2}, \cdots, r_{im})$ 来刻画，得到安全体系能力模糊综合评价矩阵 R：

$$R = \begin{bmatrix} R\,|\,u_1 \\ R\,|\,u_2 \\ \vdots \\ R\,|\,u_p \end{bmatrix} = \begin{bmatrix} r_{11} & r_{12} & \cdots & r_{1m} \\ r_{21} & r_{22} & \cdots & r_{2m} \\ \vdots & \vdots & & \vdots \\ r_{p1} & r_{p2} & \cdots & r_{pm} \end{bmatrix}$$

（4）确定评价因素的权重向量 A。记 $A = (a_1, a_2, \cdots, a_p)$，$a_i$ 为因素 u_i 对评价因素重要程度模糊子集的隶属度。可采用层次分析法等方法来确定评价因素的相对重要性排序，并实现归一化，即各权重之和为 1。

（5）合成模糊综合评价结果向量 B。选取适当的模糊变换算子 $\circ$，对 A 和各被评事物的模糊关系矩阵 R 进行合成运算，可得 V 上的一个模糊子集，即模糊综合评价结果向量 B，计算公式如下：

$$A \circ R = (a_1, a_2, \cdots, a_p) \begin{bmatrix} r_{11} & r_{12} & \cdots & r_{1m} \\ r_{21} & r_{22} & \cdots & r_{2m} \\ \vdots & \vdots & & \vdots \\ r_{p1} & r_{p2} & \cdots & r_{pm} \end{bmatrix} = (b_1, b_2, \cdots, b_m) = B$$

在安全体系能力综合评价时，可选取不同的模糊运算算子，包括主因素决定型、主因素突出型、加权平均型、取小上界和型、均衡平均型等。

（6）分析模糊综合评价结果向量。使用最大隶属度、加权平均等方法，实现多种安全方案的安全体系能力排序。

3.3.4 安全体系能力生成、度量及评估中的粗糙性问题及其粗糙集理论处理方法

3.3.4.1 安全体系能力生成、度量及评估中的粗糙性问题

客观事物存在的某种不确定性，导致其存在不可辨性。与模糊性是指集合的边界不确定不同，粗糙性是指客观事物的集合虽然明确，但其内含元素并不明确。1982 年，波兰科学家 Pawlak 创立了粗糙集理论，现已在数据分析处理特别是不确定性信息智能处理方面获得了广泛应用。该理论也适用于安全体系能力生成、度量及评估中的粗糙性问题处理。

粗糙性理论侧重于讨论集合之间的不确定性，其核心思想是，利用已有知识库中的先验知识和信息，通过等价关系来近似表达不确定的未知对象分类。粗糙集中所谈的等价关系，使用上近似算子和下近似算子来实现。

在网络空间安全体系能力生成、度量及评估中，粗糙集主要用于数据属性约简、规则获取、智能计算等算法，可以实现属性重要性计算以及信息度量等。

3.3.4.2 安全体系能力生成、度量及评估中的粗糙性问题的粗糙理论处理方法

粗糙集理论为实现知识表达，将被研究系统抽象为一个"属性-值"对信息系统。该信息系统中的属性可以分为条件属性和决策属性，此时可将信息系统以决策表的形式来体现，每一行表示论域对象，而每一列则表示不同的属性。将信息系统（又称为决策系统）记为

$$S =< U, A, V, f >$$

其中，$U = \{x_1, x_2, \cdots, x_n\}$ 为论域，$A = C \bigcup D$ 为属性集合（等价关系集合），子集 $C = \{a_1, a_2, \cdots, a_m\}$ 为条件属性集，子集 $D = \{d\}$ 为决策属性集。V 是属性值集合，满足 $f: U \times A \rightarrow V$，$f$ 是指定 U 中各对象属性值的信息函数。

又设属性子集 $B \subseteq A$，决策系统 S 中的不可分辨关系 $\text{IND}(B)$ 定义为

$$\text{IND}(B) = \left\{ (x, y) \in U \times U \middle| \forall b \in B, f(x, b) = (y, b) \right\}$$

该关系将 U 划分为 k 个类 $X_1, X_2, \cdots, X_k$。

再设 $X \subseteq U$，X 关于属性子集 B 的下近似集 $B_*(x)$ 称为 X 的 B 正域 $\text{POS}_B(X)$，定义为

$$B_*(X) = Y\left\{ Y_i \middle| Y_i \in U/\text{IND}(B) \wedge Y_i \in X \right\} = \text{POS}_B(X)$$

X 关于属性子集 B 的上近似集定义为

$$B^*(X) = Y\left\{ Y_i \middle| Y_i \in U/\text{IND}(B) \wedge Y_i \bigcap X \neq \varnothing \right\}$$

与正域相对应，X 的 B 负域则定义为据已有知识判断肯定不属于 X 的对象集

合，记为 $\mathrm{NEG}_B(X)$。显然有

$$\mathrm{NEG}_B(X)=U-B^*(X)$$

而根据属性子集 B 来判断，U 中既不能肯定属于 X 又不能肯定不属于 X 的对象集合，称为集合 X 关于 B 的边界区 $\mathrm{BN}_B(X)$，定义为

$$\mathrm{BN}_B(X)=B^*(X)-B_*(X)$$

若 $\mathrm{BN}_B(X)=\{\varnothing\}$，则称 X 关于 B 是清晰的；若 $\mathrm{BN}_B(X)\neq\{\varnothing\}$，则称 X 关于 B 是粗糙的，即 X 为的 B 粗糙集。对于下近似，应建立确定性规则；而对于上近似，则应建立可能性规则。

属性约简是粗糙集理论的基本方法，可以利用该方法来进行网络安全度量数据约简，以实现分析、评估和决策简化。该方法的基本原理是，保持决策表 S 分类能力不变，利用不可分辨关系 $\mathrm{IND}(B)$，将 S 中冗余属性删除，以降低分析处理的空间复杂度和时间复杂度。也就是说，约简是指能够基于原始信息系统的数据实现对象区分的最小属性集合。而一个信息系统中所有约简的交集则构成该系统的核。

决策属性 D 对条件属性 C 的依赖的最简单表示方法即为约简，D 对 C 的依赖度 $k(C,D)$ 表示为

$$k(C,D)=\mathrm{card}\big(\mathrm{POS}_C(D)\big)\big/\mathrm{card}(U)=\big|\mathrm{POS}_C(D)\big|\big/|U|$$

其中，$\mathrm{card}(\ )$ 和 $|\ |$ 为集合基数。该依赖度反映了 S 中可被正确分类的样本率，正域越小，表明 D 对 C 的依赖越弱，由此可计算各属性的重要度。

3.3.5　安全体系能力生成、度量及评估中的灰色性问题及其灰色理论处理方法

3.3.5.1　安全体系能力生成、度量及评估中的灰色性问题

网络空间信息安全既与物理空间有关，又与信息空间有关，由于主观和客观限制，有时候仅能获取有关安全的部分信息（成为已知信息），而非所有的确定信息。中国学者邓聚龙教授在 1982 年提出灰色理论，将已知信息称为白色信息，未知的或非确定的信息称为黑色信息。白色信息与黑色信息并存的系统，称为灰色系统，专门处理该系统的理论就是灰色理论。该理论将研究对象确定为信息"部分已知、部分未知"的"小样本""贫信息"不确定性系统，旨在处理不确定量的量化问题，充分利用贫信息系统的白色信息，来揭示系统的运行行为及演化规律。其思想基础是，无论客观事物的表面现象多么复杂、数据多么无序，其中总蕴含着自身特征规律，关键是如何通过白化、模型化以及优化等手段来揭示这些规律。

网络空间安全体系能力生成、度量及评估常用到灰色关联分析、灰色评级及决策等方法。

3.3.5.2　安全能力灰色关联分析

网络空间安全能力存在着若干影响因素，各安全能力之间也存在诸多关联，它们之间的关系未必为人们所确知，具有灰色性。而传统的回归分析、因子分析等统计分析方法需要特定的前提和约束，应用受到一定限制。灰色关联分析为安全能力关系分析提供了一种切实可行的方法。

安全能力灰色关联分析是多因素统计分析，以采集到的各因素样本数据为基础，利用灰色关联度来表征因素之间关系的大小、强弱和次序，可用于安全体系能力变化态势的量化度量。关联分析是一种源自几何直观思想的相对性排序分析，灰色关联度大小以系统各特征参量序列曲线间的几何相似或变化趋势接近度来判别。具体步骤如下。

（1）确定参考序列和比较序列。以参考数列来表征系统行为特征，记为 x_0，以比较数列来表征影响系统行为的因素数据，记为 $x_1, x_2, \cdots, x_n$。

（2）分别实现参考数列与比较数列的"无量纲化"。

（3）关联系数计算。对数列 $x_1, x_2, \cdots, x_n$ 与参考数列 x_0 在各时刻的差值进行比较，记 x_i 对 x_0 在 k 时刻的关联系数为

$$\xi_i(k) = \frac{\min\limits_{i} \min\limits_{k} |x_0(k) - x_i(k)| + \rho \max\limits_{i} \max\limits_{k} |x_0(k) - x_i(k)|}{|x_0(k) - x_i(k)| + \rho \max\limits_{i} \max\limits_{k} |x_0(k) - x_i(k)|}$$

其中，k 为某一时刻；$\rho \in [0,1]$ 为分辨系数，常取 0.5。

（4）关联度计算。取关联系数平均值作为比较系列（曲线）x_i 对参考序列（曲线）x_0 的灰关联度 r_i，即 $r_i = \dfrac{1}{n} \sum\limits_{k=1}^{n} \xi_i(k)$。

（5）关联度排序。将关联度依大小排序得到关联序 $\{x\}$，用以刻画各子序列相对于母序列的"优劣"关系。

3.3.5.3　安全能力灰色评估与决策

安全能力灰色评估与决策需要综合考虑安全事件、防御策略、防御效果、预期目标等要素，对安全体系能力在某一阶段的状态进行评估，并基于该评估进行综合决策，其理论基础是灰色关联分析，结合层次分析与专家评判等方法，解决含有灰色信息的体系能力决策。基本步骤如下。

（1）根据安全体系能力特征，进行灰色决策建模。令 a_i 为具体事件，构成事件集 $A = \{a_1, a_2, \cdots, a_m\}$；$b_j$ 为具体策略，构成策略集 $B = \{b_1, b_2, \cdots, b_n\}$；事件 a_i 和策略 b_j 构成的有序对 (a_i, b_j) 为态势 S_{ij}，构成态势集合矩阵 $S = (S_{ij})_{m \times n}$；$O_k$

为具体目标，构成决策目标集 $O = \{O_1, O_2, \cdots, O_p\}$。

（2）态势效果标准化处理，分为量化与无量纲归一化两步。令第 k 个目标下采取态势 S_{ij} 所取得的效果为 $u_{ij}^{(k)}$。采用上限、下限与适中等效果测度方法，将不同态势在不同目标下的效果 $r_{ij}^{(k)}$ 统一化为[0, 1]区间上无量纲效果测度。

（3）将多因素综合分析评估决策。根据相应的指标体系，结合 AHP 方法，考虑线性加权、乘积运算、取大取小等，选择各种评价因素权重，完成安全体系能力的多层次灰色评估。

3.3.6　安全体系能力生成、度量及评估中的未确知性问题及其未确知数学处理方法

3.3.6.1　安全体系能力生成、度量及评估中的未确知性

在网络空间安全中，还存在另外一种情况，某些因素和信息既无随机性也无模糊性，但是决策者对其掌握的信息因条件限制而认识不清，尚无法确定被研究对象的实际状况及数量关系。这种纯因主观和认识上的不确定性信息即为未确知信息。无论客观事物确定与否、发生与否，只要决策者或决策系统无法把握其真实状态和数量关系，则从决策者或决策系统的角度来看，该事物就是"未确知"的。比如，一次蓄意网络攻击的真正发起者，这显然是客观存在的，但是受限于感知和分析手段，安全系统往往无法判断真正的攻击源。

3.3.6.2　安全体系能力生成、度量及评估中的未确知性的未确知数学处理方法

20 世纪 90 年代，中国学者王光远教授创立了未确知数学理论。该理论指出，如将未确知事物转化为已知，可依赖主观概率和主观隶属度函数这两个重要概念。主观概率是指对未确知事件的各种可能为真的概率而做出的主观估计。如果研究的是已发生的事件，其随机性消失，该事件可视为一次实验，所以主观概率并不具有统计意义。利用主观隶属度概念来处理未确知信息，则是移植了模糊理论的思想。例如，通过安全度量，估计某一网络的传输速率约为 100Mbit/s。显然，某一时刻的网络传输速率应为一个确定值，而上述论断则是一个模糊量（约为 100Mbit/s）来估计该值。这完全是评估者主观上对该具体量的概略估计，故名主观隶属度分布。

必须指出，随机性和模糊性属于强不确定性范畴，而未确知性则属于弱不确定性范畴。当安全体系能力生成、度量及评估中的研究对象既包含随机性和模糊性，又包含未确知性时，未确知性可能会被模糊性和随机性两者所包含，换言之，可以采用模糊性和随机性方法将未确知性一并处理。

3.4　网络空间安全体系能力生成、度量及评估的机器学习方法

机器学习是人工智能的重要分支，也是网络空间信息安全中最常用的人工智能方法之一。机器学习的主要目标和功能，是使用学习算法通过计算机从大量数据上中产生模式（Model），可以通过训练样本训练，得到预测和决策模型。

3.4.1　适用于安全体系能力生成、度量及评估的机器学习基本流程

传统机器学习的基本思想是首先寻求待解决问题的特征向量（特征组），在此基础上抽取训练数据、构建学习模型、实现学习运算、输出学习结果。因此，机器学习的核心和灵魂是学习算法和模型。

在信息安全体系能力生成、度量及评估领域，机器学习的应用流程主要分为以下六步。

（1）安全体系能力生成、度量及评估问题的本质抽象。

需将安全体系能力生成、度量及评估问题抽象为适宜采用机器学习解决的问题类别，如聚类、分类等。

（2）安全数据采集。

安全能力分析最终需要通过安全数据作为分析源，而安全数据采集则是使用机器学习的前提。安全数据采集涉及各个层面，例如网络层、系统层、应用层等。网络层数据包括 IP 网络数据包、工控网络数据包等；系统层数据包括操作系统日志、审计记录、设备数据等；应用层数据则包括用户信息、网页日志、应用日志等。

（3）安全数据预处理及选择。

安全数据预处理包括数据清洗、聚合及归一，包括剔除重复数据、舍弃或填充缺失特征值、构造平衡数据集等。然后采用随机采样和交叉验证等数据集分割方法，将数据分成训练数据集、验证数据集以及测试数据集三组，并实现特征提取。

（4）学习模型构建。

使用训练数据完成使用相关特征的模型的构建，比如监督学习或无监督学习模型等。此外，还应结合人工专家经验，进行学习模型参数调整。

（5）学习模型验证。

使用验证数据集合访问构建的学习模型，进行学习模型验证。比如，可以采用 k 倍交叉验证法，即将训练数据集划分成 k 个规模相近但互斥的子集，各子集应保持数据分布的相对一致，依次使用其中一个子集作为验证集，其余所有子集合并作为训练集，进行 k 次训练和验证。

（6）模型应用及优化。

部署完全训练好的模型对新数据进行预测。算法性能提升方面，可通过增加

数据量、提供其他特征或参数调优来实现。

3.4.2　适用于安全体系能力生成、度量及评估的机器学习主要算法流派

机器学习方法是为计算机赋予通过学习来形成解决问题的能力，各种算法在安全体系能力生成、度量及评估领域中获得了广泛应用。机器学习算法可以分为有监督学习（如分类问题）、无监督学习（如聚类问题）、半监督学习、集成学习、深度学习和强化学习等。

3.4.2.1　机器学习算法流派及其在网络空间安全体系能力生成、度量及评估中的应用比较

根据训练数据是否拥有标记信息，机器学习可以分为有监督学习（Supervised Learning）、无监督学习（Unsupervised Learning）和半监督学习（Semi-supervised Learning）等。有监督学习是使用带标记的样本数据来构建行为模式（即训练）。但很多时候，获取足够多的有标记数据较为困难，导致有标记数据缺乏，难以支撑复杂模型的训练。在不充足数据集上训练的后果是出现过拟合（Overfitting），即在其他集合上的拟合效果远低于训练集拟合效果。出现过拟合的主要原因为：①训练模型过于复杂（VC 维很大）；②存在数据噪音；③训练数据有限。有监督学习还容易陷入局部最优化，对于浅层学习来说，可以通过训练将参数在合理范围内收敛，但对于深层学习来说，效果欠佳，必须寻求有效的优化算法来解决局部最优化问题。无监督学习是在没有标记数据的情况下，通过机器自身学习归纳出可能的行为类别。半监督学习取有监督学习与无监督学习两者之长，利用少量的标注样本和大量的未标注样本来训练和分类，可降低标注成本，提升学习能力。

机器学习五大分支类型符号主义（Symbolicism）、贝叶斯派、联结主义、进化主义、行为类比主义等均可在网络空间安全体系能力生成、度量及评估中获得应用，表 3.8 给出了具体说明。

表 3.8　机器学习五大分支类型及其在网络空间安全体系能力生成、度量及评估中的应用

分支类型	典型算法	应用场景示例
符号主义	规则法、决策树方法	网络攻防知识图谱
贝叶斯派	朴素贝叶斯、马尔可夫	反垃圾邮件、攻击概率预测
联结主义	反向传播神经网络、深度学习	入侵检测、入侵意图识别、对抗策略生成
进化主义	遗传算法、基因编程	最优防御路径生成
行为类比主义	核机器、最近邻算法	攻击场景构建

常用的机器学习方法有决策树、回归分析、分类/聚类、孤立点检测（Outlier

/Anomaly Detection)、度量学习（Metric Learning）、因果分析（Causality Analysis）、支持向量机等。离散值预测为分类（Classification），连续值预测为回归（Regression），而将训练集中的样本分为多组即为聚类（Clustering）。

3.4.2.2 符号主义

符号主义主要是依据物理符号系统假设以及有限合理性原理，使用符号、规则以及逻辑等来进行知识表达与逻辑推理。因此，符号主义又称为逻辑主义（Logicism）、心理学派（Psychlogism），又因这类系统最早依靠计算机来实现，故又称为计算机学派（Computerism）。符号主义涉及逻辑学、哲学的内容。符号主义流派大多认为机器学习的本质是逆向演绎（推理是从通用规则推导至特定事实，归纳刚好相反，是从特定事实总结出通用准则）。我们可以给出网络空间安全中逆向演理的一个实例：病毒是一种恶意代码+恶意代码是网络空间安全的威胁=病毒是网络空间安全的威胁。符号主义的本质是在人类加工过的符号体系上构建（人工）智能系统，系统的特征由人类来确定，因此在知识获取、知识表达以及知识普适性方面都存在较大局限。符号主义的主要实现算法有规则法和决策树（Decision Tree）方法等。决策树方法又称为分类树（Classification Tree），是一种常用的有监督学习分类方法，作为直观运用概率分析的图解法之一，可用于连续型变量或类别型的分类预测，在攻防对抗博弈、安全风险分析中应用较多。

（1）决策树分析的基本思想。

该方法是基于历史数据，来推断各自然状态的出现概率。具体做法是，采用树形图作为工具来描述和分析各方案未来收益的计算过程，并以期望值为基准来比选。在树形图中，决策问题、可选方案和可能出现的方案结果分别以决策点、方案分枝和概率分枝来代表，然后再计算各方案在各种结果条件下的损益值，从中选出最具成本效益的最优决策。这种决策的本质思想就是采用超平面对数据进行递归化划分。决策树的生成过程，实际上就是对数据集进行反复切割的过程，直至实现所有的决策类别区分为止。

决策树模型以树形描述结构方式实现了实例分类，即采用树形结构的知识表示。决策树的主要构成元素为节点（Node）和有向边（Directed Edge）。表3.9给出了决策树对应元素在分类问题中的表示含义。

表3.9 决策树构成元素及其在分类问题中的表示含义

对应决策树元素	分类问题中的表示含义
根节点	训练实例整个数据集空间
内部（非叶）节点、决策节点	待分类对象的属性（集合）
分枝	属性的一个可能取值
叶节点、状态节点	数据分割（分类结果）

　　决策树以图形方式，枚举了待决策问题的全部可行方案、可能出现的各种状态、各种可行方案在各状态下的期望值，并能够对决策时间、决策顺序等决策过程进行直观显示。决策树需要适当选取有用特征，并通过映射或变换，将高维空间的样本数据转换至低维空间，以实现降维。然后，再通过特征选取，去除冗余特征及不相关特征，此时，数据维度将得到进一步降低。

　　（2）决策树生成步骤及常用算法。

　　生成决策树分为两步：递归分割（Recursive Partitioning）和剪枝（Tree Pruning）。具体构建决策树时，需要利用信息增益来求取数据集中信息量最大的变量，据此建立一个数据节点，根据变量的不同值来分割，从而建立决策树分枝，然后反复重复上述步骤，得到各下层结果和分枝，构建出完整的决策树。剪枝是为了解决和避免过拟合问题，包括先剪枝（Prepruning）和后剪枝（Postpruning）方法。

　　常用的决策树生成算法有 CART（Classification And Regression Tree）、ID3（Iterative Dichotomiser 3）、C4.5 和 C5.0 等。Breiman 等人提出的 CART 算法基于自顶至下的贪心算法（Greedy Algorithm），通过构建二叉树达到预测目的，广泛应用于树结构产生分类和回归模型的过程。ID3 算法也是基于自顶至下的贪心算法，但其仅能够处理离散型数据。C4.5/C5.0 算法是 ID3 算法的修订版，每一个节点上可以产生不同数量的分枝。C5.0 算法采用提升（Boosting）技术，故又称为提升树算法，该算法提高了模型准确率、计算速度，并减少了内存占用，适用于大规模数据集的处理。

3.4.2.3　贝叶斯派

　　贝叶斯派（概率统计方法）主要是获取事件发生的可能性来进行概率推理，多用于分类和回归问题，常用算法是朴素贝叶斯或马尔可夫算法。

　　贝叶斯定理是概率统计的基本定理之一，与随机变量的条件概率、边缘概率分布密切相关。在无法准确获取某事物本质时，可利用与其相关的事件发生频率来判定其本质属性的概率。该定理的另一重要作用是利用后验数据来修正原先基于先验概率分布得出的经验判断。而先验概率分布有时需要通过边缘分布密度、最大熵与互信息等来确定。

　　朴素贝叶斯分类基于贝叶斯定理，假设各特征属性相互条件独立，在网络空间安全体系能力生成、度量及评估领域应用广泛，包括垃圾邮件过滤、恶意代码或网页检测等。

3.4.2.4　联结主义

　　联结主义（Connectionism）融合了认知心理学、心理哲学和人工智能理论，构建了心理或行为现象的显现模型：单纯元件的相互联结网络。因此，联结主义又被称为仿生学派（Bionicsism）或生理学派（Physiologism）。联结主义的核心思想来源于神经科学，主要以神经网络及神经网络间的连接机制与学习算法为基本原理，特别是利用了反向传播思想，试图从生物大脑的运行方式中获得启发。联结主义形式众多，但应用最广泛的是人工神经网络模型。

20 世纪 80 年代末，出现了反向传播（Back Propagation，BP）人工神经网络算法，为基于统计模型的机器学习（神经网络）提供了有力的训练模型，较之此前基于人工规则的人工智能系统，该模型表现出显著的优势和强大的生命力。这一阶段出现的多层感知机（Multi-layer Perceptron），本质上是仅含 1 层隐层节点的人工神经网络模型（属于浅层模型）。顾名思义，浅层模型的隐层数目较小（多为 1~3 层，甚至为 0 层，即不含隐层）。浅层模型的典型代表有支持向量机（Support Vector Machines，SVM）、Boosting、最大熵模型（Maximum Entropy Models，MEM）等。SVM、Boosting 模型结构可视为 1 层隐层模型，MEM 中的逻辑递归模型（Logistic Regression，LR）没有隐层节点。

浅层模型在表示复杂函数时需要大量的样本，因此这类模型对于复杂分类问题的泛化能力受限。而且特征获取多依靠人工经验，受到极大局限。

3.4.2.5　进化主义

进化主义（Evolutionism），又称为控制论学派（Cyberneticsism）或行为主义（Actionism），其原理为控制论及感知-动作型控制系统，代表性应用有遗传算法（Genetic Algorithm）和基因编码（Gene Coding）等。

遗传算法模型模拟生物进化自然选择和基于遗传学机理的生物进化过程，通过模拟生物自然进化以获取最优解。遗传算法流程始于问题潜在解空间的某个种群，该种群为经过基因编码的个体（Individual）集合，各个体为染色体（基因组合）带有特征的实体。遗传算法直接对结构对象实施操作，不受求导和函数连续性限制，不仅具有内在并行性，而且可实现全局寻优。通过对复制、交叉、变异的概率化操作，可自动获取并优化搜索空间，基于适应度函数自适应搜索，实现优胜劣汰的进化过程。

以二进制编码为例，基因编码首先生成初代种群，然后基于适者生存、优胜劣汰法则，代代进化求取更优的近似解。各代中的个体选择根据适应度大小来进行，根据遗传算子实现交叉、变异，生成新一代种群。最后，对末代种群中的最优个体进行解码操作，进而获得原问题的近似最优解。

3.4.2.6　行为类比主义

行为类比主义（Analogizer）又称为类比学习、行为类比推理。类比学习（类比推理）的核心是求取需要决策的新情景与已知熟悉情景之间的相似度。

支持向量机（SVM）是行为类比主义的经典算法模型，主要用于统计分类及回归分析。SVM 是一种以统计学习理论为基础的、采用有监督学习方式的二类分类器，以特征空间上间隔最大的线性分类器（也称为感知机）为基础，最终转化为凸二次规划的求解问题。SVM 的核心思想有：①针对线性可分情况分析，若线性不可分，则将低维输入空间中线性不可分的样本映射转化为高维特征空间，以实现线性可分，在高维空间中应用线性算法实现对样本非线性特征的线性分析。②基于结构风险最小化理论，在特征空间中构建最优超平面，使得学习机（分类器）泛化能力提升并实现全局最优，从而在整个样本空间的期望值以某个概率满足特定的上界。这种方法能够实现经验风险和置信范围的最小化，因而可在小样本量情况下学习出较好的统计规律。

3.4.3　安全体系能力生成、度量及评估中的深度学习方法

经典机器学习方法的要义在于按照待解决问题寻求其特征向量，据此来抽取训练数据并构建学习模型。机器学习的特征质量很大程度上决定了学习的质量和效率，通常所选的特征向量语义是相互交叉的，导致特征维度较高，徒增了计算复杂度。为此，可以采用主成分分析法、微分流形以及深度学习等来实现降维。

深度学习（Deep Leaning）是近年来发展较快的机器学习算法，概念源于数十年前对于人工神经网络的研究，其核心是通过包含复杂结构或由多重非线性变换构成的多个处理层对数据进行高层抽象。

为解决传统神经网络的不足，需要寻找一种能从适量样本（特别是少量样本）中抽取数据集本质特征、用较少的参数来实现复杂函数逼近的模型。2006 年，加拿大多伦多大学教授、神经网络之父杰弗里·希尔顿和他的学生鲁斯兰·萨拉克霍特迪诺夫在 *Science* 上发表了 *Reducing the dimensionality of data with neural networks* 一文，提出了一种深层非线性网络学习结构模型，该模型具有两个重要特点：①利用多隐层人工神经网络结构，实现特征学习，得出的特征对于数据刻画更具本质性，为可视化或分类打下坚实基础；②利用"逐层初始化"（Layer-wise Pre-training）降低了深度神经网络的训练难度。该模型的逐层初始化采用无监督学习来完成。这种模型被称为深度学习模型。深度学习模型结构包含更多层次（即隐层更多），通常多达 5~10 层，通过逐层特征提取，将数据样本在原空间的特征变换到一个新特征空间，克服了人工提取特征的主观性和困难性，而且学习得到的特征较之人工提取的特征更具代表性。

在该模型的基础上，发展出了两类主流深度学习模型：①有监督学习模型。比如 Facebook 人工智能研究院院长、纽约大学终身教授雅恩·乐库等人提出的卷积神经网络（Convolutional Neural Networks，CNNs），利用空间相对关系减少参

数数目，从而提升模型训练性能。②无监督学习模型。比如希尔顿教授使用的深度置信网（Deep Belief Nets，DBNs）就是无监督深度学习模型，该模型使用了贪心逐层训练算法，实现深层结构相关优化。表 3.10 给出了深度学习结构与传统神经网络的异同。

表 3.10　深度学习结构与传统神经网络的异同

异同	具体内容	传统神经网络	深度学习结构
相同点	模拟机理	模拟生物神经系统（特别是人脑）的工作机理	
	框架结构	均包含输入层、隐层、输出层等多层结构。各层均含若干神经元，各神经元均模拟人类的神经细胞，每层均可视为逻辑回归模型；仅在相邻层节点间实现连接，用来模拟神经细胞之间的连接，并赋予连接强度值（权重）。跨层节点之间、同层之内节点均无相互连接	
不同点	训练机制	BP 训练，采用迭代算法训练整个网络，初始值通过随机设定，基于输出与标签的差值来修改以前各层参数值，最终实现收敛	逐层初始化训练，利用多层（深度）对数据进行高层抽象，复杂的函数得以采用较少的参数来表示，得到多重非线性变换函数
	特征选择	通常只有单个简单结构，实现原始输入数据向特定问题空间特征的转换，仅需学习数据的单层表示	自动提取分类所需的低层次或高层次特征，对待建模数据的潜在（隐含）分布的多层（复杂）表达进行学习建模，将低层特征组合转化为抽象程度更高的高层特征

　　从技术应用角度来看，深度学习可用于网络空间安全的特征自动提取、复杂信息系统的高度非线性模型构建，以及自低到高的层次化安全体系能力概念形成等。安全体系能力生成、度量及评估中的深度学习，需要将学习要素相互作用过程分为若干层次，各层规模也不同，不同的层级和不同的规模代表着对观测值不同程度的抽象，从而实现对观测值的多层抽象。分层结构通过贪心算法逐层构建，高层概念通过对低层的属性类别和特征学习而得，从而替代人工选取出更有效的特征。其中有两个问题值得特别注意。一是粒度问题，特征的粒度与深度学习的层次密切相关。既然安全能力具有明显的层次性特征，就必须选择合适的特征层。关于各层的特征选取问题，直观上讲，各层特征越多，表征的参考信息也就越丰富，从而学习的准确性（精度）就会提高。二是数量问题。特征越多就意味着搜索空间越大、计算越复杂。还有一个更重要的问题是，选取特征越多，可用来训练的数据在每个特征上便越稀疏。

第4章 复杂信息系统安全体系能力需求与能力生成机理

要想进行科学合理的安全体系能力生成、分析及评估，必须首先分析网络空间信息系统的安全能力需求，并在此基础上搞清楚安全防御体系的安全能力生成（能力供给）机理。根据系统科学原理，无论网络空间信息安全防御系统的构建有无规划、规划是否合理乃至合理规划是否得到有效实现，均不影响其形成的防御体系遵从特定的框架结构，而这种框架结构一旦形成，也必然会涌现出特定的安全能力。更重要的是，我们需要度量和分析的，恰是这种因涌现而生成的体系能力，而并非安全防御组件能力的简单叠加。因此，本章将从这个前提出发，重点讨论网络空间信息安全能力、组件与机制的关系、网络空间信息安全防御体系架构以及安全体系能力需求获取、能力生成与能力指标分解等问题。

4.1 网络空间信息安全能力、组件与机制的关系分析

4.1.1 安全能力、功能、性能与效能

在网络空间信息安全领域，能力及功能、性能及效能的概念内涵和外延各不相同。本节给出上述概念的基本定义，并讨论其相互关系。

网络空间信息系统的安全能力是指网络空间信息系统在应用环境和条件下，使用安全组件和安全功能执行并完成或被用于完成保障系统安全稳定、可靠运行的、达到预期攻防对抗效果的本领和特性。所谓环境和条件是指影响安全任务执行的外部因素；安全任务则是指可实施的行动，包括对执行水平的要求；而所要达到的预期攻防效果，即构成安全使命目标。

网络空间信息系统的安全功能，直观上是指其能执行的任务、完成的工作，比如，防火墙的功能有数据包检测、访问控制规则配置、违规访问拦截等；安全性能则是指系统执行其功能时所体现的量化指标，比如，防火墙的吞吐量、连接速率等。

效能是指系统在规定条件下达到规定使用目标的能力，或者说是预期一个系统满足一组特定任务的程度的度量。"规定条件"是指环境条件、时间、人员、使用方法等因素；"规定使用目标"指的是所要达到的目的；"能力"则是指达到目标的定量或定性程度。效能反映了系统的综合性能，效能评估则是根据影响

系统效能的主要因素，采用系统分析方法，基于信息采集来确定分析目标，构建综合反映系统达到规定目标的能力测度算法，并给出衡量系统效能的测度与评估。安全效能则是指系统发挥功能对预期目标的达成程度。比如，防火墙的识别概率、响应延时等。

信息系统的安全攻防对抗能力和安全攻防对抗效能，既有联系又有区别。安全攻防对抗能力是信息系统的固有属性，取决于系统及其安全组件质量特性与数量，与具体的攻防对抗过程无关；而信息系统的安全攻防对抗效能既与系统及其安全组件的质量特性、数量有关，又与具体的攻防对抗行为以及安全组件的实际运用有关。

信息系统的安全能力需求是系统设计者希望赋予该体系的理想能力，而该体系能力需要通过安全防御或攻防对抗的行为或活动过程来释放，实际可得的能力通常会受到诸多环节和因素的制约，导致系统的实际安全效能与期望能力之间存在差距。

因此可以认为，安全功能是安全能力、性能、效能的基础，而性能又属于系统的静态属性，效能则是对其动态特征的反映，脱离具体环境来描述性能和效能没有意义。而能力作为系统完成特定安全任务的本领，离不开静态性能和动态效能，也就是说，安全能力是安全性能与安全效能的结合。

4.1.2　安全组件与安全机制

信息安全保障体系的构建，多依赖于信息安全模型提供的安全服务，而安全服务的实现依赖于相应的安全机制。从行业、体系或者安全产品体系的实践的角度来看，安全体系总体上是关联于架构安全、被动防御、积极防御以及威胁情报等环节的。有效的安全防护需要贯穿于上述所有环节，需要采用有效的安全组件和安全机制，以达到收窄被攻击面、实施有效防护的目的。

国际标准化组织（ISO）在 OSI 安全体系结构（ISO/IEC 7498-2）中提出了五类安全服务和八种特定性安全机制、五种普遍性安全机制，其中，安全服务通过安全机制或其组合来实现。八种安全机制是加密机制、数据签名机制、访问控制机制、数据完整性机制、认证机制、流量填充机制、路由控制机制、公证机制，它们可以在 OSI 参考模型的适当层次上实施。五种普遍性的安全机制是可信功能、安全标号、事件检测、安全审计跟踪、安全恢复。表 4.1 给出了该模型框架内安全服务与安全机制的对应关系，"√"与"×"分别表示该项安全机制适合/不适合提供对应的安全服务。

表 4.1　OSI 安全体系结构中的安全服务与安全机制的关系

安全服务 ＼ 安全机制		加密	数字签名	访问控制	数据完整性	认证交换	流量填充	路由控制	公证
认证	对等实体认证	√	√	×	×	√	×	×	×
	数据源发认证	√	√	×	×	×	×	×	×
访问控制		×	×	√	×	×	×	×	×
数据保密性	连接保密性	√	×	×	×	×	×	√	×
	无连接保密性	√	×	×	×	×	×	√	×
	选择字段保密性	√	×	×	×	×	×	×	×
	信息流保密	√	×	×	×	×	√	√	×
数据完整性	可恢复连接完整性	√	×	×	√	×	×	×	×
	无恢复连接完整性	√	×	×	√	×	×	×	×
	选择字段连接完整性	√	√	×	√	×	×	×	×
	选择字段无连接完整性	√	√	×	√	×	×	×	×
抗抵赖	原发抗抵赖	×	√	×	√	×	×	×	√
	交付抗抵赖	×	√	×	√	×	×	×	√

OSI 安全体系结构信息安全模型中安全服务的提出背景是网络通信安全，其优缺点也非常明显。其优点是：①明确给出了信息安全防护所需要的安全服务及其对应的安全机制；②模型采用的安全技术（如防火墙、加密和认证等）边界相对清晰，易于理解、实施与部署。其缺点是：①重点关注网络通信安全，对物理安全、系统安全、人员安全等关注不足；②对信息安全动态性和生命周期性发展考虑不足，未能实现检测、响应和恢复等反馈、闭环控制；③模型内各安全组件（防火墙、加密和认证等）的防御或检测能力是静态的，多为孤立工作，无法实现信息协同共享，更无法很好地适应安全环境的变化和演进。

4.1.3　安全体系能力涌现过程及能力关系

网络空间信息安全体系能力需求源自战略使命及防御对抗任务列表，但体系能力的形成源自组成体系的安全组件或子系统（对应特定的安全机制）的相互影响及相互作用，是其安全组件或子系统相互作用所涌现出来的综合特性。

4.1.3.1　安全体系复杂关系及其能力涌现过程

一个网络空间信息安全体系能力必须与所处的网络空间环境与威胁形态相

适应，与该系统的业务保障需求相适应，与该系统的防御体系建设水平相适应，不存在抽象的安全体系能力。事实上，采用基于威胁的网络空间信息安全体系能力生成方法，也存在着能力的涌现现象。但是这种涌现出来的、客观存在的能力，通常无法采用传统方法来度量、分析和评估。而采用基于能力的方法，虽然是以未来体系对抗需要拥有何种安全体系能力为逻辑起点，但也需要与应对网络空间中的现实安全威胁相协调。因此，需要把握威胁和能力两者之间的辩证关系，基于能力、面向威胁，使两者相互兼容和促进，而且还可以将对现实威胁的反应作为能力的验证和展示。

　　图 4.1 给出了网络空间信息安全体系复杂关系及其能力涌现过程示意。安全体系能力是其在整体层面呈现出来的、其安全组件或子系统并不具备的一种能力特性。安全体系能力的生成和演化，严重依赖于其安全组件或子系统之间各种相互关系的影响。如果我们仅仅去考察体系中各种安全组件或子系统所具备的安全功能和能力，而不考虑其间的能力涌现特性，则就无法获取该体系在宏观层面所具备的真实的安全"本领"，在此基础上的安全度量、分析及评估将失去应有的意义。

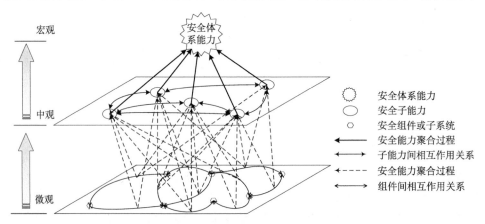

图 4.1　安全体系复杂关系及其能力涌现过程示意

　　安全体系的复杂关系是能力涌现的微观机制，而安全体系能力则是体系复杂关系作用的宏观表现。由此我们可以看出安全能力需求获取需要考虑以下特点。

　　（1）能力的抽象性。在复杂信息系统安全能力需求获取时，能力是参照合规标准并结合已有经验从防御和对抗概念中抽象概括获取而得，通常不对具体实现手段进行说明。

　　（2）能力的层次结构。网络空间信息安全体系能力集合，具有显著的层次结构特征，既包含与安全防御与对抗使命任务相关的顶层能力，也包括直接与系统性能和效能相关的底层能力，而且能力与能力之间也存在着下一小节将要讨论的复杂关系。信息系统的安全体系呈现出层次性特征，与此相对应，其安全能力也呈现出层次特征。

（3）非线性聚合。安全体系能力是复杂系统整体涌现性规律的表现，子能力需要采取有效的机制来描述这种非线性聚合。信息系统体系结构复杂，使得其安全能力指标体系也体现出层次性特征，体系级、系统级及其安全组件级安全能力分别由其下一级安全能力及性能参数指标聚合而成。

4.1.3.2　安全体系能力之间的关系

我们将安全体系能力的关系主要分为派生、依赖、聚合与组合四类。需要指出，安全体系能力之间的关系类型可根据实际需要扩充。

（1）派生关系。

派生关系是指能力之间的继承关系，即子能力 P 继承父能力 Q 的所有属性，常以"属于某种类型"来刻画。若存在能力 P 和 Q 的内涵类似且前者为后者的实例化，则称能力 P 和 Q 构成派生关系。比如，恶意代码查杀能力可分为病毒查杀能力、木马查杀能力与僵尸程序查杀能力等，很自然病毒查杀能力与恶意代码查杀能力两者之间具有派生关系，病毒查杀能力属于恶意代码查杀能力。

（2）依赖关系。

依赖关系是能力间的先决条件：若能力 P 的实现必须基于能力 Q 的实现在先，则称能力 P 依赖于能力 Q 构成依赖关系。比如态势识别能力的实现依赖于信息采集能力与智能分析能力的实现，则态势识别能力分别与信息采集能力与智能分析能力具有依赖关系。

（3）聚合关系。

聚合关系是指紧耦合的组成关系，即上层能力 R 由下层能力 P、Q 等加权求积而得，若下层能力 P 为 0，则其上层能力 R 也为 0。比如，风险识别能力与风险控制能力为聚合关系，如风险识别能力为 0，则其风险控制能力也为 0。

（4）组合关系。

组合关系是指松耦合的组成关系，即上层能力 R 由下层能力 P、Q 等加权求和而得，若下层能力 P 为 0，则其上层能力 R 不一定为 0。比如，入侵检测能力与异常检测能力、滥用检测能力为组合关系，如异常检测能力为 0，则其入侵检测能力不一定为 0。

4.2　网络空间信息安全防御体系架构

4.2.1　基于能力的网络空间信息安全防御体系架构

认识和分析网络空间信息安全防御架构的结构、组成及其演进，是安全度量、分析及评估不可或缺的基础性工作。网络空间信息安全防御已从应对威胁、合规驱动，转向了全面能力建设的模式。本节将基于能力来进行网络空间信息安全防御体系架构分析。

4.2.1.1　网络安全滑动标尺模型参考框架

在信息系统安全防御架构方面，国内外提出很多模型，较有影响的是网络安全滑动标尺模型（The Sliding Scale of Cyber Security），如图 4.2 所示。该模型将安全防御分为逻辑递进的五类，也可以称为五个阶段，分别是基础架构（Architecture）、被动防御（Passive Defense）、主动防御（Active Defense）、智能分析（Intelligence）以及攻击反制（Offense）。

该模型五大类别构成了连续性整体，各阶段活动呈动态变化趋势。标尺的含义是表明各类别的某些措施与其相邻类别密切相关。模型标尺左侧的类别用于奠定相应基础，使其右侧各类别的措施更易实现。在同一类别内，各种安全措施也存在着左右之分。如果安全防护措施充分，攻击方攻击代价由左向右逐步增大。

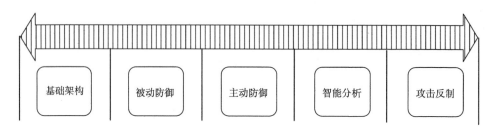

图 4.2　网络安全滑动标尺模型

该模型的动态性体现在两个层面，一是安全防御的五个阶段是动态演进和相互渗透的，另一个层面是安全主动防御、智能分析以及反制攻击等层面也是动态进行的。而这个过程，又有反馈机理在持续发挥作用，促进整体安全能力的形成。

攻击方首先应考虑标尺左侧的类别，构筑相应基础，然后再考虑右侧的类别。基础架构实现了安全，接下来才谈得上被动防御的有效实施。同理，只有做好了基础架构安全和被动防御，才易于实现高效的主动防御。反制攻击的实施，则更应是在做好基础架构安全、被动防御、主动防御和智能分析的基础之上。因此，安全防御系统的建设应从滑动标尺由左向右依次实施和完善。

五大类别之间具有连续性关系，直观展示了防御框架、措施、能力及效能逐步提升的过程。该模型用途广泛，既可用于安全防御规划、论证、建设，也可用于安全分析、态势感知等。

4.2.1.2　基于网络安全滑动标尺模型的安全体系能力叠加演进

网络空间的安全能力构建，涉及安全物理环境、安全通信网络、安全区域边界、安全计算环境、安全管理等多个层面，各层面对于网络空间的安全体系构建目的、标准等各不相同，传统的需求建模的方法和工具大多从局部或某个侧面考虑问题，难以从体系全局角度来实现网络空间的安全需求获取。网络空间的形态、规模和复杂性也在不断演进，而网络空间安全斗争与对抗的加剧，更是对网络空间的安全能力的供给与演进提出了更高要求。网络安全滑动标尺模型反映了从"安全架构"到"被动防御"、再到"积极防御"等阶段的叠加演进，我们以安全体系能力为目标导向，对其加以改进。图 4.3 给出了基于网络安全滑动标尺模型的安全体系能力叠加演进示意图。

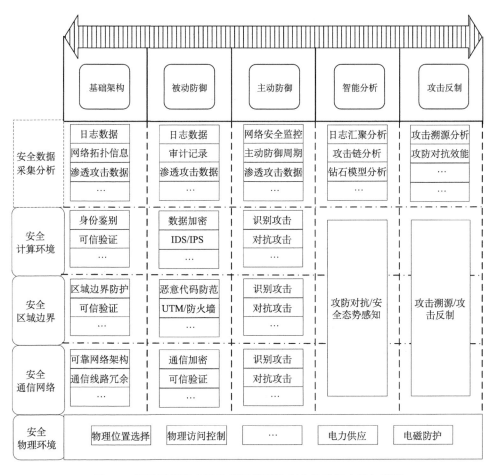

图 4.3　基于网络安全滑动标尺模型的安全体系能力叠加演进

（1）基础架构安全能力。

第一阶段提供基础架构安全能力，在系统规划、构建和维护时，应充分考虑安全防护，解决有无问题。通常要进行业务支撑目标分析，考虑常规运行和紧急运行（如达到峰值流量）时的保密性、完整性和可用性保障，进行合理的网络划分和安全系统采购、设计、实现、配置和加固。应将基础安全措施与应用安全补丁等系统维护相结合。软硬件漏洞修复并非是防御措施，但可促进安全。这样不仅会降低攻击面，最大程度地减少攻击方进入系统的机会，即便被攻入其行为也会受到基础架构系统的限制。

（2）被动防御能力。

第二阶段提供被动防御能力，被动防御是指向基础架构中添加无需人工频繁干预即可提供持续威胁检测和防护系统，比如，安全网关类（防火墙、UTM等）、IDS、恶意代码防范、主机防护、审计等。被动防御系统能够提供资产防护、弥补或缩小已知安全缺口，有助于消耗攻击资源，包括其策划和达到恶意目的所需的时间。

常见的被动防御模型是实施于系统基础架构上的深度防御。深度防御将防御划为多个层级，确保被动防御系统贯穿整个网络，攻击方想要抵达攻击目标并成功攻击，需要更多时间和精力投入。

（3）主动防御能力。

第三阶段提供主动防御（又称为积极防御）能力，是指安全分析人员监控、响应网络内部威胁，并从中学习经验和将知识（理解）应用到监控、响应中的能力。主动防御既要依靠采取的主动安全措施，也要靠被授权的专业安全人员在安全架构内的操作。安全分析人员包括事件响应人员、恶意代码逆向分析人员、威胁分析人员、网络安全监控分析人员等。主动防御更多的是强调安全专业人员的主动性参与，而不是依赖系统自身的自动化。

主动防御周期通常包括威胁情报使用、资产识别与网络安全监控、事件响应、威胁和环境操控四个环节，以实现流程的持续化，从而主动监控、响应攻击并从中汲取经验。

（4）智能分析能力。

第四阶段提供智能分析能力。"Intelligence"既可以指情报，也可以指智能。我们认为该模型中的"Intelligence"兼具情报与智能之义，所以称其为智能分析。智能分析是指为弥合之前所发现的知识缺口而进行的收集数据、提取信息并对多源信息进行融合得出评估结果（输出情报）的过程。比如，利用深度学习对流量、主机或其他数据进行建模与大数据分析，实现攻击行为自学习和自识别，完成攻击画像与标签等行动。

此处所指的情报，包括网络基础信息情报、对手环境的真实位置情报、对手研发能力和实施计划，以及威胁情报等。威胁情报是指为防御方提供攻击方及其行为、攻击能力及策略、技术与过程等相关信息，以准确识别攻击方并进行更有效的响应。防御方必须知晓威胁（有机会、能力和意图实施破坏的攻击方），并能在防御方环境中使用情报来驱动相应的行动。若要合理使用威胁情报，安全人员就必须熟悉己方的业务流程、网络拓扑、基础架构和安全状态，依赖网络安全滑动标尺模型中的其他所有阶段，做到知己知彼，并使用该情报实施防御。能够合理并有效地利用情报，则是主动防御的重要内容：利用攻击方的相关情报并推动环境中的安全变化、流程和行动，可促进主动防御的有效实现。

智能分析（情报）可采用网络攻击链和入侵分析钻石等模型。网络攻击链模型分阶段描述了攻击方对防御方系统采取的行动以便于识别。该模型可通过与攻击方的交互，搜集所需的指标和信息，并与其他模型信息融合，形成威胁情报。钻石模型则阐释了所有事件共有的"攻击方、基础设施、能力和受害者"四个关键点。

（5）攻击反制能力。

第五阶段提供攻击反制能力，该能力是指以自卫为目的，对攻击方采取的法律对策和反击行动，利用技术和策略对对手进行反制威慑。攻击反制（Offense）与防御（Defense）相对应，不仅是指采取实际意义上的具体攻击行为（Attack），更是实施宏观的、体系化的威慑、反制和打击活动，含义更广。作为滑动标尺模型的最后阶段，需要此前所有阶段的成功实施和有效支持，反制攻击是对攻击者采取直接行动，虽然代价不菲，但可巩固网络安全。

上述各类别相互配合可以实现防御能力和安全水平的提升，但各组成是可以动态调整的，而且其重要性也不相同。比如，加密通信属于基础架构安全，而提升密码强度这一措施处于该类别的靠右侧，虽然它比构建网络系统更接近被动防御类别，但仍属于架构安全措施范畴，而不属于被动防御、主动防御、智能分析或反制攻击中任何类别。智能分析也是如此，虽然通过威胁态势的智能分析可以更快转化为攻击反制，但这种智能分析为主动防御提供的支撑更大。

基础架构安全通过规划合理和健全的架构安全体系，通过网络控制、外设管控、漏洞修复、配置加固和资产管理等措施，能够有效降低系统遭受攻击的风险，增大攻击难度；被动防御则可以基于架构安全，在攻击存在的情况下保护系统安全；积极防御则可以通过 OODA 思想，实现与智能分析乃至攻击反制的联动。

4.2.2　网络空间信息安全防御体系的动态特征

网络空间信息安全防御体系是一个动态系统，体现出强烈的动态特征。特征的动态性，可以从不同层面来反映。我们参照国际知名的 P^{2}DR 模型、PDCA 模型以及 OODA 模型来进一步认识其安全能力的持续改进、螺旋上升和动态演进过程。

4.2.2.1　P²DR 模型

P²DR 模型（图 4.4）源自美国国际互联网安全系统公司提出的自适应网络安全模型，用于构建基于闭环反馈的动态自适应安全体系。该模型的要素分为策略（Policy）、防护（Protection）、检测（Detection）和响应（Response）。其中，策略（P）为核心要素，规定了系统所要达到的安全目标，以及为了达到该目标应采取的各种具体安全措施及实施强度等。防护（P）是该模型的基础环节，常采用访问控制、VPN、身份认证、加密等安全机制，还包括配套的安全管理规定、系统安全配置等。检测（D）的作用是在基础防护之外，实现对信息系统运行时安全状态的实时、动态监控，可采用入侵检测（IDS）、恶意代码检测等具体技术手段。响应（R）则用于在发现攻击或入侵时做出报警、切断服务、反击等及时反应，实现阻断进一步入侵、减轻攻击损失、及时恢复系统以及收集攻击证据等目的。

图 4.4　P²DR 信息安全动态模型

根据 P²DR 模型的要素配置可以看出，动态模型的核心思想是以统一的安全策略为中心，在其指导下，首先要实现恰当的防护，在此基础上实施高效检测，并做出及时响应，将风险和损失降到最低限度，以构成一个完整的闭环、动态自适应安全体系，实现全面、动态防护，网络安全滑动标尺模型的思想与其一脉相承。

P²DR 模型中防护、检测、响应要素的实现活动都需要消耗一定的时间，而攻击方的攻击活动同样也需要时间。如设 Pt 为各种基础防护手段被突破所需要的时间（即成功攻击系统所需时间）、Dt 为从攻击开始到被检测到所费时间、Rt 为从检测到攻击到响应措施完成时所需时间，那么，以时间尺度来衡量该体系的安全防护能力，如要成功实施动态防护，应保证（Dt + Rt）< Pt，即防御系统检测时间和响应时间之和应小于攻击方完成攻击的时间。换言之，在攻击完成之前，该攻击行为即被检测出来并被成功阻止。

如系统无任何防护（Pt=0），即系统对于攻击者来说是"完全暴露的"，另设 Et 为系统暴露给入侵者的时间，此时有 Et =（Dt + Rt），Pt=0，也就是说，在系统无任何防护的特殊情况下，系统暴露给入侵者的时间等于检测时间和响应时间之和。

以时间为考虑要素可以看出，P^2DR 模型要实现的安全目标就是要尽可能延长系统保护时间，缩短检测时间和响应时间。从这个意义上讲，可将 P^2DR 模型视为基于时间的安全体系模型。

对于信息系统的生存性来说，采取灾难恢复（Recovery）措施至关重要。因此，在 P^2DR 模型的基础之上，加入了恢复（Recovery）机制，又构建了 P^2DR^2 模型，实现了 P^2DR 模型的扩展和补充。另设 Rest 为发现入侵后的响应时间、Rect 为将系统调整到正常状态的恢复时间，此时有（Dt + Rest+ Rect）< Pt；Et =（Dt + Rest+ Rect），Pt=0。其含义是，实现信息安全动态保障的有效途径是尽可能延长系统保护时间，缩短检测、响应和恢复时间。

4.2.2.2　PDCA 循环模型

PDCA 循环模型源自美国学者休哈特于 20 世纪 30 年代提出的计划-执行-检查循环（Plan-Do-See，PDS），后在 1950 年由美国学者戴明加以改进，形成计划-实施-监控-改进（Plan-Do-Check-Act，PDCA）循环模型，故又名戴明循环、戴明轮（Deming Wheel）或持续改进螺旋（Continuous Improvement Spiral）。图 4.5 给出了基于 PDCA 的网络空间信息安全防御体系建设过程示意图。

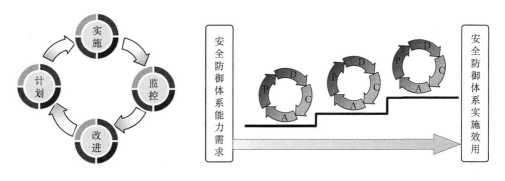

(a) PDCA循环基本模型　　　　　　　　　　　(b) 持续改进应用

图 4.5　基于 PDCA 的网络空间信息安全防御体系建设过程示意图

其中，计划阶段主要是规划安全防御体系框架及项目，并建立安全防御管理体系文件，包括现状分析、风险评估、安全规划等；实施阶段主要是落实和实施规划的相关项目，包括体系试运行、体系发布、体系推广等；监控阶段主要是对安全防御体系有效性进行状态监控，包括技术性与管理性审核、定期风险评估等；

改进阶段主要是依据风险评估和审核结果落实并跟踪相关整改措施等。

4.2.2.3　OODA 循环模型

安全攻防对抗过程处于动态、复杂环境之中，同时存在着大量的不确定性因素，呈现出网络化、快速性等新特征，可以利用观察-判断-决策-行动（Oberve-Orient-Decide-Act，OODA）模型的循环特性、强时效性、嵌套性等特点，来认识攻防对抗过程各环节的动态特征。该模型由美国陆军上校约翰·包以德提出，故又称包以德循环模型。

网络空间信息系统攻防对抗 OODA 模型包含了两个循环：信息流和决策流。信息流处理主要包括采集融合、存储管理、分析评估、表示、共享及应对。决策流包括 OODA 模型的四个环节，采用网络化信息流形式进入攻击方的决策过程。观察环节，对网络空间信息安全环境进行感知或观察，将各类信息获取装置和传感装置集成起来，并实现信息数据收集和信息融合；判断环节，根据相关的环境等信息，对采集数据和融合信息进行存储与管理，形成安全态势感知，分析评估攻防对抗效果；决策环节，根据安全环境信息和当前自身的状态制定策略，并选择合适的行动方案，基于态势感知，提供共享感知和机制，向防御系统节点分发相关数据和决策信息；行动环节，根据前述决策信息，实施行动以应对对方网络攻击、窃取和利用对方信息等。随着时间推移和循环迭代的推进，防御方获得的信息增多，OODA 模型周期缩小，判断和决策的效率和准确率也随之提升，防护效能随之增强。该模型较之传统的安全事件响应，更加强调了判断与决策过程，更适合描述和理解高级、复杂、持续性威胁及其应对，有助于对网络空间信息安全整体防护能力形成的进一步理解。

4.2.3　网络空间信息安全防御技术及其安全能力供给

网络空间信息安全防御体系的构建以及安全体系能力的生成，均需要不同的安全防御技术提供基本组件和能力供给。下面对基础架构安全、被动防御、主动防御、智能分析及攻击反制等各种安全综合防御技术进行简要分析。

4.2.3.1　基础架构安全

基础架构安全主要包括物理安全、网络架构安全、加密体制、隐私保护、协议安全（IPv4、IPv6、工控等专有协议）与安全协议、应用系统安全实现、备份与灾难恢复等。这是信息系统规划、设计和建设阶段必须考虑的基本安全技术。

（1）物理安全。

物理安全是信息系统安全的基本前提，对信息系统的保密性、完整性、可用性等各方面的能力供给至关重要。通俗地说，物理安全保障是保护信息系统和网络设备、设施等免遭地震、水灾、火灾等环境事故、人为操作失误或各种信息系统犯罪行为导致的破坏的过程。

物理安全涵盖设备安全和环境安全两方面。设备安全是指设备运行、网络环境安全连接、电力供应、数据及其存储介质等的安全要求。环境安全是指信息系统所处环境的安全保障，特别是对物理场地、网络现场及网络机房的约束，侧重于地震、雷击、水灾、失火等自然灾害的防范，特别关注物理场地安全、物理访问控制、防水防潮、防火、防静电、防雷击、温湿度保证、电磁干扰与泄漏防护、供电等。

（2）网络架构安全。

信息系统的安全早已摆脱了单点安全保障阶段，追求的是整个信息系统的安全，而信息系统的网络架构需要从多层面、多角度进行立体化安全实现。首先，信息系统当中的所有组件均应需要考虑基本安全防护机制；其次，信息系统的网络架构还需要进行合理的安全域划分；此外，信息系统应该足够开放，支持各种安全防御措施的引入和安全方案的实施。

安全域划分应结合信息系统的业务需求，按照一体化设计、安全需求一致、区域边界清晰以及多重保护等原则，构建基于综合防御的安全防护架构。一体化设计原则基于系统思想，从系统整体出发，综合考虑各安全域的需求，实现安全域划分；安全需求一致原则旨在保证安全策略的一致性，将面临相同或相似安全风险的资产划分在同一安全域之中；区域边界清晰原则要求设定清晰的安全域边界并明确其安全策略；多重保护原则强调建立相互补充的多重保护机制，一旦某层保护失效，可通过其他层的保护来补救。通过通信网络、网络边界、局域网内部、各种业务应用平台等各个层次落实所设计的各种安全措施，形成综合防御体系。

（3）加密体制。

加密与认证技术的基础是密码学（Cryptology），密码学堪称网络空间安全保障的关键技术和重要基石，在信息安全属性（保密性、完整性、可用性以及不可否认性等）保障方面应用广泛。加密与认证技术涉及对称密码（序列密码、分组密码）、公钥密码、Hash 函数与消息认证、数字签名、密钥管理以及公钥基础设施 PKI 等内容。无论近现代密码密码体制形态多么繁杂、变换如何巧妙，均为移位、代替与置换这三种基本原理在密码编制和使用中的相互结合与灵活应用。表 4.2 为各类密码体制的类型示例、典型算法、技术特征及其典型应用分析。

（4）隐私保护。

隐私保护是复杂信息系统所面临的重要问题，尤以移动网络、社交网络、位置服务、公共平台等新型应用中的隐私泄露防范为甚。信息隐私保护是网络空间安全的一个重要内容。隐私保护的核心是尊重信息主体的个体意志，即信息主体享有其个体信息披露的范围、对象、方式等自由支配权。隐私保护和信息安全防御两者具有许多交叉重叠之处，但最终两者相关的行为和目标都有所不同。在大数据和智能化时代，数据共享利用与隐私安全保护是一对矛盾，需要适度平衡。隐私保护可采用脱敏等技术，比如 K-匿名（K-anonymity）、三一多样性匿名和 t 接近（t-close）匿名及其衍生方法等。

表 4.2 各类密码体制的类型示例、典型算法、技术特征及其典型应用

分类	具体类型示例	典型算法	技术特征	典型应用
对称密码体制	序列密码（流密码）	RC4、A5	利用种子密钥生成密钥流	通信链路实时加密
	分组密码（块密码）	DES、3DES、AES	分组加密，输入与一组明文有关	网络包交换加密
公钥密码体制	公钥密码	RSA	基于大素数分解难题	加密、密钥管理和数字签名等
	离散对数公钥密码	ELGamal	基于有限域上的离散指数计算难题	加密、密钥管理和数字签名等
无密钥体制	消息摘要算法	MD5	单向散列算法	数据完整性校验、高效数字签名、身份认证、消息指纹等
	安全哈希算法	SHA-1	单向散列算法	数据完整性校验、高效数字签名、身份认证、消息指纹等
"新"密码体制	量子密码	—	应用量子纠缠态效应	量子加密通信
	混沌密码	—	利用混沌系统对参数和初始值的敏感性	混沌保密通信

（5）安全协议与协议安全。

安全协议是基础架构安全的重要组成部分，旨在基于密码学体制的消息交换协议，运用密码算法和协议逻辑，实现实体认证、在实体间安全分配密钥或其他秘密、确认收发消息的不可否认性等，在网络环境中提供所需的安全服务。安全协议在信息系统中应用日益普遍，而其安全性分析验证仍有缺陷。需要对安全协议进行充分的分析、验证，判断其是否达到预期的安全目标。

另一方面，传统的 TCP/IP 协议和工控协议，也需要采取安全防范和加固措施，从基础架构层面提供安全能力。

（6）应用系统安全实现。

应用系统的安全涉及主要涉及软件开发全生命周期，包括该周期内各关键阶段应采取的方法和措施，用以减少和降低软件脆弱性来应对外部威胁，具体包括软件安全需求、软件安全性设计、安全编码、安全测试等环节。

（7）备份与灾难恢复。

备份和灾难恢复技术对于信息系统可用性和可靠性的供给至关重要。备份包括关键设备的整机及主要软硬件备份、电源备份、重要业务系统备份及数据备份

等。采用备份措施，可在系统出现故障时，使其尽快恢复正常运行、减少不必要损失。灾难恢复是旨在将信息系统从灾难造成的故障或瘫痪状态恢复到可正常运行状态、并将其支持的业务功能从不正常状态恢复到可接受状态，而实施的活动和流程。

4.2.3.2　被动防御

网络空间安全被动防御技术主要包括防火墙、脆弱性与漏洞检测、恶意代码检测、入侵检测等技术。被动防御技术在构建网络空间安全保障体系中不可或缺，应用广泛且防御效果良好。

（1）防火墙。

防火墙是最常用的网络空间安全防御手段之一，它基于访问控制机制，实现不同信任域之间的安全隔离。防火墙部署于被保护信息系统边界的唯一信息交互通道，被保护信息系统边界位于安全策略不同的网络或安全域之间。例如，内部网络和 Internet 之间、内部网络中不同业务区域之间等。防火墙作为被保护信息系统的边界安全控制点，进出防火墙的数据流需要防火墙防护策略明确授权，以决定采取放行、拒绝或重新定向等管控措施，实现经由防火墙的服务和访问的审计与控制。防火墙作用于网络攻防对抗环境，承受较强的网络通信监测及自身抗攻击压力，自身必须具备较高的安全性和可靠性，方可有效实现其功能。目前，防火墙技术自身在不断发展，而其应用领域也不断拓展。

（2）脆弱性与漏洞检测。

信息系统的脆弱性是指网络空间信息系统客观存在的某种固有特性或威胁，攻击者可以利用这些特性或威胁，通过授权或自行提升权限，对网络资源进行访问或对系统实施危害。网络空间信息系统存在着大量的脆弱性（Vulnerability），其中以漏洞最为重要。

随着网络规模日益增大、网络服务日益普及、网络速度飞速提升，物联网、云计算、大数据、工业控制网络等新兴应用情景的出现，更是极大地丰富了信息系统的脆弱性场景，网络信息的复杂度日趋复杂，这些都导致了信息系统脆弱性和漏洞威胁的进一步增大。网络空间的信息系统由网络设备、服务器及主机、子网、协议集合及应用软件等组件组成的综合系统，其中存在的脆弱性和漏洞是网络攻击能够得逞的基本前提和根源。信息系统的脆弱性必然来自信息系统各组件的安全缺陷及错误配置等因素。需要对目标系统中的网络漏洞、主机漏洞、数据库漏洞以及各种应用漏洞进行检测并采取防范措施。

（3）恶意代码检测。

恶意代码（Malicious Code）包括病毒、蠕虫、木马、间谍软件、僵尸程序、恶意脚本、流氓软件、逻辑炸弹、后门、网络钓鱼等，多是经由存储介质和网络传播，安装或者运行在信息系统中，可在信息系统所有者不知情的情况下实施破坏。而软硬件同构化和互联网环境开放趋势的进一步加强，导致恶意代码的传播途径进一步多样化，潜伏性越来越强，发生频率越来越高，影响范围越来越广，损失后果也越来越严重。恶意代码在信息系统中实施的非授权操作，违反了目标系统的安全策略，导致目标机器信息泄露、资源滥用、系统的完整性及可用性破坏等后果。客观上，漏洞的存在为恶意代码提供了可乘之机。主观上，利益驱动是恶意代码存在及泛滥的重要诱因和现实推动力。

恶意代码检测技术包括特征码检测、校验和检测、长度检测、行为检测、软件模拟检测、外观检测等。各检测方法原理各异，在检测目标、范围、精度、所需资源消耗等方面各不相同，各有优劣。

（4）入侵检测。

入侵是指利用信息系统的各种脆弱性（包括漏洞、配置错误和实施缺陷等），对信息系统进行未授权访问，可能导致信息系统及信息的保密性、完整性或可用性被破坏。

对入侵行为的检测，通常采用入侵检测技术来完成。入侵检测系统是通过采集网络或主机若干关键节点的信息，按照预先设定的分析策略和安全知识进行分析比较，判断其中是否有违反安全策略的行为和被攻击的迹象，并施行适当的响应措施。选用入侵检测系统时，必须重点考虑其部署方式。特别是对于基于网络的入侵检测系统部署，应与安全数据采集统筹考虑，常用的部署位置有：因特网防火墙之内或之外、骨干网络及关键子网之上等。而基于主机的入侵检测系统则可以直接部署于待监测的目标主机之上。

4.2.3.3 主动防御

网络空间安全主动防御技术主要包括入侵防御与入侵容忍、蜜罐与蜜网、沙箱、可信计算与可信平台、移动目标防御和拟态防御等技术。所谓主动防御，是指攻击或者安全性破坏发生之前，能够实现及时、准确地识别和预警，构建具有弹性的安全防御体系，从而能够规避、转移、降低或消除网络空间所面临的安全风险。这些技术是构建网络空间安全保障体系、提升网络攻防对抗能力的核心技术。在物联网、大数据、人工智能等新信息应用环境越来越复杂，未知攻击技术应用趋于常态的情况下，实施网络空间主动防御是大势所趋。

（1）入侵防御与入侵容忍。

入侵防御系统（Intrusion Prevention System，IPS）是一种基于入侵检测的深度防御安全机制，通过主动响应方式，实时阻断入侵行为，降低或减缓网络异常状况处理的资源消耗，以保护网络空间信息系统免受更多侵害，简言之，入侵防御是既能发现又能阻止入侵行为的深度防御技术，侧重于安全风险控制。入侵防御的技术特征主要体现在智能检测、深层防御、主动响应等方面。

入侵容忍技术假设任何单点设备均不可相信，因此需要消除系统中所有的单点失效，系统不会因任何单点故障而丧失业务连续性。这就要求入侵容忍实现系统权限的分立以及单点失效的技术防范，确保任何少数设备、局部网络及单一场点均不可能拥有特权或对系统整体运行构成威胁，一旦发生入侵和意外故障，可通过技术手段来"容忍"这种入侵和故障，要求系统的单点失效或故障不会影响整个系统的运行，即使得系统具有可生存性，以确保信息系统的保密性、完整性、真实性、可用性和不可否认性等安全属性不被破坏，不仅可以容错，更可以容侵，可保证系统关键功能继续执行，关键系统能够持续提供服务。

（2）蜜罐与蜜网。

蜜罐（Honeypot）或蜜网（Honeynet）是为了避免或缓解恶意网络威胁，发现并分析新型攻击方式，而在网络中专门设置的、用于诱捕攻击的特定脆弱系统。蜜罐与蜜网属于"欺骗型"主动防御的关键技术之一。

蜜罐旨在通过真实或模拟的漏洞或系统配置弱点（比如弱密码），引诱攻击者发起攻击，能够发现现有系统的常被利用的脆弱性并共享威胁信息，捕获攻击者的攻击行为并进行攻击取证，还能够发现新的攻击方式或未知漏洞。将蜜罐有机地组合成网络分布式结构，就能够模拟整个网络，构成蜜网技术。蜜网是应用欺骗技术诱骗攻击者并从其恶意行为中获取尽可能多信息的更优方式。复杂的蜜网不仅能够模拟多个主机或网络拓扑，还能够利用特殊的被动指纹标记来识别同一种攻击方法。蜜网可有效实现数据的控制、捕获与分析。数据控制用于限制攻击者无法经由蜜网侵害其他资源，以保证部署蜜网的低风险性；数据捕获则是要求可以监测并审计所有攻击活动的数据信息；而数据分析则是要基于所捕获数据识别出攻击行为、攻击工具以及攻击意图等。

（3）沙箱。

沙箱是在信息系统中创建出一个类似的独立作业环境，允许在该环境中运行浏览器、应用软件等各种程序，运行产生的变化可以限制在该环境中，并可以进行恢复，不致对系统产生实质性和永久性的影响，即在人为设定的独立虚拟环境中，测试不受信任的网络访问行为或应用程序。

沙箱技术将程序放入虚拟的环境中，发现可疑行为后让程序继续运行，让其充分"表演"以暴露其恶意行为特征属性，随后执行回滚机制，消除恶意行为痕迹和动作，将系统恢复为正常状态。沙箱实现的关键在于准确模拟恶意程序的行为。基于沙箱采用的应用访问控制策略，可将沙箱技术大致分为基于虚拟化的沙箱和基于规则的沙箱两类。

（4）可信计算与可信平台。

网络空间安全主动防御，离不开构建一个可信赖的计算环境。可信计算与可信平台是构建自主可控、安全可靠的网络信息系统的重要手段。可信计算旨在为网络空间的信息系统构建安全可信的计算环境，通过提升信息系统的免疫力来保障其安全，从计算系统的底层硬件、操作系统与应用程序等方面采取综合措施，建立完善的计算环境要素的信任关系。

可信计算平台是指具有可信计算安全机制并能够提供可信服务的计算平台，包括可信服务器、可信 PC 机、可信移动终端、可信网络以及可信云平台等。只有具备主要的可信计算技术机制和可信服务功能，方可称为可信计算平台。这些机制和功能主要包括：信任根和信任链机制，信任度量、存储和报告，可信软件栈，安全输入输出，存储器屏蔽，密封存储和平台身份的远程证明等。

（5）移动目标防御和拟态防御。

信息系统易攻难防，使得攻击者的不对称优势更加显著。移动目标防御和拟态防御既不会为攻击者提供一成不变的信息基础设施和攻击面，也不会将防火墙、IDS/IPS、恶意代码查杀等逐一部署，而是动态地改变基础设施，令攻击面持续变化，迫使攻击者耗用大量资源不断地分析探测该变化，从根本上改变了攻防不对称性。

移动目标防御是通过系统自身和攻击面的动态变化来增大攻击难度，将使得攻防双方面临相对对称的不确定性。该技术并不追求构建出完美无瑕的系统，而是通过变换攻击面来实现主动防御目的，其策略是致力构建一种动态、异构、不确定的网络来增大攻击难度，通过增加系统的随机性或减少系统的可预见性来对抗同类攻击。

拟态防御是基于异构冗余架构，采用拟态伪装及多维动态重构机制，构建了"动态异构冗余"系统和拟态计算环境，使得网络空间信息系统完成了从相似性、静态性到异构性、动态性的有效转变，涌现了可应对未知威胁的内生安全能力，摆脱了对攻击先验知识和行为特征的依赖，通过变结构计算来提供主动防御能力。

4.2.3.4　智能分析

网络空间安全智能分析技术主要包括安全风险分析及安全态势演化分析。由于信息系统的环境、威胁在不断变化，其安全体系能力也处于持续、动态变化过程之中。网络安全风险分析及安全态势演化是安全体系能力分析的重要组成部分，是构建网络信息系统安全保障体系的基础。

（1）安全风险分析。

网络安全风险分析涉及分析对象生命周期、要素关系、分析机理、评估模型、评估标准、评估方法、评估过程等，一个完善的安全风险分析架构应该具备相应的标准体系、组织架构、流程体系及风险控制技术体系等。随着网络空间中云计算、物联网、大数据、移动互联网、工业互联网等各种信息系统形态的不断演化和信息保障概念的持续深化，网络安全风险分析的概念、理论、技术、方法和工具也处在持续演进和完善之中。

（2）安全态势演化分析。

安全防御从单一安全威胁的应对转向整个信息系统的安全状态及其变化趋势的考察，即网络安全态势感知（Cyberspace Security Situation Awareness），由此为安全体系能力提供基础信息。感知和获取网络空间环境中有关安全的重要线索或元素，对其进行关联、整合等综合分析和理解，以此来评估网络空间的安全状态，并对其未来实现评估网络安全状况，预测其发展与演进趋势。

安全态势演化分析需要适当的攻击响应和保护关键任务资产的语境（上下文），提取网络安全事件，比如 IDS 告警等安全组件的输出信息。它还包含了任务依赖性，显示了任务目标，任务和信息如何依赖于网络资产。同时，态势演化还需要融合各种安全数据源的信息。比如：获取网络基础设施层的网络拓扑分段信息、安全事件获取装置的位置等；在任务依赖层获取信息系统各任务组件的依赖关系（总体目标、支持目标的任务、任务所需信息等）以及支持任务组件的网络资产；在网络状态层获取网络攻防元素（包括信息系统组件配置、脆弱性、服务、访问控制策略等）；在网络威胁层获取潜在威胁（包括威胁情报、告警事件流等）以应对防御态势。

4.2.3.5 攻击反制

攻击反制技术主要包括攻击溯源和反制攻击等技术。反制攻击旨在对攻击方采取法律对策和反击行动，利用技术和策略对对手进行威慑。

（1）攻击溯源。

攻击溯源的目的是反演攻击者的攻击流程和路径，确定攻击的来源和所使用的方法。这就超越了安全态势的初步评估的范围，需要将将各种孤立的安全数据和事件融合一个持续的整体情况中，用于反制的决策支持。攻击溯源过程是在关键任务资产的背景下，对已暴露漏洞优先考虑，通过攻防信息图来映射出潜在的攻击路径。对于实际发生的攻击行为，可将入侵告警信息与已知漏洞路径关联，给出响应攻击的最佳行动方案建议，并通过取证等方式，给出可能和易受攻击的路径的明确展示。攻击溯源需要借助有可能帮助攻击成功的所有网络属性，比如，信息系统拓扑，信息、访问控制规则、信息系统组件配置及脆弱性信息。

（2）反制攻击。

反制攻击在 OODA 中占有重要地位，是应对安全攻防对抗动态性、复杂性的有效的甚至是必要的手段，有助于网络空间信息系统安全整体防护能力的形成。在信息系统攻防对抗中，"攻击是最好的防御"，反制攻击是网络防御的高级形势和终极手段。反制攻击需要结合网络攻防态势，通过智能分析的态势感知和攻击溯源分析，发现并锁定己方所受的攻击来源。然后在此基础上，采用各种攻击手段，进行有目标、有节制的威慑性攻击。

4.3 安全体系能力需求获取、能力生成与能力指标分解

网络空间信息安全体系能力是基于网络空间体系，融合各种安全要素、安全组件于安全系统，以体系对抗和分布实施为基本形式，在攻击和防御体系对抗中表现出来的安全态势感知、网络攻防、全维全生命周期安全保障等整体安全能力，掌握网络空间的制信息权。而网络空间中所有的安全服务、安全措施、安全组件和安全要素均需服从服务于安全体系能力这个总目标，满足全体系、全时空、全要素的网络空间信息安全整体对抗要求。

4.3.1 安全体系能力需求分析与能力生成框架

网络空间信息系统的安全能力需求获取，涉及安全物理环境、安全通信网络、安全区域边界、安全计算环境、安全管理等多个层面，各层面对于网络空间的安全体系构建目的、标准等各不相同，传统的需求建模的方法和工具大多从局部或某个侧面考虑问题，难以从体系全局角度来实现网络空间的安全需求获取。网络空间的形态、规模和复杂性也在不断演进，而网络空间安全斗争与对抗的加剧，更是对网络空间的安全能力的供给与演进提出了更高要求。

4.3.1.1 基于体系思想的安全体系能力需求获取机理

网络空间是由多个信息系统组合而成的体系，兼具复杂系统和信息系统的双重特征，其安全能力需求获取一直是一个难题。网络空间信息安全体系能力体现了对网络空间信息系统和信息进行保护和防御的整体能力，通过安全预警、保护、检测、应急以及恢复等活动，提供网络空间信息系统和信息的可用性、实时性、保密性、完整性、可认证性、抗抵赖性、可追溯性以及可控性等保障。

传统的安全防御系统建设，多是采用"基于威胁"的思想，该思想以已知的特定威胁和基于该威胁的攻击想定为背景，进行针对性分析。但是，由于网络空间的高度不确定性和安全攻防技术的飞速发展，必须将能力作为重要的分析要素，以应对现实存在或潜在的各种安全威胁。

基于威胁与基于能力的安全体系能力需求获取方法，适用于不同的信息系统，采用两种不同的获取机制，在实践中呈现出不同的过程特征与要求。表 4.3 给出了基于威胁与基于能力的安全体系能力需求获取方法比较。

表 4.3　基于威胁与基于能力的安全体系能力需求获取方法比较

方法 区别	基于威胁的安全体系 能力需求获取方法	基于能力的安全体系 能力需求获取方法
适用对象	传统的边界、环境及业务较明确的小型信息系统	网络空间的复杂信息系统
方法论	还原论方法为主，结合整体论方法	系统工程方法和体系工程方法
模式	被动型	主动型
目标和作用	主要是应对当前的现实威胁	应对所有可能发生的安全威胁
机制	安全事件激发-响应	安全体系能力目标-构建
特点	当前性、被动性和维持性	前瞻性、主动性和适应性
不足	无法把握和谋划未来的对抗，依赖于对外部情况（特别是已知攻击）的刺激，无法适应体系对抗	生成方式复杂，安全体系对抗规律和能力涌现规律较难把握

对于网络空间信息系统全生命周期的不同阶段和不同的安全能力获取目的来说，需求获取方式存在一定的差异。

基于体系思想，考虑到未来威胁的不确定性，复杂信息系统安全能力需求获取包括任务需求获取、活动需求获取、能力需求获取，是基于使命任务分解的能力需求提取过程的反映。同时，能力需求获取又衍生出能力分解、功能需求及安全组件需求等内容。上述过程涉及下列各项内容描述：使命任务、活动、能力需求、子能力需求、功能需求以及组件需求等。具体过程如图 4.6 所示。

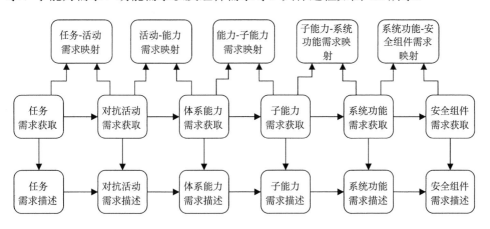

图 4.6　基于体系思想的安全体系能力需求获取机理示意图

4.3.1.2　基于体系思想的安全体系能力生成机理

与复杂信息系统安全能力需求获取相类似，能力生成也必须基于体系思想来分析。网络空间信息安全防御与对抗的使命任务包含了一系列活动，而相关活动又需要由体系能力来支撑，体系能力则是各种子能力非线性聚合涌现而得，子能力需要由系统功能来提供，而系统功能又是由各个安全组件来实现的。由于网络空间信息安全防御与对抗的使命任务、活动、能力以及系统功能和组件等涉及众多的实体和过程，难以在某一个层面上来统一描述，而且它们之间又具有鲜明的层次关系，因此，可采用分层来进行形式化描述。根据其不同特点，采取相应的映射和分解方法，对核心要素实施逐层分解，最终实现整体描述，同时也降低了各层的复杂程度，将相对具体、明确的子能力聚合为较为抽象的安全体系能力。

图 4.7 给出了基于体系思想的网络空间信息安全体系能力生成机制，其能力生成过程同样涉及安全组件、组件功能、子能力、能力、活动及使命任务等要素。与安全能力需求分析相反，网络空间信息系统的安全组件具有功能，功能又提供了各种子能力，子能力聚合为能力，能力为活动执行提供保障，而活动的执行最终使得使命任务得以完成。

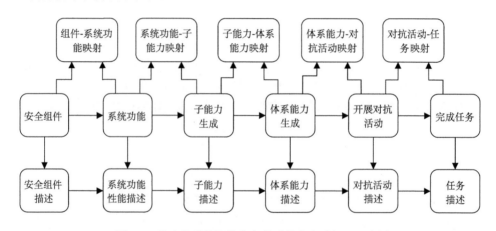

图 4.7　基于体系思想的安全体系能力生成机理示意图

4.3.1.3　安全需求获取过程与能力生成过程在方法论层面的统一

对于已建系统且以安全能力度量为目的的安全需求获取来说，应该对上述流程做适用性改进和调整。网络空间信息系统的安全体系能力生成，在不同阶段体现为不同的特点（见图 4.8）。具体来说，就是应该首先分析现有系统的基础架构安全机制和措施，然后结合该系统所面临的安全威胁进行分析。在安全防御要素建设阶段，体现为安全潜能，在体系综合集成阶段，体现为安全势能，这两个阶段均为非对抗场景条件，而在对抗条件下的应用阶段，则体现为安全显能。

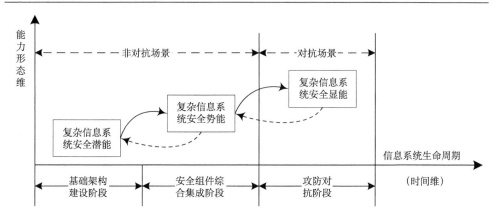

图 4.8　网络空间信息安全体系能力生成示意图

以安全能力生成机理角度视之，安全体系能力并非是网络空间信息系统天然所具有的"特性"，而是需要系统安全组件经过一定时期的相互作用、通过过程性活动来生成，显然，上述各阶段的能力表现形态和生成活动内容也各不相同。结合网络安全防御滑动标尺模型，我们将非对抗条件下的安全潜能和安全势能视为"静态"能力，而将对抗条件下的安全显能视为"动态"能力。这种考虑的出发点是，安全体系能力在网络空间信息系统生命周期的时间维延伸演化，导致安全能力生成及相应的能力度量、分析及评估不能局限于表征能力生成的某一阶段或某一活动，而应涵盖其安全体系能力生成全过程。从这个意义上说，我们就可以将复杂信息系统安全能力需求分析与其能力生成从方法论上统一起来。

复杂信息系统安全体系涉及大量安全技术、安全组件、安全数据信息等要素，各要素关系的体系化表征与建模是将其真实、准确地抽象成网络化模型，即将需要研究的具体安全体系能力问题抽象为一般的复杂网络问题，建立相应的网络模型和结构矩阵，在此基础上进行分析和综合，实现复杂网络结构问题的求解，从而得到具体信息系统安全体系能力的解决方案。

4.3.2　体系能力需求描述及安全使命任务–安全体系能力映射

在探讨具体的安全使命任务–安全体系能力映射之前，应对安全体系能力的相关概念进行清晰、规范的描述。下面将首先讨论能力关系的规范化描述。

4.3.2.1　安全体系能力需求形式化描述

网络空间信息系统的安全能力需求有两层含义：首先是完成要求的安全任务需要哪些安全能力，比如被动防御系统为完成 DDoS 防御任务，应具备攻击识别、预警、网络阻断等能力。其次是完成该安全任务需要这些对应的安全能力达到何种程度，比如为完成该任务对攻击识别能力的要求是：识别时间不高于 0.5s 等。我们采用六元组来描述网络空间信息安全体系一级能力，即

$$Capability = (Cid，Cn，Cis，Cm，Cs，Cr，Cd)$$

其中，Cid 为能力标识符键；Cn 为能力名称，以自然语言命名；Cis 为能力度量指标集合，为非空有限集。如能力为抽象能力则此项为空；Cm={(Ci，v)} 为描述能力指标的测度集合，v 表示指标 Ci 的值。能力指标集合与能力测度集合之间并非是一一对应，一项指标可以采用多种测度方法，一种测度也可能表征多项指标；Cs 为具备该能力的组件集合，组件可为一个或多个；Cr={R} 表示该能力与其他能力具有的关系集合，即派生关系、依赖关系和聚合关系等；Cd 为能力内涵，以自然语言描述。

4.3.2.2　网络空间信息安全体系能力指标说明

能力指标 Ci 为能力测度集合之元素，可以分别从论域类型、确定性类型以及效能类型等方面来认识和描述。从论域类型来看，可分为数值型、非数值型（布尔型与语言型）；从确定性类型来看，可分为确定型、随机型、模糊型、粗糙型、灰色型与未确知型；从效能类型来看，可分为成本型、效益型、固定型、区间型、偏离型与偏离区间型。图 4.9 给出了能力指标分类示意图。

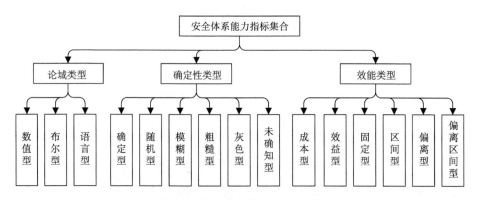

图 4.9　安全体系能力指标分类

由于能力指标类型多样，因此在能力聚合时需要进行有效的描述和处理。确定类型与不确定类型指标，我们已经在第 3 章讨论了有关处理方法。表 4.4 为各类型指标的说明及示例。

从指标最终呈现的结果来看，能力属性指标最后可分为定性和定量两类。定量描述涉及时/空、数量/质量等方面，比如，系统服务宕机的持续时间与范围是应急响应能力和灾难恢复能力之间的聚合，两者取加权积运算；入侵主动响应能

力与信入侵检测能力之间为依赖关系，入侵响应需以入侵检测为前提。定性描述则是以文本形式实现，比如，智能联动能力支持的信息传输格式与分发机制等。

表 4.4　网络空间信息安全体系能力指标描述说明及示例

能力指标示例　　类型			能力1			...	能力n		
			子能力1	...	子能力1m	...	子能力1	...	子能力1r
数值型	效益型	取值越大越好	病毒识别	...	...	...	...	...	...
	成本型	取值越小越好	...	...	...	...	...	...	网络传输延时
	固定型	越接近某固定值越好	...	...	信息获取与传输速度匹配	...	...	...	...
	区间型	越接近某区间越好	...	...	...	...	...	克敌干扰频段	...
	偏离型	越偏离某固定值越好	...	...	...	...	...	...	无线频段远离干扰频段
	偏离区间型	指标越偏离某区间越好	...	...	...	...	抗干扰频段	...	...
非数值型	布尔型	0 或 1	阻断能力	...	...	...	...	...	...
	语言型	定性指标，可能取值为有限多种	...	...	密码强度	...	...	...	...

注：表 4.4 为示例说明，表中部分内容以文字形式给出，其余内容均以"…"略去。

4.3.2.3　安全使命任务-安全体系能力需求的映射图谱

网络空间信息系统的使命任务可分为拦截恶意代码、阻断恶意攻击、数据恢复、保障核心业务运行、攻防对抗等。该使命任务可以经过逐层分解，得一组需要完成的基本防御活动，各个活动均需多个若干能力支撑方可完成，同时，某种能力也可为多个防御活动的完成提供支撑，由此，可以构建安全使命任务的活动与安全能力需求之间的多对多映射关系。

而且，安全体系能力作为网络空间信息系统完成防御活动所需的本领，在分解安全使命任务时也在逐渐细化分解，因此，最终展现的网络空间信息安全体系能力需求必然为一个层次化结构。

安全使命任务与安全体系能力之间的映射关系，通过相应的映射图谱来体现。映射图谱可以通过映射关系参考模板来实现，该模板为二维矩阵形式，如

表 4.5 所示。模板中的行表示某种具体安全防御任务；模板中的列表明某种具体能力需求，且与能力分类组成模型相一致；行与列的交叉处（即矩阵元素）则代表能力与使命任务之间的映射关系，该关系可用符号、数字或文字或符号来表示（表 4.5 采用"☆"）。

表 4.5　安全使命任务与安全体系能力映射关系参考模板

安全体系能力＼安全使命任务	基础架构安全能力	被动防御能力	主动防御能力	智能分析能力	攻击反制能力
拦截恶意代码		☆			
阻断恶意攻击	☆	☆	☆		
数据恢复	☆			☆	
保障核心业务运行	☆	☆	☆	☆	
攻防对抗	☆	☆	☆	☆	☆

横向上，阻断恶意攻击需具备基础架构安全、被动防御、主动防御等能力，保障核心业务运行需具备基础架构安全、被动防御、主动防御和智能分析等能力；纵向上，被动防御能力主要支持拦截恶意代码、阻断恶意攻击、保障核心业务运行等任务，主动防御能力主要支持阻断恶意攻击、保障核心业务运行、攻防对抗等任务。

4.3.2.4　安全体系能力需求–系统安全组件（机制）能力供给的映射图谱

网络空间信息系统的安全体系能力需求最终需要通过系统安全组件（机制）来供给。安全体系能力需求分为基础架构安全、被动防御、主动防御、智能分析、攻击反制等能力需求。为此，需要构建各种系统安全组件（机制）与能力之间的供需映射关系，说明系统安全组件（机制）所具备的能力列表，为系统安全体系能力分析与综合提供参考依据。

由于各个系统安全组件（机制）可提供多种安全能力，且每种安全能力可被多种系统安全组件（机制）实现，安全组件（机制）与能力之间的供需也是多对多映射关系。这种映射关系也需要通过相应的映射图谱来体现。映射图谱可以通过映射关系参考模板来实现，该模板为二维矩阵形式，如表 4.6 所示。模板中的行表明某种具体安全能力需求；模板中的列表示某种具体安全组件（机制），且与安全组件（机制）分类组成模型相一致；行与列的交叉处（即矩阵元素）则代表安全能力需求与安全组件（机制）之间的映射关系，该关系可用符号、数字或文字或符号来表示（表 4.6 采用"☆"）。

表 4.6　安全体系能力与安全组件（机制）映射关系参考模板

安全组件（机制） 安全体系能力	加密算法	防火墙	杀毒软件	入侵防御系统	态势感知平台	攻击溯源系统	渗透攻击
基础架构安全能力	☆	☆	☆	☆	☆		
被动防御能力	☆	☆	☆				
主动防御能力	☆			☆	☆	☆	
智能分析能力	☆	☆	☆	☆	☆	☆	
攻击反制能力	☆			☆	☆	☆	☆

横向上，主动防御能力需要由加密算法、入侵防御系统、态势感知平台等安全组件（机制）提供支撑，智能分析能力需要由加密算法、防火墙、杀毒软件、入侵防御系统、态势感知平台、攻击溯源系统等安全组件（机制）提供支撑；纵向上，加密算法作为基础安全机制，可支持基础架构安全、被动防御、主动防御、智能分析、攻击反制等能力的生成，攻击溯源系统主要支持主动防御、智能分析、攻击反制等能力的生成。

4.3.3　安全体系能力指标分解与能力列表

4.3.3.1　复杂信息系统安全体系能力分解框架

使命任务分解后，可得到一组防御活动。与此相对应，网络空间信息安全体系也可被细化分解成一组包含各个层次的系统、功能单元和组件，为防御活动提供所需能力。各功能单元能够参与多项能力的实现，而各项能力也可由多个功能单元来实现，从而构建起安全体系能力与系统功能单元和组件之间的多对多映射。由此，对网络空间信息安全体系能力分析就能够通过各功能单元的实际指标集成来求取。图 4.10 给出了复杂信息系统安全体系能力分解框架示意图。

4.3.3.2　安全体系能力-子能力分解及能力列表

体系能力由各子能力聚合而成，需要由各具体子能力聚合来共同实现该能力。为了保证各级用户对于体系结构的理解，需要预先定义部分体系子能力。需要指出，针对不同的信息系统，可以采用不同的子能力体系。

表 4.7 以基础架构安全能力、被动防御能力、主动防御能力、智能分析能力、攻击反制能力为一级子能力，给出了体系子能力及其含义说明。

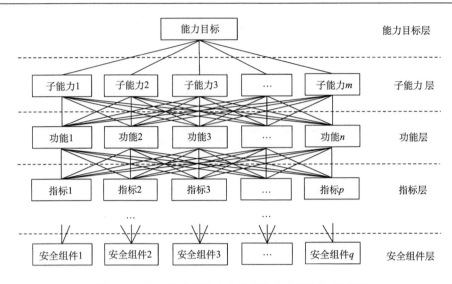

图 4.10 复杂信息系统安全体系能力分解框架示意图

表 4.7 网络空间信息安全体系能力列表示例一

一级子能力	一级子能力描述	二级子能力	二级子能力描述
基础架构安全能力	常规运行和紧急运行（如达到峰值流量）时的保密性、完整性和可用性保障	身份鉴别能力	通过认证技术实现身份鉴别
		可信验证能力	基础架构可信机制构建能力
		可靠网络架构能力	网络架构可靠性能力
		…	…
		通信线路冗余能力	网络通信的冗余保障能力
被动防御能力	无需人工频繁干预即可提供持续威胁检测和防护系统能力	入侵检测能力	对攻击和入侵的检测能力
		防火墙能力	网络边界的防御能力
		…	…
		可信验证	被动防御可信保障能力
主动防御能力	安全分析人员监控、响应网络内部威胁，并从中学习经验和将知识（理解）应用到监控、响应中的能力	入侵防御能力	攻击和入侵的主动响应能力
		沙箱欺骗能力	虚拟运行环境检测能力
		…	…
		蜜网欺骗能力	网络欺骗和分析、取证能力
智能分析能力	收集数据、提取信息，并对多源信息进行融合得出评估结果（输出情报）的能力	态势感知能力	对网络安全态势的感知能力

续表

一级子能力	一级子能力描述	二级子能力	二级子能力描述
智能分析能力	收集数据、提取信息，并对多源信息进行融合得出评估结果（输出情报）的能力	安全审计能力	安全事件信息的审计能力
		…	…
		情报分析能力	安全情报信息分析能力
攻击反制能力	对攻击方采取的法律对策和反击行动，利用技术和策略对对手进行反制威慑	攻击溯源能力	攻击和入侵源头的追溯能力
		…	…
		渗透攻击能力	对敌方的反攻击能力

表 4.8 以保密性保障能力、完整性保障能力、可用性保障能力、不可否认性保障能力、可控性保障能力、实时性保障能力等为一级子能力，给出了体系子能力及其含义说明。

表 4.8　网络空间信息安全体系能力列表示例二

一级子能力	一级子能力描述	二级子能力	二级子能力描述
保密性保障能力	信息按给定要求不泄露给非授权（又称为非法）的个人、实体或过程，或提供其利用的特性	物理保密能力	限制、隔离、掩蔽、控制等各种物理措施的利用
		…	…
		加密能力	用加密算法在密钥参与运算的情况下对信息进行加密
完整性保障能力	信息未经授权不能进行改变，不被删除、修改、伪造、乱序、重放、插入等破坏和丢失的特性	认证能力	数字签名、散列函数的利用
		…	…
		抗破坏能力	抗电压不稳定、漏静电和磁力等能力
可用性保障能力	合法用户对信息、信息系统和系统服务的使用不会被不正当地拒绝	容灾能力	备份和灾难恢复
		…	…
		容侵能力	抵抗攻击并降级运行的能力
不可否认性保障能力	信息交换双方发送信息或接收信息的行为均不可抵赖	认证能力	数字签名、时间戳、散列函数等加密认证能力
		…	…
		日志审计能力	对操作行为进行日志和审计记录的能力
可控性保障能力	对传播的信息及内容实施必要的控制以及管理的能力	授权控制能力	对信息和信息系统的使用实施可靠的授权、审计、责任认定、传播源追踪和监管等控制
		…	…

续表

一级子能力	一级子能力描述	二级子能力	二级子能力描述
可控性保障能力	对传播的信息及内容实施必要的控制以及管理的能力	供应链控制能力	针对供应链攻击的综合防御能力
实时性保障能力	在规定时间内系统的反应能力	网络传输能力	传输速率高、吞吐率大、网络延时小或无网络阻塞
		…	…
		数据新鲜性	数据一致性能力

第5章 网络空间安全风险分析及安全态势演化

网络空间的安全体系能力不是一成不变的，而是处于持续、动态变化过程之中。安全体系能力的影响因素众多，本章将讨论网络空间安全风险分析及安全态势演化问题，涉及系统脆弱性、安全威胁、关联缺陷及故障传播、攻防博弈等时变因素及其关联影响机制等问题。

5.1 安全风险分析及安全态势演化概述

网络空间安全风险分析及安全态势演化是安全体系能力分析的重要组成部分，是构建网络信息系统安全保障体系的基础。安全风险分析及安全态势演化分析，可以改变单纯以安全技术为驱动力的安全保障架构设计及具体安全方案制定，通过对信息系统战略、业务、资产、威胁、脆弱性、已有控制措施的分析，考虑安全物理环境、安全通信网络、安全区域边界、安全计算环境以及管理等方面的因素，利用定性、定量以及定性与定量相结合的分析手段，为构建基于体系能力的安全保障系统提供基本依据。

5.1.1 网络空间安全风险分析架构

网络空间安全风险分析涉及分析对象生命周期、要素关系、分析机理、评估模型、评估标准、评估方法、评估过程等，一个完善的安全风险分析架构应该具备相应的标准体系、组织架构、流程体系及风险控制技术体系等。随着网络空间中云计算、物联网、大数据、移动互联网、工业互联网等各种信息系统形态的不断演化和信息保障概念的持续深化，网络空间安全风险分析的概念、理论、技术、方法和工具也处在持续演进和完善之中。

5.1.1.1 网络空间安全风险分析模型与标准

风险分析的对象是网络信息系统，分析活动又贯穿于网络信息系统生命周期的各阶段。网络信息系统包括网络空间当中的各种信息系统形态，比如常见的 IP 网络、物联网、移动互联网、工控系统、工控网络以及工业互联网等。各种信息系统的形态虽然各异，但其应遵循的风险分析生命周期及要素关系基本一致。因此，这里讨论的安全风险分析是一种系统性的框架方法，针对各种具体类型的信息系统进行风险分析时，需要具体问题具体分析。

根据信息安全动态发展、持续演进的过程特点，国际上提出了各类动态安全体系模型，比如，基于时间的 PDR 模型、P^{2}DR 模型、APPDRR 模型、PADIMEE 模型、WPDRRC 模型等。这些模型也是安全风险分析的重要参考。其中，P^{2}DR 模型侧重于技术，PADIMEE 模型侧重于管理且较为全面，两者影响最大。纵观这些模型，一个共同特点就是强调了安全策略的核心地位和动态循环的思想。比如，PADIMEE 模型考虑了信息安全的全生命周期，同时考虑了客户技术和业务需求，在七个方面体现了持续循环，即策略、评估、设计、执行、管理、紧急响应与教育，并将业务与循环周期中的各个环节紧密结合，以构建全面的安全管理解决方案。进行信息安全风险分析时，可参考上述模型。

信息系统风险分析需要遵循一定的标准指导，需要依据某标准进行风险分析或获得该标准的评估认证。目前，ISO/IEC 27000 系列标准已经成为国际上应用最广的信息安全管理标准，可为信息安全风险分析提供有益参考。ISO/IEC 27001 仅要求组织应使用体系化方法进行风险分析（风险分析的方法、法律要求、降低风险到可接受级别的策略和目标），而具体的特定方法论，则可以参考 ISO/IEC 13335《信息和通讯技术安全管理》、NIST SP 800-30《信息技术系统风险管理指南》以及 SP800-26《信息系统安全自评估指南》。在信息安全建设工程实施方面，可参照 ISO/IEC 21827《信息安全工程能力成熟度模型》（即著名的 SSE-CMM）。SSE-CMM 用于构建成熟的可度量安全工程过程，包括过程改善、能力评估与保证等。我国在参考借鉴了国际标准的基础上，也形成了网络安全等级保护系列标准和网络安全风险评估相关标准规范，为国内信息安全风险分析提供了标准和基本遵循，极大地规范并推动了相关领域的发展。

5.1.1.2 安全风险分析对象的生命周期及其要素关系

网络信息系统的风险分析，应确保风险分析内容与范围覆盖该系统的整个体系，包括网络信息系统基础信息、基本安全状况、安全组织、安全策略、系统脆弱点、威胁分析等。

对于各分析对象来说，其生命周期中各阶段所涉风险分析的原则与方法并无不同，但是因为生命周期各实施阶段的对象、内容与安全需求各异，其风险分析的对象、目的与要求等方面也有差异。比如，在网络信息系统的规划设计阶段，需要通过风险分析来确定其安全总体目标；在网络信息系统的建设验收阶段，需要通过风险分析来确定其安全目标是否达成；在网络信息系统的运行维护阶段，需要通过持续实施风险分析来识别持续演进风险与时刻变化的脆弱性，以确定安全措施的有效性，确保实现安全目标；在网络信息系统的废弃阶段，需要通过风险分析来识别废弃信息系统、业务系统、软硬件及数据所面临的安全风险，确保系统废弃采取的措施符合安全目标要求。所以，在网络信息系统风险分析的各个阶段，按照各阶段的特点，突出重点、兼顾其余，有侧重地采取具体实施措施。

　　网络空间安全风险分析，涉及诸多要素，其中的基本要素主要是业务、资产、脆弱性、威胁、安全措施和风险等。在对基本要素的评估过程中，必须结合与上述基本要素相关的各类属性，包括战略、安全需求、安全事件、残余风险、业务重要性以及资产价值等。图 5.1 所示为网络信息系统风险分析要素关系图，其中以方框标示的内容为风险分析基本要素，而以椭圆标示的内容则为与上述要素相关的属性。网络信息系统的风险分析主要是围绕着基本要素展开，而在评估过程中，又涉及与基本要素相关的各类属性。

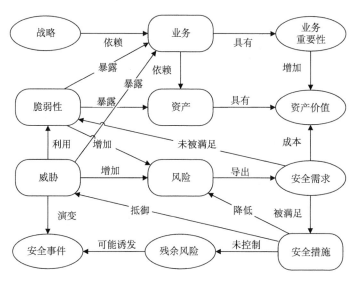

图 5.1　网络信息系统风险分析要素关系图

　　图 5.1 中给出的风险要素及其属性关系对于组织风险分析来说，非常重要。风险由威胁所引发，业务面临的威胁越多，其风险可能越大，并为演变为安全事件提供了可能。网络信息系统的战略需要通过业务进行具体化，也就是俗称的"落地"，业务的安全要求与其战略地位密切相关。某项业务的战略地位越高，则要求其安全保护水平越高，即风险越小。业务具有价值属性，组织机构的业务越重要、对资产的依赖程度越高，其资产价值也就越大，面临的威胁可能也就越大。业务所具有的脆弱性可能会导致具有价值的业务暴露，业务脆弱性越高，其风险也就可能越大。资产所具有的脆弱性可能会导致具有价值的资产暴露，资产具有的脆弱性越大，其面临的风险可能也就越大。脆弱性是未被满足的安全需求的具体体现，威胁通过对脆弱性的利用，导致对资产与业务的危害。安全措施既可削弱或缓解脆弱性，也可抵御威胁，从而降低风险。实际上，安全措施的最根本作用是通过实施来满足安全需求，实施安全措施需要结合业务与资产的价值来考虑

其实施成本。而安全需求则是要根据存在的风险及对风险的认知来导出。在风险控制不当或失效的情况下，将会出现残余风险，有些残余风险需要加强措施予以控制，而有些残余风险则在综合考虑成本效益后放弃控制。当然，无论是强化控制还是放弃控制，都必须对残余风险进行密切监视，以防在未来引发安全事件。

5.1.1.3　安全风险分析机理与风险分析实施流程

（1）安全风险分析机理。

网络信息系统的风险分析涉及业务、资产、威胁、脆弱性、安全措施与风险六个基本要素，其中安全风险与前五个要素相关，风险值为上述五要素的非线性函数。图 5.2 给出了网络空间安全风险分析机理示意图。具体来说，风险值取决于安全事件的可能性以及安全事件造成的损失。安全事件的可能性与网络信息系统具有的脆弱性及面临的威胁有关，脆弱性被利用的可能性跟安全措施识别与脆弱性识别相关，而威胁动机、能力与频率则需要通过业务识别与威胁识别来完成。安全事件造成的损失与网络信息系统的业务与资产价值、脆弱性影响程度有关，业务与资产价值需要通过业务识别与资产识别来完成，而脆弱性的影响程度则需要通过脆弱性识别来完成。简言之，业务识别内容为战略、战略地位、盈利程度和职能；资产识别内容为机密性、完整性与可用性；威胁识别内容则为其动机、能力、频率和可能性等；脆弱性识别内容为业务和资产弱点的严重程度。

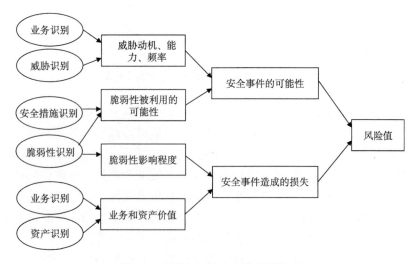

图 5.2　网络空间安全风险分析机理

在进行业务、资产、威胁、脆弱性识别，并确认已有安全措施之后，需要确定威胁利用脆弱性导致安全事件发生的可能性。将安全事件所作用的资产价值及脆弱性的严重程度综合起来，来判断安全事件造成的损失对组织的影响，即得出安全风险。具体是，识别业务并对其重要性赋值；识别资产并对其价值赋值；识别威胁，并根据业务与威胁识别结果，对其动机、能力、频率以及可能性赋值；识别脆弱性并对与已有安全措施关联分析后的脆弱性可利用性和严重程度赋值；安全事件发生的可能性需要根据威胁及威胁利用脆弱性的难易程度来判断；安全事件的损失需要根据脆弱性严重程度及安全事件所作用的业务与资产价值来计算；最后，按照安全事件发生的可能性以及安全事件出现后的损失，来综合计算安全事件发生对组织的影响或损害，即求出风险值。

（2）安全风险分析实施流程。

网络空间安全风险分析实施流程分为评估准备、组织发展战略识别与分析、业务识别、资产识别、威胁识别、已有安全措施识别、脆弱性识别、分析计算、风险分析与评价等环节。各攸关方应在风险分析流程中就风险分析所涉事物进行密切沟通，并将对评估过程产生的各种过程文档进行确认和记录。

5.1.1.4　安全风险分析各要素识别

网络空间安全风险与业务、资产、威胁、脆弱性、安全措施等相关，在风险分析流程中要依次分步实施上述要素的识别。

首先是业务流程的识别。业务具有价值属性，作为组织发展的核心关键要素，体现出多样性、复杂性等特点。所谓业务流程，是指根据特定规则、业务关系进行的一系列业务活动，这些活动存在着一定的先后顺序。业务数据之间的交换与集成就需要通过对业务流程进行管理、审批与控制来实现。对业务流程进行识别，主要是针对其业务逻辑、流程步骤、数据流以及流程管理审批等，而业务的识别，则包括其定位、关联性识别以及完整性等。

资产的识别主要是针对其类别、业务承载性以及关联性等三方面。资产要素的识别主要是依靠它对系统的价值贡献大小来衡量。同时，资产在不同时刻所处的状态也不一致。比如，网络连接可以处于正常、不稳定、崩溃等多种状态。资产因表现形式不同，可分为数据、服务、信息系统、平台或支撑系统、基础设施以及人员管理等。资产的重要性与业务承载有直接关系，同样的资产也会因分属业务的不同而导致重要性不同。许多组织提供业务种类繁多，支撑其业务持续运行的业务组成有多种形式，因此，该组织的资产承载也就比较复杂。同一资产如果承载了不同的业务，则会带来资产的关联，尤其是在云计算或大数据平台中，采用的是虚拟化计算、网络与存储资源，导致资产之间的关联性、安全性的相关性进一步增强。

对威胁进行识别的前提是威胁分类，而威胁分类，又必须考虑其来源，来源不同决定所涉威胁类别的不同。威胁来源可分为人为与环境两种因素，来源识别应基于组织职能及其发展战略。威胁属性包括动机、能力与频率等。因威胁动机不同，又可将人为因素分为恶意和非恶意两种。环境因素则是指自然不可抗力及其他物理因素。威胁作用形式既可以是针对信息系统或其业务的直接或间接攻击，也可能是偶发或蓄意事件。

脆弱性可以从技术和管理两方面来考察：技术方面与网络信息环境的物理环境、通信网络、区域边界、计算环境等多个层面的安全隐患有关；管理方面与具体技术活动相关的技术管理脆弱性以及与管理环境相关的组织管理脆弱性两方面有关。如果某种脆弱性并无对应的威胁，就不需要进行控制，但必须关注其变化情况。值得指出的是，采取某种控制措施并不一定会必然降低系统的风险，控制措施的不合理实施、出现故障或被误用本身也是脆弱性的一种。同理，如果某种威胁并无对应的脆弱性，也不会为系统带来安全风险。脆弱性的识别既可以基于各项待保护资产，识别其可能被威胁利用的弱点，并确定脆弱性的严重程度；也可以从物理环境、通信网络、区域边界、计算环境等层面来识别，并将其与资产、威胁相对应。识别依据既可遵照相关安全标准（比如，ISO 标准或中国国家标准等），也可遵循行业规范（比如，公安行业标准或民航行业标准等）或应用流程的安全要求。同一弱点因其所处环境不同，其脆弱性严重程度也有差异，此时应根据组织的安全策略来判断、评估资产脆弱性及其严重程度。当然，还应该考虑信息系统协议、应用流程完备性以及与其他信息系统的互联情况等因素。

安全措施有预防性与保护性之分。预防性安全措施可降低威胁利用脆弱性导致安全事件发生的可能性，而保护性安全措施则能够消除或者减轻安全事件发生后给组织或系统带来的损失。已有安全措施的识别，应以威胁为核心来组织。识别威胁时，应对已有安全措施进行同步识别，并在脆弱性识别时，应识别、评估已有安全措施的有效性，确认其能否真正抵御威胁、降低、系统、脆弱性。安全控制措施因其运行的环境，可能有效或无效。有效的安全措施应予以保留，以防重复实施，避免不必要的浪费。无效或不当的安全措施则应采取取消、修正或替代措施。此外，还应考虑已有安全措施与脆弱性的关联问题，具体可以采取扫描、渗透测试或对比分析等方式。扫描或渗透测试而得的脆弱性应并入此前识别出的脆弱性列表，并得出关联分析结果。对比分析则是针对每一项脆弱性及其安全措施，进行脆弱性消除、缓解或削减分析。通过对已有安全措施的关联分析，调整原脆弱性赋值。

网络空间安全风险分析不仅涉及技术问题，还涉及管理、标准、规范等。任何单一安全措施均无法提供真正的全方位安全保障，而采取全面、系统的安全风险控制措施，则需要通过风险分析来判断网络信息系统目前及未来的风险所在。实际上，在实施信息安全系统工程时，也可以进行局部的风险分析，来考察特定局限区域的风险情况，并为之选配适当的安全措施。比如，在工控网络安全防护中，选用工业 IDS 时，可首先识别工控网络当中潜在的脆弱性及其所面临的入侵和威胁，重点考虑工控系统及网络使用指令数据及其他信息的运用目的与方式，控制指令与其他工业数据需要首要保护的属性，比如实时性和机密性等。根据工业信息系统的安全策略与目标，结合风险分析结果，识别潜在风险源，并制定可以有效减缓风险并具有成本效益的控制措施。已识别的控制措施为 IDS 提供的功能提供需求基础。IDS 的选择和部署就是基于上述风险分析的结果和资产保护优先级。在安装并运行了 IDS 之后，还应根据系统的操作和威胁环境的变更情况，持续实施风险分析过程，以便周期性评审该控制措施的效力。

5.1.1.5　安全风险计算与结果判定

网络空间安全风险分析过程复杂，并非所有的量化均可实现科学、准确的目标。在风险分析中，要正确处理好定量分析和定性分析的关系，不应将定性分析与定量分析简单地割裂开来。定量分析是基础，而定性分析则是灵魂，需要定性与定量相结合的综合评估方法，做出判断并得出结论。

（1）风险值计算。

完成业务流程、资产、威胁与已有安全措施的识别后，应确定威胁利用脆弱性导致安全事件发生的可能性，即计算风险值。将安全事件所作用的资产价值及脆弱性的严重程度相综合，计算安全事件造成的损失对组织的影响，即安全风险值：

$$风险值=R(B，A，T，V)=R(L(H(B，T)，V_a)，F(I_a，V_b))$$

其中，R、B、A、T 分别为安全风险函数、业务、资产、威胁；V_a、V_b 分别为安全措施削减之后、之前的脆弱性严重程度；I_a 为安全事件所作用的资产价值；H 为受业务价值影响后的威胁；L 为威胁利用资产的脆弱性导致安全事件发生的可能性；F 为安全事件发生后产生的损失。风险值计算各要素计算过程如表 5.1 所示。

表 5.1　风险值计算各要素计算过程

计算对象	计算方法	释义
威胁值	威胁值 $T=H$(业务重要性，威胁)$=H(B，T)$	威胁值与业务重要性与威胁有关，具体评估计算时，应综合考虑不同业务及其流程所面临的威胁，以及由此而影响的威胁动机、能力与频率等情况
安全事件发生的可能性	安全事件发生的可能性 $=L$(威胁，脆弱性)$=L(T，V)$	安全事件发生的可能性与威胁出现频率及弱点情况有关，评估时应综合考虑攻击能力、脆弱性被利用的难易程度、资产吸引力等因素来判断

计算对象	计算方法	释义
安全事件发生后的损失	安全事件的损失=F(资产价值，脆弱性严重程度)=$F(I_a, V_b)$	按照资产价值及脆弱性严重程度，计算发生安全事件后的损失。不同的安全事件对组织的影响不同，应将对组织的影响考虑进来。而有些安全事件不仅会影响资产，还会对业务连续性造成影响
风险值	风险值=R(安全事件发生的可能性，安全事件造成的损失)=$R(L(H(B, T), V_a), F(I_a, V_b))$	根据计算出的安全事件发生的可能性以及安全事件的损失，计算风险值

评估时可选用矩阵法或相乘法来计算风险值。矩阵法是通过安全事件发生的可能性与其损失之间的二维关系，构造二维矩阵；而相乘法则是构造经验函数，对安全事件发生的可能性与其损失进行运算得出风险值。

（2）分析方法与工具。

信息安全风险分析是一个复杂的决策问题，需要考虑的因素众多，评估中涉及大量的定性和定量因素指标，即部分评估因素可以采用量化形式来表达，而部分因素量化困难甚至无法量化，需要根据上述指标建立指标体系实现信息安全风险的整体评估，从而将安全风险分析转化为多属性多指标综合评价问题。采用多层指标体系，可以构建系统总体-节点-资产层次风险模型，对系统整体和各节点进行安全风险分析，既可以获得对系统的总体安全风险评价，也能够得到各节点、各资产的风险及其相互影响关系。信息系统风险评估方法的选择直接影响到评估结果的准确性。此时就需要用到若干方法，包括定性分析评估方法、定量分析评估方法、定性与定量相结合的分析评估方法。风险分析方法的选择，对评估过程中各环节均有直接影响，甚至会左右最终的评估结论，因此，应根据待评估系统的实际情况，选择适用的评估方法。

采用定性评估方法，需要评估者拥有较强的专业技能和较丰富的评估经验，具有较强的主观性。评估时需要结合国家信息安全法律、法规、标准，特别是被评估系统的特殊情况等非量化信息，对网络信息系统风险状况做出整体判断。具体实施时，应以对网络信息系统的调查为基础资料，然后选择典型的定性风险分析方法（包括主成分分析法、逻辑分析法、德尔菲法等），进行分析处理，并在此基础上得出风险分析结论。由于信息安全领域很多问题难以量化，因此，不应在风险分析过程中单纯追求量化，定性评估可以形成概念、观点，避开部分量化处理，体现了定性方法在挖掘难量化问题、综合分析处理、发挥专家主观能动性等方面的优势，而且有可能使得风险分析结论更全面、更深刻。

采用定量评估方法，需要借助数学和统计学工具，运用数量指标，对安全风险进行表征和分析，评估过程及结果直观、客观、可解释性强。评估过程中的复杂因素，可以进行模糊化等不确定性处理，以科学的方法来降低安全风险参数量化过程中的"失真"现象。典型的定量分析方法有因子分析法、聚类分析法、时序模型分析法、回归分析法、等风险图分析法以及决策树分析法等。

风险分析常用模型和方法还有 OCTAVE 分析法、故障树分析法（Fault Tree Analysis，FTA）、事件树分析法（Event Tree Analysis，ETA）等。

OCTAVE 分析法源自 1999 年美国卡内基·梅隆大学软件工程研究所发布的 OCTAVE（可操作的关键威胁、资产和脆弱点评估）操作指南，该指南给出了一种资产驱动的安全风险自评估方法，适用于大型机构组织范围内的网络空间信息系统的安全风险分析。中小型机构也可以对其适当裁剪，以满足自身需要。

风险分析也可以采用美国 Bell 实验室提出的故障树分析法。该方法以系统工程方法为指导，采用逻辑作为系统可靠性分析的数学模型，实现演绎推理分析，既可以用于定性分析，也可以用于定量分析，具有较强的系统性、准确性和预测性。FTA 方法机理是通过求解故障树的最小割集，得到顶事件的全部故障模式，用以识别系统最薄弱环节或最关键部位。具体实施时，应根据评估标准将故障信息分类，识别故障发生源、发生频率、故障类别及相应权重等，针对待评估系统的业务特点进行裁剪；然后结合专家知识和经验，使用漏洞扫描、审计分析、渗透攻击等正逆向工具，获取风险数据。评估专家基于 FTA 思想构建待评估系统的故障树，依据该树中故障发生的可能性及故障逻辑关联，计算底事件重要度，确定关键底事件，生成分析结果，完成风险分析。

ETA 也可以用于网络空间安全风险分析。ETA 源于决策树分析法（DTA），它根据事件发展的时序，从给定的系统初始事件出发，推理可能导致的各种事件的一系列后果，实现定性与定量相结合的归纳推理。ETA 的机理是，根据初始事件来判别系统事故原因，并通过条件内各事件概率来计算系统事故概率，以事件树形式来表征初始事件的所有可能的发展方式与途径。事件树中，除顶事件之外的各环节事件均执行特定的功能措施，以预测事故发生，且均有成/败二元性结果。事件树给出了可导致最终安全事件发生的各事件序列组，通过其来分析初始事件与降低风险概率措施间的复杂关系，并识别出事件序列组所对应的安全后果。

此外，还可以使用因果分析法，目的是识别出导致安全故障的事件链。该方法本质是 FTA 与 ETA 的组合，也就是结合了原因分析与后果分析，因此是一种演绎推理与归纳推理相结合的综合分析方法。根据因果分析图中不同事件的发生概率，能够求取不同的最终安全事件的发生概率，从而获得系统安全风险的等级评价。

在实施信息安全系统工程时，风险分析可为系统规划、安全技术及产品选择、系统运维等环节提供有益的必要参考，而前面讲到的风险分析方法和技术均需要通过实用型的可操作工具来辅助完成。风险分析工具用于实现风险分析过程的指导模型、遵循标准、评估流程、分析评估方法、安全数据以及文档化等方面的自动化、规范化工作。采用合适的工具，不仅有利于提升评估和分析效率，还能够有效地消除评估过程中的主观因素影响，从而确保评估的客观性、真实性与可信性。科学、可信的风险分析需要大量的实践数据和经验数据作为支撑，因此，风险分析辅助工具也必不可少。这类工具用于采集评估所需的数据与资料信息，包括评估指标库、知识库、漏洞库、算法库、模型库，以辅助完成风险现状与安全趋势分析。风险分析辅助工具包括脆弱点评估工具和渗透测试工具等。依据量化程度度来分类，风险分析工具可分为：定性评估工具，比如，CONTROL IT、Definitive Scenario、JANBER 等；定性与定量相结合的评估工具，比如，COBRA、@RISK、BDSS、The Buddy System、RiskCALC、CORA 等。脆弱点评估工具采用扫描机制来评估网络、主机操作系统以及数据库系统的安全漏洞情况，常用的有 ISS Scanner、Nessus、X-Scan 等。

（3）结果判定。

网络信息安全风险分析结果判定分为系统风险判断和业务风险判定。系统或业务面临的网络空间安全风险通过计算出来的风险值，按等级判定，各等级代表了相应风险的严重程度，通常分为五级，等级越高，风险越高。判定等级之后，需要根据等级进行相应的风险处理。

系统风险结果判定，需要利用对资产风险进行计算与等级划分计算而得的资产风险值 R，系统风险值为 $D(R)$，D 为系统风险值计算函数。

业务风险结果判定，需要利用对业务系统风险进行计算与等级划分而得的系统风险值 D，业务风险值为 $E(D)$，E 为业务风险值计算函数。

风险分析的最终目的是提升安全保障水平服务，这就需要采取消除、减轻、转移风险的控制措施，同时还应考虑相关风险控制措施的实施成本。通常，可对安全风险进行等级处理，其目的是为风险管理提供直观比较，进而为制定相应网络信息系统的安全策略并采取安全控制措施提供必要参考。从系统的角度来看，安全就是可接受的风险程度，而这种风险程度通常是以特定的风险值范围来表征，确定可接受的风险范围值时，应综合考虑安全风险的控制成本与风险造成的影响。如果计算而得的资产风险计算值处于可接受范围之内，则认为该风险可接受，此时保持已有安全措施即可；如果风险值超出了可接受范围，则认为该风险不可接受，应采取额外的安全措施来降低风险。当然，也可以简单地直接按照风险等级来对该级别的所有风险进行处理。所采用的控制措施既要具有全面性、针对性，更应该是系统性、根本性的解决方案。

5.1.1.6　网络空间安全风险分析后的处理事项

网络空间安全风险分析后的处理事项，涉及评估影响、排列风险以及制定决策等。最终决策应从接受风险、避免风险、转移风险三方面来考虑。这一阶段，应明确被评估系统所要接受的残余风险。分析决策时，要尽可能广泛听取多方意见，就决策结论进行各方沟通，包括管理人员、业务人员、IT 人员等，确保所有攸关方均对系统的安全风险（特别是残余风险）具有清醒的认识。

安全风险分析的最后环节是安全控制措施的实施，该实施过程要始终受有关方面监督，以确保决策得以贯彻。网络空间信息系统的安全保障，应以安全服务框架为核心，采用相应的安全机制来实现安全风险控制和安全保障，形成良性闭环，进而实现网络信息安全体系能力保障能力的不断演进与优化。常用的安全机制包括访问控制、数据加密、身份认证、攻击防护、恶意代码检测、数据取证、备份恢复等。实施过程中，要时刻关注新的威胁、控制措施带来的风险，以便采取必要的措施调整。比如，由于信息系统自身及所处环境在持续变化，会产生新的脆弱点，安全措施也存在与时俱进的问题，而攻击方采用新的攻击方法逃避、绕过或者干扰系统中已有或新增的安全措施。这些可能，恰是网络信息系统安全及风险分析为动态循环过程的明证。因此，有必要对网络信息系统实施周期性的安全再评估。

5.1.2　网络信息系统安全态势感知与演化分析

网络规模和复杂性日益增加、新的入侵攻击手段不断涌现，使得安全攻防形势日益严峻，安全防御必须从单一安全威胁的应对转向整个信息系统的安全状态及其变化趋势的考察，即网络空间安全态势感知，由此为提供安全体系能力提供基础信息。

5.1.2.1　安全态势感知的概念

安全态势感知是网络综合防御体系构建中智能分析的核心环节。前美国空军首席科学家 Endsley 提出的态势感知概念为网络空间安全态势感知提供了有益参考。Endsley 认为，态势感知是在时间和空间维度来感知大量的环境要素，理解其意义并预测其不久将来的状态。这个定义强调了感知（Perception）、理解（Comprehension）和预测（Projection）三要素，相应也需要三个层次的信息处理。

由此，可以将网络空间安全态势感知定义为：感知和获取网络空间环境中有关安全的重要线索或元素，对其进行关联、整合等综合分析和理解，以此来评估网络空间的安全状态，并预测其发展与演进趋势。在此意义上，可将安全态势感知视为网络空间安全体系能力的一种基于精细度量的定量分析手段，能够多层次、多角度、多粒度、广度和深度兼顾的安全体系能力分析。

5.1.2.2　安全态势感知的基本模型

网络空间安全态势感知可采用多种基本分析模型，虽然各种模型分析方法各异，但均涉及感知、理解与预测的三个核心环节。常见的安全态势感知模型有Endsley 模型、Tim Bass 模型、OODA 模型。前两个模型在 6.1.2 一节中还会继续讨论。

（1）Endsley 模型。

Endsley 模型本质上是一个始于感知的感知、理解和预测三层决策模型，如图 5.3 所示。网络空间安全感知的对象包括网络环境中的要素状态、属性等信息，而理解则是将上述信息关联、融合起来，而且这种理解是一个持续演进的动态过程，在感知和理解的基础上，实现各要素状态和变化趋势的预测。

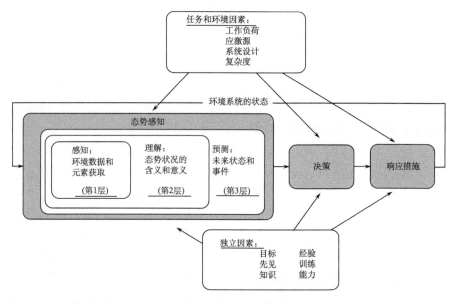

图 5.3　Endsley 模型

Endsley 模型中的感知、理解和预测并非是一种线性、离散的阶段划分，而是一种递进关系。而且，该模型也不仅限于数据驱动。除了数据驱动之外，还可以采用目标驱动的方式，根据当前的理解和预测，还能够反过来查找感知层中的数据来确认或否定已有的理解和预测。该模型在实际应用中，复杂动态系统的目标驱动的处理模块和反馈机制的作用至关重要。同时，该模型提供了信息采集和后期响应的动态反馈回路机制，体现出动态性和循环性特征。感知信息的变化速度对于评估当前的安全状态和预测未来的安全演化趋势都非常重要。

（2）Tim Bass 模型。

1999 年，美国网络中心前安全首席顾问蒂姆·巴斯（Tim Bass）提出了一种基于多传感器数据融合的网络态势感知框架，通过数据、目标和态势精炼三次抽象来抽取安全态势要素，旨在将相互独立的 IDS 关联起来并将攻击信息相融合，用于网络空间安全评估。该模型的核心是通过将多传感器数据融合起来以形成网络空间安全态势感知能力。

图 5.4 为 Tim Bass 模型示意图。

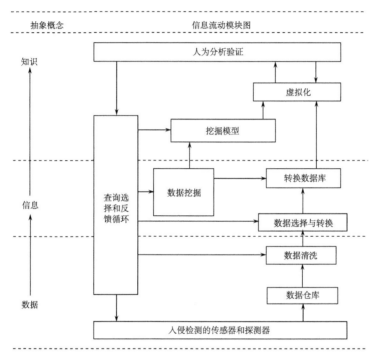

图 5.4　Tim Bass 模型

Tim Bass 模型也分三层，分别抽象为数据层、信息层和知识层。数据层实现数据采集和预处理，包括数据清洗和校准、数据统一化以及关联分析等；信息层实现对网络空间安全态势的动态智能推理；知识层实现对网络中可能发生的安全事件的演化预测，并评估其威胁程度。上述三层之间的关系通过"查询选择和反馈循环"单元来协调。

（3）OODA 模型。

OODA 模型由美国陆军上校约翰·包以德提出，故又称包以德循环。OODA 是指观察（Oberve）、调整（Orient）、决策（Decide）以及行动（Act）。在网络空间对抗中，需要不断采集信息、评估决策和采取行动，攻防双方都面临该循环过程。网络空间安全攻防博弈过程处于动态、复杂环境之中，同时存在着大量不确定性因素，利用该模型的可循环、强时效性、嵌套性等特点，能够实现对网络空间安全攻防博弈决策过程各环节的简洁描述。

图 5.5 为 OODA 模型示意图。

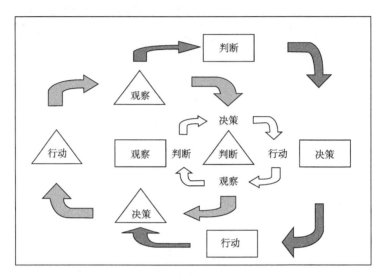

图 5.5 OODA 模型

OODA 模型包含了两个循环：信息流和决策流。信息流处理主要包括采集融合、存储管理、分析评估、表示、共享及应对六个环节。决策流包括 OODA 模型的四个环节，采用网络化信息流形式进入攻击方的决策过程。观察是指对安全环境进行感知或观察，从中搜集信息，实时了解网络事件。既可以采用被动检测、用户或第三方通报，也可以采取主动检测措施。判断是指根据相关的环境信息和其他信息，分析和评估当前的网络空间安全态势。决策是指根据安全环境信息和当前自身的状态制定策略，并选择合适的行动方案。行动则是根据决策结果和所选行动方案，实施行动。

OODA 模型更加强调判断与决策过程，既对各阶段进行了清晰合理的划分，同时又强调了时效性，符合网络空间安全攻防博弈过程的特点，揭示了复杂对抗行为的内在演化规律。随着时间推移和循环迭代的推进，防御方获得的信息增多，OODA 模型周期缩小，判断和决策的效率和准确率也随之提升，防护效能随之增强。该模型的应用有利于网络空间安全整体防护能力的形成。

5.1.2.3 安全态势感知的关键技术

安全态势感知涉及态势数据采集与要素提取、态势理解与态势演化预测等关键技术。

（1）安全态势数据采集与要素提取技术。

安全态势数据采集与要素提取，需要解决以下问题。一是安全信息采集的全面性，应包括静态配置数据及动态运行数据，静态配置数据有拓扑结构、业务服务、脆弱性与漏洞等数据，动态运行数据包括威胁信息、攻击行为、网络异常行为、安全事件及日志等数据。同时，还应该注重从网络空间安全防御组件/系统中采集各种安全状态值。对上述数据进行数据融合，实现后续的态势感知与评估。

（2）安全态势理解技术。

安全态势的理解核心在于基于数据融合的多层次、多角度、多粒度的安全评估。这一环节是从宏观视角来考察网络的整体安全状态。具体可采用安全事件逻辑关联分析、模糊综合评价、Bayes 网络和隐马尔可夫模型（Hidden Markov Model，HMM）推理等。

（3）安全态势演化预测技术。

安全态势演化预测旨在根据态势感知和理解来预测其发展趋势，防范安全局势恶化。态势预测常采用人工神经网络、时间序列分析、支持向量机以及深度学习等方法。最常用的人工神经网络方法非线性处理能力强、自学习和自适应效果好，但可解释性不强、泛化能力较弱。时间序列分析方法简便易行、可操作性强，但建模过程复杂，对参数估计及模型阶数要求苛刻。支持向量机本质上是基于统计学习的模式识别，利用非线性映射将输入空间向量映射至高维特征空间进行线性回归，即将低维特征空间的非线性回归问题转化为高维特征空间的线性回归问题。

基于系统安全风险分析与安全态势分析，通过分析安全措施抵御脆弱性利用攻击的能力是评估安全体系能力的可行思路之一。安全体系能力评估涉及系统业务、脆弱性、威胁、攻击以及安全措施等多种因素，各要素之间相互作用与影响，使得安全体系能力分析过程较为复杂。事实上，安全体系能力不仅体现在安全策略的执行能力上，更体现为信息系统因自身脆弱性遭受威胁时抵御攻击等威胁的能力上。仅从脆弱性的角度来评估安全体系能力，采用传统攻击图模型来建模，对影响安全体系能力诸多要素的相互作用与影响分析不足。此外，安全体系能力分析过度依赖分析者的主观经验和个人能力，随意性较强，标准化、规范化欠缺。通过对网络空间安全风险分析架构与安全态势感知与演化分析的讨论，可以看出安全体系能力分析与系统脆弱性、关联缺陷及其故障传播、威胁及攻击影响、信息系统攻防状态表征等密切相关。

5.2　系统脆弱性、缺陷关联及其故障传播

在网络空间安全中，墨菲定律（如果事情具有变坏的可能，无论其可能性多小，总会发生）同样适用，具体表现为"所有的安全防护体系都有脆弱性，而这种脆弱性总会被利用""所有的信息系统都存在缺陷，而这些缺陷总会被触发"等。同时，网络空间安全中也存在着蝴蝶效应，也就是说，在复杂信息系统中的任一微小缺陷给系统带来的风险，如被利用并经传播后，可能会危及整个安全保障体系，严重的情况下会导致复杂信息系统全局崩溃。上述原理也说明了风险形成、识别、传播与演化机理研究的重要性。

5.2.1　系统脆弱性及其面向安全度量的表征方法

5.2.1.1　脆弱性的概念及其演进

脆弱性（Vulnerability）是指信息系统中可能被威胁利用对资产造成损害的薄弱环节。脆弱性存在的必然性在于，信息系统存在着需求定义错误或遗漏、系统设计、硬件缺陷、软件实现错误、配置错误或管理不当等因素。脆弱性既可能存在于系统的具体实现上，也可能存在于系统的安全策略配置上。安全漏洞往往给攻击方提供了非授权的访问和攻击系统的入口点，达成控制或者破坏系统的目的。不仅传统的 IP 网络存在脆弱性，云计算、物联网、工业控制系统、移动互联网、工业互联网、信息物理融合系统（Cyber Physical Systems，CPS）等新兴信息系统，也存在着大量的脆弱性，而且在某种意义上来说，其危害更加严重。而信息系统遭受攻击的重要原因之一就是在信息系统当中存在着各种脆弱性。比如，2010 年出现的首个针对工业控制系统的震网（Stuxnet）病毒，就是利用西门子控制系统（SIMATIC WinCC/Step7）存在的漏洞来感染数据采集与监控系统（SCADA），向 PLC 写入恶意代码并实现了恶意代码隐藏，该攻击组合利用了微软和西门子产品的 7 个漏洞。

需要指出，信息系统的脆弱性包括但不限于传统意义上的漏洞。漏洞通常是指信息系统软硬件存在的缺陷，而脆弱性则是指信息系统可被利用的薄弱环节，比如系统在拓扑结构上存在薄弱点易导致单点失效，这是一种系统脆弱性而很少称为漏洞。脆弱性的概念随着信息技术的发展与信息系统的形态改变而不断演进，表 5.2 给出了脆弱性概念的演进过程。

表 5.2 中的脆弱性的认识和定义表明，脆弱性具有以下共同特点：①脆弱性（漏洞）是信息系统本身的缺陷或脆弱点；②漏洞具有可利用性，一旦被利用可为信息系统安全带来威胁和损失；③漏洞存在于一定的环境中。因此，可以将脆弱

性理解为，存在于信息系统之中，作用于特定环境，可对系统中的组成、运行和
数据造成损害的一切因素。

表 5.2　脆弱性概念的演进过程

时间	概念提出者	定义内容
1957 年	冯·诺伊曼	提出安全漏洞的设想
1980 年	美国密歇根大学 Hebbard 小组	系统程序中存在的部分缺陷
1982 年	著名计算机安全专家 Denning	导致操作系统执行的操作和访问控制矩阵所定义的安全策略之间相冲突的所有因素，系统中主体对客体的访问通过访问控制矩阵来实现，该矩阵为安全策略的具体体现，一旦操作系统的操作与安全策略产生冲突，即为安全脆弱性
1990 年	美国伊利诺斯大学 Marick	发表了关于软件脆弱性（漏洞）的调查报告
1996 年	Bishop	攻击方利用程序、技术或管理上的失误，得到了未授权访问或操作权限，即信息系统是由描述实体配置的当前状态（授权状态和非授权状态、易受攻击状态和不易受攻击状态）所组成，脆弱性是不同状态转变过程中可导致信息系统受损的易受攻击状态的特征
2006 年	美国国家标准与技术研究所	存在于信息系统、系统安全过程、内部控制或实现中的、可被威胁源攻击或触发的脆弱点
2009 年	ISO/IEC	可以被一个或多个威胁利用的一个或一组资产的弱点；是违反某些环境中安全功能要求的分析对象中的弱点；是在信息系统（包括其安全控制）或其环境的设计及实施中的缺陷、脆弱性或特性
2010 年	中国 GB/T 25069《信息安全技术术语》	信息技术、信息产品和信息系统在需求、设计、实现、配置、运行等过程中，会有意或无意地产生脆弱性，这些脆弱性以不同形式存在于信息系统各个层次和环节之中，能够被恶意主体所利用，从而影响信息系统及其服务的正常运行

5.2.1.2　面向安全度量的脆弱性分类及表征方法

脆弱性分类是安全度量的重要基础，反映了不同的研究和应用视角，合理的
脆弱性分类可为系统安全度量提供有益的支撑。通常，可以从脆弱性成因、脆弱
性利用技术、脆弱性影响范围等角度来分类，并采用不同抽象层次的特征属性来
描述。

常用的脆弱性分类方法包括：基于安全操作系统的分类、基于软件成因的分
类、多维度分类、广义分类、抽象分类、基于漏洞直接威胁的分类、基于知悉程
度的分类、基于访问路径的分类、基于被利用的复杂性的分类以及基于影响程
度等。

表 5.3 给出了基于不同分类方法的信息系统脆弱性分类列表。

表 5.3　基于不同分类方法的信息系统脆弱性分类

分类法	脆弱性分类
基于安全操作系统	不完全的参数合法性验证（如缓冲区溢出等）、不一致的参数合法性验证（如接口设计漏洞等）、隐含的权限/机密数据共享、非同步的合法性验证/不适当的顺序化（如条件冲突等）、不适当的身份辨识/认证/授权（如弱口令等）、可违反的限制（如违反操作指南等）以及可利用的逻辑错误等
基于软件成因	操作错误、编码错误、环境错误、其他错误等
多维度分类	成因、时间、利用方式、作用域、漏洞利用组件数和代码缺陷等
广义分类	社会工程、策略疏忽、逻辑错误和技术缺陷等
抽象分类	被索引资源的不当访问、随机不充分、相互作用错误、在资源生命周期中的不当控制、计算错误、控制流管理不充分、保护机制失效、不充分比较、异常处理失效、名称或引用的错误解析、消息或数据结构的不当处理和违反代码编写标准等
基于直接威胁	普通用户、访问权限、权限提升、本地管理员权限、远程管理员权限、本地拒绝服务、远程拒绝服务、服务器信息泄露、远程非授、权文件存取、读取受限文件、口令恢复、欺骗等
基于危害	破坏有效性、破坏隐秘性、破坏完整性、破坏安全保护等
基于知悉程度	已知漏洞、未知漏洞、0day 漏洞
基于访问路径	本地、邻接和远程。本地是指利用该安全漏洞要求攻击方物理接触到受攻击的系统，或者已具有一个本地账号。邻接是指利用该安全漏洞要求攻击方与受攻击系统同处于一个广播域或冲突域中，如蓝牙、无线局域网标准 IEEE 802.11 等。远程是指不局限于本地和邻接，如 RPC 缓冲区溢出漏洞
基于被利用的复杂性	包括简单和复杂两种。简单是指无需借助外部条件，通过自动操作、无需授权即可完成攻击。复杂是指需要借助外部条件，例如需要人工参与点击按钮、文件或者需要用户授权

　　脆弱性的识别主要是考虑资产所存在的弱点，而且该弱点可被威胁所利用。从这个意义上来说，复杂信息系统在物理、主机、网络、应用以及数据等各层面均可存在弱点。对于系统的同一个资产来说，资产的状态不同，可供威胁利用的弱点也不同。根据所处层面的不同，弱点通常又可以分为三类：技术类、操作类和管理类。技术类弱点主要体现为系统、软件和设备中存在的漏洞或缺陷，比如网站注入漏洞、软件缓冲器溢出漏洞、网络拓扑缺陷等。操作类缺陷主要是指系统软硬件在配置、操作、使用中存在的缺陷，比如访问控制策略配置不当、备份操作不及时等。管理类弱点主要表现为机构设置、人员配备、制度设计、策略维护等方面的弱点。

　　不同的分类方法，有的给出了脆弱性成因，有的给出了脆弱性的利用方式。脆弱性是一种客观存在，自身并不会直接带来危害，只有被某个威胁利用时才可能招致损害。而面向安全度量的脆弱性描述，应重点关注其对于安全性能的影响，也就是脆弱性的可利用方式、作用范围、安全危害、严重程度等。

　　在网络空间信息安全分析和评估中，脆弱性的识别和赋值是其中最重要的环节之一。脆弱性识别应以业务和资产为核心，从物理、环境、网络、通信、设备、计算、应用和数据等方面进行识别，针对各项需要保护的资产，识别可能被威胁利用的弱点，并对脆弱性的严重程度进行评估。

5.2.1.3　系统脆弱性的常规分级

通常来看，系统脆弱性可按访问路径、破坏影响程度（破坏性、危害性、严重性）来进行分级。一般来说，可被远程利用的安全漏洞其危害程度一般最高，可被邻接利用、可被本地利用的安全漏洞危害性次之。影响程度是根据漏洞对保密性、完整性、可用性三方面的影响，分为完全、部分、轻微和无影响。由此，根据访问路径、利用复杂度和影响程度的赋值，确定安全漏洞等级，系统安全漏洞的危害程度从高至低可以被分为超危、高危、中危和低危。对于漏洞等级被确定为"超危"或"高危"的安全漏洞，需要进行处理，如安装补丁程序或安装升级包。

这种常规分级较为简单，也易于理解，但这种通用脆弱性评价体系主要是基于其本身固有的一些特点及这些特点可能造成的影响的简单评价，对于网络空间安全风险分析及安全态势演化来说，还需要进一步细化。比如，需要结合信息系统攻防行为及脆弱性自身的生命周期评价，结合攻防博弈行为所发生的环境评价，各个脆弱性可能导致的危害影响均与其实际环境密不可分。

由此可以看出，信息系统的脆弱性评价与其他性能评价技术不同，它与攻击方攻击技术、实施行为以及防御方的防御技术和响应密切相关。因此，信息系统脆弱性评价必然涉及攻击行为建模和分析。

5.2.1.4　系统脆弱性评价模型

脆弱性评价受网络、业务、攻击场景中的众多复杂因素影响，涉及网络连接、主机及设备属性、脆弱性类型、威胁来源、攻击活动及其序列以及危害后果等。安全度量涉及大量不确定因素，可以采用从定性到定量的综合评价方法。美国国家漏洞库（National Vulnerability Database，NVD）发布的通用漏洞评分系统（Common Vulnerability Scoring System，CVSS）作为行业公开标准，是安全内容自动化协议（Security Content Automation Protocol，SCAP）的一部分，常用于漏洞严重程度的评测，并辅助确定所需响应的紧急度和重要度。开放式 Web 应用程序安全项目（Open Web Application Security Project，OWASP）针对常见的十大Web 应用安全风险，从威胁和脆弱性对安全问题进行可能性分析，并结合技术和商业影响分析，给出解决方案建议，主要用于 IT 研发组织规范应用程序开发和测试流程，以提高 Web 应用的安全性。微软提出的计算机安全威胁分类系统模型DREAD，名称来自其脆弱性评估项首字母：危害性（Damage）、重复利用可能性（Reproducibility）、利用难度系数（Exploitability）、受影响用户数（Affected Users）、发现难度系数（Discoverability）。DREAD 模型最初是为了评估威胁，后来多用于脆弱性评价。表 5.4 给出了上述常用脆弱性评价模型介绍，并进行了简要的优劣对比分析。

表 5.4 脆弱性评价模型优劣对比

模型	内容		优点	缺点
CVSS	基本（Base）： 原始属性，不受时间与环境的影响。由CVSS评分：基础评价=四含五入(10×攻击途径×攻击复杂度×权限要求×((机密性×机密性权重)+(完整性×完整性权重)+(可用性×可用性权重)))	可执行性（Exploitability）	维度较全面； 可自动评级得分	参数较多，含义抽象、难以集成到第三方平台； 难以对业务相关的逻辑和安全、第三方平台信息泄露等进行评级； 权重对描述上的歧义、限制范围、应用情景不清晰
		攻击途径（AV）：网络（N，0.85）/邻居（A，0.62）/本地（L，0.55）/物理（P，0.2)		
		攻击复杂度（AC）：低（L，0.77）/高（H，0.44）		
		权限要求（PR）：无（N，0.85）/低（L，0.62或0.68）/高（H，0.27或0.50）		
		用户交互（UI）：不需要（N，0.85）/需要（R，0.62）		
		影响范围（IS）：不改变（U）/改变（C）		
		影响程度（Impact）		
		机密性影响（CI）：无（N，0）/低（L，0.22）/高（H，0.56）		
		完整性影响（II）：无（N，0）/低（L，0.22）/高（H，0.56）		
		可用性影响（AI）：无（N，0）/低（L，0.22）/高（H，0.56）		
	生命周期（Temporal）：表征脆弱性随时间推移的变化，而非受环境影响的变化。由CVSS评分：生命周期评价=四含五入(基础评价×可利用性×修复措施×未经确认)	利用代码的成熟度（E）：未验证（U，0.91）/PoC（P，0.94）/EXP（F，0.97）/自动化利用（H，1）		
		修复方案（RL）：正式补丁（O，0.95）/临时补丁（T，0.96）/缓解措施（W，0.97）/不可用（U，1）		
		来源可信度（RC）：未知（U，0.92）/未完全确认（R，0.96）/已确认（C，1）		

续表

模型	内容	优点	缺点
CVSS	环境（Environmental）： 表征特定环境下可根据业务需求修改漏洞脆弱性评分值。由用户评分：环境评价=四舍五入＜[（10-生命周期评价）+[（10-生命周期影响程度）× 危害影响程度）× 目标分布范围>　机密性要求（CR）：未定义（X）/低（L）/中（M）高（H）；完整性要求（IR）：未定义（X）/低（L）/中（M）高（H）；可用性要求（AR）：未定义（X）/低（L）/中（M）高（H）；修改基础度量指标：（Modified Base Metrics）		
OWASP	侧重在各类漏洞本身，给出了具体漏洞类型的等级确定	同类脆弱性的评分相对固定	未考虑环境及攻防场景
DREAD	风险值=D+R+E+A+D　低风险：5~7分；中风险：8~11分；高风险：12~15分　危害性（攻击造成的危害程度）：高（H，3）/中（M，2）/低（L，1）；重复利用可能性（重复利用攻击的可能性）：高（H，3）/中（M，2）/低（L，1）；利用难度系数（实施此项攻击的难度）：高（H，3）/中（M，2）/低（L，1）；受影响用户数（用户会受到此项攻击影响）：高（H，3）/中（M，2）/低（L，1）；发现难度系数（该攻击被发现的难度）：高（H，3）/中（M，2）/低（L，1）	标准化程度高，简单易行；指标明晰，易于理解和计算；考虑了业务逻辑、业务安全	权重平均，与实际情况不符；容易忽略低危漏洞

5.2.2　信息系统的缺陷及其关联与传播

信息系统存在诸多缺陷，会产生故障。而很多缺陷存在着关联关系，导致产生的故障出现传播效应，对网络信息系统的安全性造成重要影响。伴随着网络空间信息系统规模不断扩大、功能不断拓展，信息系统的结构也日趋复杂，信息系统的缺陷和故障问题越来越突出。信息系统缺陷导致的故障，特别是级联故障的传播，必将对信息系统的安全性和可靠性带来巨大危害。如何避免信息系统的关联缺陷及其故障传播或减小其危害，成为网络信息安全领域的重要课题。本节将从复杂网络理论和对系统安全影响的角度，来讨论信息系统的关联缺陷（Associating Defects）及其故障传播的时空规律问题。

5.2.2.1　信息系统的缺陷、故障及其危害

在信息系统全生命周期中，有很多因素会对其安全性和可靠性造成影响，根据阶段不同，以信息系统缺陷和故障的影响最为重要。系统故障（失效）是信息系统不可靠的最终表现形式，不同信息系统的缺陷与故障的表现形式、性质与数量各不相同，需要认真分析。

信息系统的缺陷源自系统需求获取、设计、实现以及部署、配置中的错误，这些错误可能导致在一定条件下执行信息系统时出现故障。本质上，信息系统缺陷是存在于信息系统中软硬件中的不希望或不可接受的偏差，一旦信息系统运行于某一特定条件，导致信息系统缺陷被激活，就可能会出现信息系统故障。信息系统缺陷与漏洞既存在密切联系，又有一定的区别。通常，缺陷是指信息系统未满足用户需求或出现故障的诱因，而漏洞则主要是指导致信息系统出现被攻击风险的内在根源。从此意义上，信息系统漏洞可视为信息系统缺陷的真子集。

信息系统故障（Fault）是指其运行过程中出现的一种不希望或不可接受的内部状态，是一种动态行为。这种行为可能会导致系统丧失可用性，进而对安全性产生破坏。

5.2.2.2　信息系统环境、缺陷、故障及安全能力之间的关系

网络空间中任何信息系统都无法脱离其赖以生存的内外部运行环境。如果内外部环境作用于信息系统的缺陷之上，可能会激发缺陷使系统出现故障现象。而信息系统故障的出现又必然导致其安全性质量属性（安全能力）的降低。图 5.6 给出了信息系统缺陷、故障与环境和质量之间的关系。

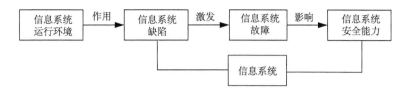

图 5.6　信息系统环境、缺陷、故障及质量关系示意图

由于信息系统结构、功能以及逻辑关系愈发复杂，内外部环境持续动态变化，而且不同的信息系统形态及业务使命差异巨大，因此，信息系统故障的表现形式可能是多种多样的，但这并不影响从机制上来分析其相互关系。缺陷是由信息系统中各种错误引起的、可导致系统故障的安全性破坏因素。当信息系统运行于某个状态，环境因素（即运行条件）使得某个特定的信息系统缺陷被激活，便会发生系统故障。而同一个缺陷可能会有多种激发条件，也会导致出现不同的故障状态。缺陷是信息系统的静态属性，如未消除则持续存在。而故障则是因缺陷引起的系统实际运行状况与期望运行状况不一致的现象，它是一种动态因素，且会以一定的概率导致系统失效。

5.2.2.3　信息系统的关联缺陷及故障传播

复杂信息系统的诸多组件通过节点及其业务连接成为紧密交错的复杂网络，各组件之间关联度强、耦合度高，因此为缺陷关联和故障传播提供了基本前提。在 APT 攻击中，就是利用缺陷之间的关联通过网络进行时空传播、扩散、积累与放大，最终达到攻击目的。

关联缺陷的分析，通常采用传统的故障分析方法。传统故障分析方法多基于明确的缺陷-故障的逻辑因果关系，利用先验概率，定性或定量分析各种形式的因果图。不过，在工程实践中，故障之间的因果逻辑关系通常难以获取和描述，导致该方法应用受限。

关联缺陷可以被依序利用并引发一系列后果，并最终导致系统故障或者攻击方达到最终目的。关联缺陷利用的过程，也就是级联故障的时空传播行为，反映了关联缺陷在时间和空间的动态演化过程，具体体现为空间路径和时间特点。复杂信息系统的失效可视为相变过程，网络故障将发生于相变的临界点。因此，关联缺陷导致的级联失效取决于临界点的分析。网络节点间的故障依赖显性关系将决定整个网络可用性对各类安全风险的容忍能力。从路径方面来看，关联缺陷假设各缺陷间为近邻传播，通常认为，某个节点存在的缺陷会传播至与其相连的一阶近邻。但网络信息系统的缺陷往往存在着长程相关的较大范围联动，存在于某节点处的缺陷还会对与其"距离"较远的节点产生影响。从时间特点来看，缺陷关联作用可视为时间维上的一种分支，利用初始缺陷从攻击会引发后续更多的缺陷被攻击利用，从而形成了整体攻击树。如果初始缺陷利用随时间推移，信息系统的最大连通子团因故障节点数递减，最终将导致该信息系统崩溃。现实中的网络具有某些共性，比如都具有较小的平均路径长度 L，并且具有较大的集聚系数 C，即存在小世界效应；除此之外，网络中节点的度分布呈现出一种幂律分布的特征，即具有无标度效应。有研究表明，系统缺陷被攻击利用的时间特点体现为攻击树大小呈指数为–1.5 的幂律分布。

复杂网络理论是研究信息系统的关联缺陷及故障传播的重要工具。这一研究方法受到了 Myers 和 Valverde 等人利用该理论来研究软件结构工作的启发。他们将软件系统结构抽象为一个复杂网络，通过研究其抽象模型来揭示软件系统的规律。利用复杂网络理论，根据复杂信息系统的结构所具有的特征，构建拓扑网络模型来研究该信息系统的拓扑网络所具有的网络特征，为研究复杂信息系统的安全性提供了一条有效途径。但是，传统的拓扑网络无法存储网络节点与边所含的权重等信息，难以有效地刻画真实信息系统的安全情况，特别是缺陷关联及其被攻击故障传播情况。

5.2.3　基于复杂网络的关联缺陷故障传播模型

根据复杂网络理论实现信息系统建模，可分析其内部缺陷关联及故障传播情况。而通过网络模型来模拟缺陷关联及故障传播过程，需要综合考虑复杂网络的相关统计特征，选取适用的网络模型。

5.2.3.1　复杂网络的统计特征及其传统模型

复杂网络理论涉及计算机、图论、统计学等诸多学科，不仅缺乏一个明确的定义，而且其研究方法流程也尚未统一。我们采用钱学森给出的复杂网络定义：复杂网络是指具有自组织、自相似、吸引子、小世界、无标度中部分或全部性质的网络。该网络由大量节点和节点之间的边所组成，由于节点众多，因此其结构也会呈现出不同的特点，使得复杂网络结构自身也具有相当的复杂性。利用复杂网络理论作为研究手段，主要涉及以下统计特征。

（1）平均路径长度。

从复杂网络中一个节点到达另一个节点所要经过的边数的最小值称为两者的距离，平均路径长度是指所有可连通节点距离的均值。平均路径长度表明了网络各节点的分离程度，其值越大，节点间的分离程度越大。

（2）集聚系数。

集聚系数（Clustering Coefficient）用于描述网络中节点的聚集程度，是用来网络中团簇性的定量表示。实际复杂网络大多存在结构性质团簇性，即网络的局部区域会出现一个密集连接的现象，以节点集聚系数和平均集聚系数来表示。节点集聚系数表征了节点与其邻接节点间相互连接的概率。

（3）度分布。

度是指复杂网络中与节点相连接的边数，度分布则是指所有节点的度的分布情况。有向网络有入度和出度之分，分别表示指向某节点的边数和该节点指向的节点数。度分布常用分布函数 $P(k)$ 来表示，即节点的度为 k 的概率，或理解成网络中度为 k 的节点数与网络节点总数的比例。常见的度分布有泊松分布、幂律分布和指数分布等。随机网络的度分布多为泊松分布，而大多数复杂网络的度分布为幂律分布，即具有无标度效应。

（4）介数。

介数有节点介数和边介数之分。节点介数是指网络中任选两个节点，计算其最短路径，将该节点存在于这条最短路径上的次数，比上网络中所有节点间最短路径的条数。边介数是指任意两个节点间的最短路径通过该边的数量占所有最短路径的比例。介数反映了某个节点或边在复杂网络中的重要程度。

最早，人们采用规则网络和随机网络来描述真实世界，后来出现的小世界网络模型和 BA 无标度模型，又极大地推动了复杂网络理论研究进展。

规则网络是以规则结构来表示真实网络系统。规则网络有环型网络（比如环岛交通模型）、星型网络（比如 C/S 架构信息系统）以及完全网络等类型。环型网络的节点故障会导致最短路径变化，星型网络的中心节点会导致单点故障，而完全网络的某个节点失效将会殃及全网。后来，研究人员发现很多情况下规则网络并不能反映所有现实网络的实际情况。接着出现了随机网络的概念，该网络中两个节点连接与否取决于某个概率。

实践中的绝大多数大规模网络，其平均路径长度要远小于想象，故称为"小世界"现象。该现象最早由 Milgram 提出的六度分离学说所验证。小世界网络的判定标准为，网络中任意两个节点的距离 L 和网络规模呈对数相关（$L \sim \ln N$），且网络局部结构具有团簇性。规则网络的最短路径长度较长且集聚系数较高，随机网络的最短路径较短而集聚系数较低。真实的网络几乎都具有小世界效应，其任意节点之间的最短路径接近随机网络，而集聚系数却接近规则网络。

无标度网络不存在一个 K 值，使得其节点度数满足 $P(k)$ 泊松分布。该网络的度分布呈现幂律分布特征，大部分节点的度很小，而少部分节点的度却很大，显然这两类节点在网络中的地位不同。

5.2.3.2　边加权网络模型

构建复杂网络的加权网络理论模型，有利于揭示实际网络的结构性质和网络中边的不同权值对网络的影响。近年来，在网络功能和结构研究过程中，科学家们提出了许多不同的加权网络模型。下面尝试采用加权网络模型来实现复杂信息系统建模。

　　复杂信息系统建模的难点之一在于实现其网络模型的定量描述。目前常用两种方法，一是分析复杂信息系统中各个节点（网络设备、通信装置、业务系统等）间的连接情况，二是考察上述节点在复杂信息系统运行过程中的交互信息。前者主要关注的是复杂信息系统的静态结构，多以无向无权图来表征；后者则主要是处理信息系统的运行状态信息，体现运行规律或特征，较之第一种方法具有显著优势。

　　采用二元组来表征图：$G=(V, E)$，其中 V 表示图中所有节点，E 为 V 的一个二元子集，表示各节点间的连接边。该无权网络未为各边之间的连接赋予权值，仅能反映复杂信息系统的静态拓扑连接关系，而无法反映各节点之间的耦合关系及量化关系。因此，我们采用加权网络模型来更加准确地描述复杂信息系统各节点之间的紧密程度，进而研究复杂信息系统中关联缺陷及其故障传播规律，以及复杂信息系统各节点对于故障传播的影响作用。

　　下面给出边加权复杂网络模型（Weighted Edges Complex Networks Model，WECNM）的定义。

　　采用三元组 $G=(V, E, W)$ 和传播概率矩阵 P 来描述复杂信息系统各节点的相互影响。其中，$V = \{v_1, v_2, \cdots, v_i, \cdots, v_n\}$ 表示网络所有节点，$E = \{e_{ij}; i=1, \cdots, i, \cdots n\}$ 表示网络中的所有边，$W = \{w_{ij}; i=1, \cdots, i, \cdots n\}$ 表示边 e_{ij} 的权值，传播概率矩阵 P 表示网络中故障节点的故障传播概率，p_{ij} 为故障从故障节点 j 传播给节点 i 的概率。

　　接下来定义边加权复杂信息系统模型的节点。节点的定义较为复杂，可根据不同的研究目的采用不同的定义粒度。如图 5.7 所示，以 X、Y、Z 来代表软件系统中的三个类，并简化假设软件系统的依赖关系定义为 Z 依赖于 Y、Y 依赖于 X，$A\sim G$ 则分别表示各类中的函数方法。

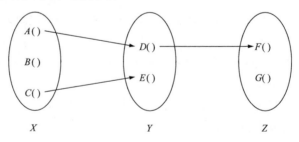

图 5.7　软件系统的实际依赖关系示意图

　　对于复杂软件来说，可用类或包作为粒度（节点）来建立模型，也可以进一步细化，以函数为粒度（节点）来建模，如图 5.8 所示。在以函数为粒度（节点）来建模时，假设函数 A 依赖于函数 D，而函数 D 依赖于函数 F，函数 C 依赖于函

数 E，而其他的函数之间相互不存在依赖关系。

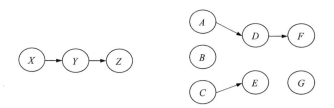

图 5.8　软件系统类与函数依赖关系示意图

若以类为粒度进行建模，类 X 中的函数 A 出现功能故障，可根据 X、Y、Z 的调用依赖关系，判定 Y 和 Z 均可能受 X 的故障感染传播而导致级联故障发生。而在边加权软件网络模型中，由于函数 A 出现故障，故障通过 D 节点感染了 F 节点，但是却不会影响其余节点，并非整个类都出现故障。

下面以复杂软件为例，来讨论边权值定义。将节点 A 调用节点 B 的次数记为从节点 A 到节点 B 的边的权重，即 w_{AB} 为边 e_{AB} 的调用次数，如图 5.9 所示。

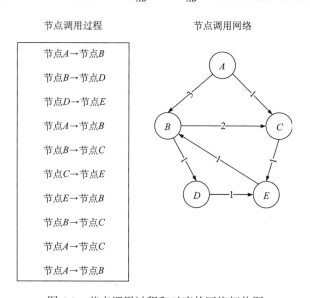

图 5.9　节点调用过程和对应的网络拓扑图

上图左侧为信息系统的节点调用过程，右侧为对应的网络拓扑图，其中有向边代表函数间的调用关系，其上数字为调用次数。

为准确描述节点在网络中的重要程度，定义节点重要度为

$$Q_k = \sum_{i=1}^{N} w_{ki} + w_{ik}$$

其中，Q_k 为节点 k 的重要度，N 为节点 k 的所有邻接节点集合，w_{ki} 为节点 k 到节点 i 的权值。进一步地，分别定义节点的入点重要度 Q_{ki} 和出点重要度 Q_{ko} 为

$$Q_{ki} = \sum_{i=1}^{N} w_{ik}, \quad Q_{ko} = \sum_{i=1}^{N} w_{ki}$$

其中，入点重要度 Q_{ki} 为节点 k 的邻接节点中指向节点 k 的所有有向边权值之和；出点重要度 Q_{ko} 为节点 k 的邻接节点中，由节点 k 指向的所有有向边权值之和。

下面基于复杂信息系统的边加权网络模型，给出节点故障传播率和重要节点定义，分析节点故障传播规则，并介绍基于广度优先搜索的关联缺陷故障传播算法。

5.2.3.3　重要节点、节点故障传播率

采用复杂网络理论来对信息系统进行建模，发现复杂信息系统具有复杂网络的高集聚系数、低平均路径长度等特征，即存在小世界和无标度效应。接下来，需要对节点在复杂网络中的地位、特征进行进一步的研究。在复杂信息系统的边加权网络模型中，大量节点仅具有较小的度，而少量节点却具有较大的度，这就提醒我们要对复杂信息系统节点的重要程度进行考察。

信息系统各节点的故障难以避免，但各节点的重要程度彼此不同且差异巨大。对系统影响较大的节点成为重要节点，定义如下。

定义 5.1　重要节点为图 $G(V, E, W)$ 中节点重要度（入点或出点重要度）较大的节点集合 $\{V_n\}$。

在实际信息系统中，仅当其他节点与已发生故障的节点耦合时，该节点的故障才有可能通过缺陷的关联传播给其他节点。而故障传播的概率与耦合节点间的耦合紧密程度密切相关。因此，采用加权网络模型中的边权值来定义节点故障传播率。

定义 5.2　节点故障传播率 $p_{ji} = o_{ji} \Big/ \sum_{k=1}^{N} o_{jk}$，其中 p_{ji} 为故障从节点 i 向节点 j 传播的概率，N 为节点 j 直接耦合的节点集合，o_{ji} 为节点 j 到节点 i 的出度（权值），即故障从节点 i 向节点 j 传播的概率等于节点 j 到节点 i 的出度与节点 j 总出度之比。

由此易得节点 j 在每次故障传播迭代时受传播的概率 $p_j = \sum_{k=1}^{N} p_{jk}$，其中，$p_j$ 为节点 j 在本次迭代过程中的受传播概率，p_{jk} 表示节点 j 受来故障节点 i 的故障传播概率。

5.2.3.4　节点故障传播规则及若干假设

定义节点故障传播规则如下。

（1）若复杂信息系统边加权网络模型中存在边 e_{ij}，则故障可从节点 V_j 以概率 p_{ij} 传播至 V_i。

（2）一个节点不会被多次感染故障，若存在 e_{ji}，且节点 V_j、V_i 均已被传播为故障节点，则 V_j 将不会受 V_i 的故障传播影响。

（3）若某节点未被传播，仍可作为后续传播对象。

（4）节点存在被传播阈值 t，若 $p_j \geq t$，则表明其被传播，否则认为其未被传播。

同时，做出如下假设。

假设 5.1　入点重要度越大的网络节点故障的影响力越大，其故障传播至其余节点的概率越大，传播范围越广。

假设 5.2　出点重要度大的网络节点具有更大的概率传播至其相邻节点，更易被传播成功。

假设 5.3　复杂信息系统的故障通常仅会在少量节点上传播，成功传播至大量节点的概率极小。

5.2.3.5　基于广度优先搜索的关联缺陷故障传播算法

在针对信息系统的攻击当中，存在两种典型的攻击策略，一种是随机攻击策略，另外一种是智能攻击策略。随机攻击策略是指攻击方随机挑选若干带有缺陷的节点作为初始攻击节点，使该节点出现故障，从故障传播的角度来看，该节点应是故障传播源节点。而智能攻击策略，通常是选择该攻击能够识别符合条件的缺陷节点进行初始攻击，而这种符合条件的节点往往是重要节点。

为分析上述两种不同的攻击策略对复杂信息系统造成的安全性影响，下面给出基于广度优先搜索的关联缺陷故障传播算法 BFS-ADCFPA（Breadth-first Search Associated Defects Cascading Failure Propagation Algorithm）。

算法名称：BFS-ADCFPA

输入：

　　攻击类型：随机攻击 random 或者重要节点攻击 keynode

　　初始故障节点数：n

　　感染阈值：t

　　$G=(V, E, W)$：执行边加权复杂网络模型

过程 1：

　　1.对输入的 V、E 进行预处理排序

　　2.构建图 G

　　3.根据 V 的规模初始化 $P[][]$

　　4.for each W

5.构建传播概率矩阵 P

6.end for

过程 2:

1.for(; ;)

2.初始化 $g[m]$

2.for each Vtemp in V'

3.find(Vtemp->pre&&!Vtemp->pre $\in V'$)

4.g[Vtemp->pre]+=P[Vtemp->pre][Vtemp]

5.end for

5.for each g[Vtemp->pre]

6.if g[Vtemp->pre&&!Vtemp->pre $\in V'$] $\geq$ t

7.push(Vtemp->pre)into V'

8.Enum++

9.end for

10.if Enum 不再增加

11.break

输出:

Enum: 传播完成时故障规模

过程 1,首先根据输入图,对所有节点与有向边进行预处理,并将节点按名称升序排列,以降低后期数据遍历、检查等运算复杂度。基于输入节点和有向边,构建有向链表图,并利用节点集 V 的数量 m 初始化传播概率矩阵 P。输入的每条边权值 W,计算节点 j 到节点 i 的节点故障感染率,记入 $P_{[j][i]}$ 中。

过程 2,每次都对初始故障节点集 V' 中的节点进行遍历,在图 G 中查找故障节点集 V' 中的节点 V_{temp} 的所有前驱节点,即找到所有 V_{temp} 的邻接节点中含有指向 V_{temp} 的节点 V_i,且这些节点不属于初始故障节点集 V',可从传播概率矩阵 P 中找到 $P_{[V_i][V_{temp}]}$ 表示节点 V_i 从节点 V_{temp} 的传播概率,将其添加至 $g[V_i]$ 中,即为当前次故障传播过程中,节点 V_i 感染的概率。V_i 还有可能是其他节点的前驱节点,若 V'_{temp} 也处于故障节点集 V' 中,同理可得 $P_{[V_i][V'_{temp}]}$,表示节点 从节点 V'_{temp} 获得感染的概率,将其累加到 $g[V_i]$。

一旦完整遍历故障节点集 V',即可得此次故障传播给各易感染节点的概率集合 $g[V_i]$。对易感染节点 V_i,将其感染概率 $g[V_i]$ 与输入的感染阈值 t 进行比较,若 $g[V_i] \geq t$,则认为节点 V_i 遭受感染,将其加入初始故障节点集 V',并累加至最终故障节点计数 Enum,直至 Enum 在迭代过程中不再增加为止,此时可认为故障级联传播终止,输出最终的节点故障规模数。

5.3 安全威胁模型的构建及信息系统攻防状态表征

复杂信息系统通常会面临各种各样的网络威胁及内部威胁，其数据存储、处理与传输均存在高危风险。威胁（Threat）是指能对资产或组织造成损害的潜在原因，是一种不希望发生但有可能发生的潜在事件，通常具备可能损坏资产和目标或危及其安全的影响力。对组织机构构成的威胁是重要的风险要素之一，而威胁关注的则是有价值的信息资源。

5.3.1 网络空间信息系统的威胁来源及动机

网络空间的安全威胁与脆弱性密切相关，而且不同的威胁主体可资利用的脆弱性、可导致的业务影响风险也各不相同。表 5.5 给出了三者的关系列表示意。

表 5.5 网络空间安全威胁主体、可利用脆弱性及业务影响风险分析示意

安全威胁主体	可利用脆弱性	业务影响风险
物理环境	防火、防盗、防雷、防电磁泄漏等物理环境缺陷	网络信息系统的硬件损毁、业务系统失效、数据破坏，甚至是人身安全损失
系统用户	配置或操作不当或错误	系统故障、安全性损失
攻击方/黑客	安全配置缺陷、软硬件脆弱性	系统宕机、业务故障、数据泄露或破坏
恶意代码	恶意代码防范手段缺失或强度不足、系统漏洞	系统宕机、业务故障、数据泄露或破坏
供应链	安全配置不当、恶意设置后门或漏洞、供应链监管缺失	系统宕机、业务故障、数据泄露或破坏

由表 5.5 可以看出，黑客攻击是威胁的一种，但并非是威胁的全部。网络空间安全威胁既可能来自网络空间信息系统的外部环境，也可能来自系统自身内部。有研究表明，超过七成的网络空间安全事件均源自内部攻击和内部泄密。造成内部威胁泛滥的主要原因是，内部人员更熟悉组织机构及运作模式，更易接触敏感信息甚至是核心数据、资源等，而且不易被察觉。内部人员可主动或被动地制造/传播恶意代码、非授权使用或授权滥用，还可利用管理漏洞引发 IT 资源不可用或者资源损失。外部威胁是指攻击通过网络或者信息系统外部实施，比如利用系统漏洞攻击、假冒授权用户、为鉴别或访问控制机制设置旁路等。

安全威胁的动机可分为偶发性和故意性两种。偶发性威胁是指带有偶然性质、无预谋的威胁，比如自然灾害、系统故障、操作失误以及软件失效等。人为因素也可能会造成无意失误，比如安全配置不当、安全意识淡薄、密码选择或保管不当等。故意性威胁是指有目的、有意图的威胁，可分为被动和主动两类。被动威胁仅仅破坏信息的机密性，并未破坏其他属性。主动威胁是指对系统状态的

非授权改变。这些形式不仅可能破坏信息的机密性，更可能会对信息的完整性、可用性等产生破坏。通常来说，故意威胁产生的后果要远远严重于偶发威胁。

此外，还有高级持续性威胁（Advanced Persistent Threat，APT），这种威胁多被认为是蓄谋时间很长的"恶意间谍威胁"，由具备持久而有效地针对特定主体攻击的能力及意图的群体所发起。"高级"是指使用复杂精密的恶意软件及技术以利用系统中的漏洞。"持续性"是指持续性监控特定目标，持续时间甚至可长达数年。该威胁经过长期的人为策划，具备高度的隐蔽性，令信息系统所有者及安全管理人员无从察觉。

通过上述分析可以看出，黑客攻击能够造成威胁甚至是威胁的主要来源，但信息系统所面临的威胁并非都是由攻击导致的，必须全面考虑攻击和非攻击因素所带来的威胁问题。

5.3.2　网络空间信息系统的威胁模型构建方法

威胁可以通过威胁主体、资源、动机、途径等多种属性来刻画并建立模型。对威胁进行建模，既是一种方法论，也是一种分析模型，同时也是一项工程技术，使用抽象概念来分析系统可能存在的风险（可能被攻击方利用或导致系统不安全的薄弱环节）及其严重度，有利于安全防御方寻找出最适合系统与业务场景的风险解决方案。

5.3.2.1　威胁模型及面向安全度量的建模要素分析

即便按照特定的安全标准，采取了安全防护措施，也许仍不足以检测或阻止复杂的网络威胁和攻击。因此，需要采用规范的工具和方法来处理系统中潜在的安全风险，即进行威胁建模，通过结构化方法，实现对最可能影响系统的各种网络威胁的系统性识别与量化评价。基于威胁模型，可按照一定的逻辑顺序，采取适当的对策来应对各种威胁，并以风险最大的威胁为重点关注对象。

在进行安全度量和控制时，需要创建威胁模型。构建威胁模型，应以业务场景为中心，而不是仅仅关注应用程序本身。建模时，应考虑信息基础设施、数据库、共享组件、第三方交互以及部署环境。其次，应以系统面临的攻击威胁本身为重点，而非系统的脆弱性。因为，即便对特定的漏洞实施了控制，也不等于攻击方就无法利用该漏洞。进行威胁建模的目的是控制风险，尽管能够降低攻击带来的危险，但却无法减少或者消除实际的威胁。即便采取了各种安全对策和措施，威胁仍旧存在。威胁建模有助于控制安全风险并做出有效响应以缓解威胁带来的后果。而且，威胁建模是不断循环的动态过程，因此威胁模型也应该是动态模型，其动态性体现在安全分析和控制随时间的推移而不断迭代和演进，以适应新的业务、威胁和攻击。

威胁建模涉及资产、威胁和脆弱性三大要素。资产是指应保护的有价值的数据和设备。威胁则是指攻击方对系统的实施行为或系统自身的缺陷所导致的状态。不同层次的组织结构与环境面临的威胁差异较大，威胁目标通常有三层：网络层（包括假冒、恶意报文等）、主机层（操作系统漏洞、恶意文件、Buffer Overflow 等）和应用层（OWASP TOP 10 等漏洞）。

威胁模型更关注信息系统的安全攻击面方面，通过建模方式实现威胁的抽象化和结构化，采用图表方式来确定威胁范围，并利用表格、列表等来描述并更新威胁，实现在网络空间信息安全分析和控制过程中威胁识别和管理的系统化与量化问题。

5.3.2.2　威胁建模方法与步骤

在威胁建模阶段，需要确定：指定的网络的攻击方法、需要获取的信息、最合适的攻击方法、对目标的最大安全威胁。通过基本的分类方法将组织的资源映射成模型，实现资源标识，并对威胁进行识别和分类。威胁建模有助于明确最容易受威胁的资源以及该资源所面临的具体威胁。威胁建模结果评价有助于确定安全度量目标（系统现状在粒度和有效性方面是否符合安全目标）。威胁建模步骤如表 5.6 所示，具体可分为业务场景识别、资源标识、总体架构创建、架构分解、威胁识别、威胁描述与威胁评价等七步。

表 5.6　面向网络空间信息安全分析和控制的威胁建模步骤

步骤	内容	释义
1	业务场景识别	厘清网络空间信息系统的业务类型，确定核心业务和一般业务
2	资源标识	找出需要保护的有价值的资源（包含敏感或关键信息的关键资产、信息、文件、位置等），包括信息系统硬件、承载的应用以及数据，分析其入口和出口点、信任级别（访问类别）等
3	总体架构创建	采用架构框图或表格方式来描述信息系统的总体架构，比如各子系统、网络边界以及数据流向等
4	架构分解	对网络空间信息系统的总体架构进行分解，包括基本网络、主机、数据库、应用程序等软硬件系统，以获取安全配置需求
5	威胁识别	以攻击方的视角，根据对复杂信息系统总体业务和架构的分析，以及对潜在脆弱性的分析，找出系统的潜在威胁
6	威胁描述	采用通用威胁模板来描述各种威胁的核心属性，得出安全威胁列表，给出修复建议
7	威胁评价	对威胁进行评价，根据发生频率和危害后果，得出优先级，并优先处理危险较大的重要威胁。权衡消除威胁成本和威胁所致风险

在安全度量和风险控制阶段应用安全威胁建模,首先需要对该系统的业务场景进行识别,并识别其安全威胁以及对应的安全需求,构建安全需求知识库,需要考虑具体的业务特征、真实用例以及场景中所用的产品。业务具有价值属性,作为组织发展的核心关键要素,体现出多样性、复杂性等特点。业务流程则是指根据特定规则、业务关系进行的一系列业务活动,这些活动存在着一定的先后顺序。业务数据之间的交换与集成就需要通过对业务流程进行管理、审批与控制来实现。对业务流程进行识别,主要是针对其业务逻辑、流程步骤、数据流以及流程管理审批等,而业务的识别,则包括其定位、关联性识别以及完整性等。

5.3.2.3 威胁识别模型

威胁识别分为扫描、窃听、欺骗、重放、流量分析、篡改、拒绝服务、信息泄露、提权、恶意代码和否认等。

(1)扫描(Scanning)。扫描是指基于特定数据库,采用工具对信息系统进行远程或本地的安全脆弱性进行扫描,以发现可利用漏洞。扫描可能是攻击的前期警讯。

(2)窃听(Tapping)。针对广播式网络,通过节点读取网络传输数据,实现网络监听。攻击方登录网络主机并取得超级用户权限后,若要登录其他主机,可使用网络监听来截获网络数据。网络监听可应用于连接同一网段的主机,常用于获取用户密码等。

(3)欺骗(Spoofing)。一个实体假冒、伪装成另一个实体进行网络活动。比如,使用其他用户的身份验证信息(用户名和密码)进行认证并进行非法访问。

(4)重放(Replay)。重复报文或部分报文,以产生被授权的效果。

(5)流量分析(Analyzing Traffic)。通过网络信息流来侦察和分析推断出其中的有用信息,比如,是否存在传输、传输的数量、方向以及频率等。即便是传输数据被加密,但报文信息无法加密,因此流量分析方法仍然有效。

(6)篡改(Tampering)。蓄意或无意地修改或破坏信息系统,或在非授权和未被监视的情况下修改数据,使其完整性遭到破坏。

(7)拒绝服务(DoS)。系统服务资源被恶意消耗,导致授权的合法实体无法获得应有的网络资源访问服务或紧急操作,影响系统的可用性和可靠性。比如,Web 服务器暂不可用。

(8)信息泄露(Information Disclosure)。获取到自身权限本不能获取的信息。

(9)提权(Elevation of Privilege)。非特权用户获得特权访问权限,包括获取到更高的系统权限、攻击方已经有效地渗透所有系统防御措施,成为可信系统本身的一部分,能够实现与所定义的安全策略不一致的使用。

(10)恶意代码(Malicious Code)。经由存储介质和网络传播,安装或者运行在机器上的各种软件，在各种系统中进行非授权操作，其行为违反了目标系统的安全策略，通过各种破坏手段达到目标机器信息泄露、资源滥用、系统的完整性及可用性破坏等目的。具体包括病毒（Computer Virus）、蠕虫（Worm）、木马（Trojan）、间谍软件（Spyware）、可执行的僵尸（Bot）程序、恶意脚本（Malicious Script）、流氓软件（Malware）、逻辑炸弹（Logic Bomb）、后门（Backdoor）、网络钓鱼（Phishing）等。

（11）否认（Repudiation）。信息和信息系统的使用者否认其行为及其结果，参与某次操作或通信的一方事后企图否认该事件曾发生过。

此处采用的威胁识别方法，将信息系统面临的威胁分为 11 个维度来进行评估，几乎可以覆盖绝大部分的信息安全问题。按照网络业务场景的基本描述，使用该方法中的威胁维度来进行威胁分析，具体如表 5.7 所示。该表用于描述基本元素可能会面临的威胁维度。比如，通信可能会遭到窃听，通信某方可能会存在身份欺骗或否认自己的通信行为或内容等。

表 5.7　信息系统架构要素与威胁识别维度的关系示意

维度 元素	扫描	窃听	欺骗	重放	流量分析	篡改	拒绝服务	信息泄露	提权	恶意代码	否认
物理								√			
环境								√			
网络	√	√	√		√	√	√	√	√	√	√
通信		√	√	√	√	√	√	√		√	√
设备	√					√	√		√		
计算		√				√	√				
应用	√			√			√		√	√	
数据		√				√	√	√			√

采用图表化进行威胁建模，有助于描述和理解信息系统的业务场景和应用系统，并分析和定位威胁的攻击面。在系统基本元素方面，分为物理、环境、网络、通信、设备、计算、应用、数据等八个元素。由于安全问题通常出现在数据流而非控制流之中，因此重点考虑具体元素的系统数据流模型、网络和系统信任边界、攻击面等。而在数据流模型中，需要考虑的是外部实体、进程、数据流以及数据存储等四个属性。外部实体是指在系统控制范围之外的用户、软件系统、浏览器或设备等；进程是指处于运行状态的代码（比如服务、组件等）；数据流则是指外部实体与进程、各进程之间或进程与数据存储之间的交互，比如功能调用、网络数据流等；数据存储是指存储数据的内部实体（比如数据库、消息队列、文件、注册表、共享存储、缓存等）。信任边界则是指在通信和交互过程中与数据流相交

的、攻击方可接触的点/面（比如物理边界、权限边界以及完整性边界等），信任边界汇聚了不同主体，各实体与其他不同权限的实体在此位置进行交互。由于威胁通常具有跨越边界的行为，因此信任边界是识别威胁的最佳位置，也就是当前业务场景暴露的攻击面。

然后，可以对具体的信息系统业务场景进行潜在威胁的定位，以某 Web 应用为例，如表 5.8 所示。

表 5.8　信息系统业务场景的潜在威胁定位示例

实例 ＼ 元素	元素/属性	扫描	窃听	欺骗	重放	流量分析	篡改	拒绝服务	信息泄露	提权	恶意代码	否认
用户 Web 端	网络/外部实体	√							√	√		√
网络边界 1	网络/数据流		√	√			√	√	√		√	
网络边界 2	网络/数据流		√	√	√	√		√			√	√
内部业务系统	应用/进程	√					√		√	√		
外部业务系统	通信/进程	√	√				√		√	√	√	√
业务数据库	数据/数据存储	√							√	√	√	√

由此可以分析和求取复杂信息系统各业务场景下的所有潜在威胁，并以抽象的威胁定位图表来表示。而具体的威胁则需要基于攻击知识库来枚举，构建各潜在威胁的描述及其攻击方法，并形成威胁列表，以描述各个威胁项。

5.3.2.4　综合威胁分析法

威胁描述与评价主要是采用通用威胁模板来描述各种威胁的核心属性，得出安全威胁列表，给出修复建议。威胁的评价要素如表 5.9 所示。

表 5.9　威胁描述与评价模型

描述与评价	1 级	2 级	3 级
危害性	攻击方可窃取并破坏敏感数据	攻击方可窃取敏感数据，但破坏力不强	攻击方仅能窃取非敏感数据，危害或破坏力弱
重复利用可能性	每次均可重复，无时间间隔	存在时间间隔，且仅在该间隔内运行	重复性不强
利用难度系数	难度小	需要攻击方具备一定知识与技能	需要攻击方具备专业知识与技能
受影响用户数	全部用户或大多数用户	部分用户	极小部分用户
发现难度系数	可被攻击方轻易发现	攻击方发现有一定难度	攻击方发现相当困难

5.3.3 信息系统攻防状态表征的基本问题及经典图形建模方法

在网络空间安全度量、分析、控制和评估中，信息系统的攻击行为及其产生的影响至关重要，其中涉及信息系统攻防状态表征的基本问题、攻击行为描述问题以及攻击影响计算等关键问题。信息系统攻防状态表征的基本问题为建模仿真与描述方法问题。不同的应用目的，在一定程度上决定了需要建立的模型及其生成方法。渗透攻击测试需要找出所有攻击路径，安全能力分析则需要考虑各原子攻击的复杂度（成功概率）、脆弱性被成功利用后的危害程度等。信息系统攻击行为的建模需要将网络模型及漏洞库信息以结构化方式来表示。

5.3.3.1 信息系统攻击行为建模仿真

网络攻击行为非常复杂，涉及攻击平台依赖性、可利用漏洞相关性、攻击目标及路径、攻击危害后果及其传播等因素，使得攻击行为及其效用度量成为难题。

传统的信息系统攻防状态表征，多着力于度量指标及数据的丰富性，然而随着度量维度的不断拓展，度量数据冗余、不精确、不准确等问题日渐突出。攻击行为的度量涉及攻防双方的动态博弈，网络信息系统的环境复杂多变，攻防行为与环境要素动态交织，导致实现全方位、立体化的信息系统攻防状态表征及分析困难。而且，在理想的攻击行为场景假设中，多默认攻击方一旦采用某种方式攻击成功，将不会重复利用该攻击路径。因此，需要综合考虑攻击方的攻击意图、入侵路径、成功概率及其时间测度，客观、有效地度量攻击行为对信息系统带来的负面作用，而且不同攻击方的攻击能力也有差异。此外，针对复杂信息系统的攻击手段日趋复杂，时空分布的多阶段、多步骤特征使得人工分析难以为继，状态爆炸问题更是令人工分析束手无策。因此，从安全性分析和评估的角度来看，必须实现攻击行为建模仿真，从统计行为的角度来分析系统的安全态势方有意义。

信息系统攻击行为建模仿真又高度依赖于攻击行为描述，下面将简要讨论攻击行为描述方法。

5.3.3.2 信息系统攻击行为描述方法

信息系统攻击行为描述常用语言类方法和图形类方法。形式化的语言类方法逻辑性强，包括事件语言、响应语言、报告语言、关联语言（融合语言）、漏洞利用语言（攻击语言）以及检测语言等。图形类方法直观、高效，主要是将图形与数学工具相结合，表征网络状态及攻击路径的互联关系，借此来刻画信息系统攻击行为。常用的图形类描述方法包括 Petri 网、攻击树、攻击图等。表 5.10 给出了信息系统攻击行为描述方法分类示意。

表 5.10　信息系统攻击行为描述方法分类示意

类型	子类	具体特征	典型代表	具体特点
语言类描述方法(形式化描述)	事件语言	注重描述数据格式，简化不同系统间的数据共享，支持不同事件流合并，部分使用 XML 描述	BSM	Solaris 模块，TCSEC 规定的 C2 安全等级，将收集的事件以审计记录方式写入审计文件，实现安全审计
			Tcpdump	开源的网络分析工具，截获并分析网络数据包头部，并给出分析结果
			SysLog	获取系统日志数据
			Bishop	标准日志记录格式，可移植性和可扩展性好
	响应语言	将网络事件转换为可操作/有用的元数据，提供上下文以分析潜在威胁，描述反应措施	Bro	开源的被动流量分析工具，支持安全域外大范围流量分析、性能评估及错误定位，输出详细记录网络行为的日志文件
	报告语言	描述事件及报警格式	CISL	CIDF 的通用入侵规范语言
			IDMEF	入侵检测消息交换格式，描述入侵检测输出信息的数据模型及其应用原理，可用 XML 实现
	关联语言（融合语言）	明确攻击间关系，实现协同攻击的识别	无	贝叶斯推理、基于事件的推理、基于规则的推理
	漏洞利用语言（攻击语言）	描述攻击实施步骤，常用可执行语言（C）和专用语言	CASL	通用攻击仿真语言，为解释性命令语言，提供了建立、发送、接收以及解析数据包的工具
			NASL	Nessus 扫描脚本语言，主要用于安全测试
	检测语言	描述攻击特征	P-Best	基于产品的专家系统工具集，用于滥用检测
			STATL	状态转换分析技术语言，可描述多种操作系统环境下的网络和主机攻击
			Snort	基于 Libpcap 的 IDS，可实现多平台、实时流量分析、网络 IP 数据包记录等
图形类描述方法	Petri 网	指代系统的安全状态集合、状态的变迁以及攻击进程	有色 Petri 网	既可以描述静态结构，也可以描述动态行为
	攻击树	将整个攻击行为自底向上还原为原子攻击组合	Schneter 攻击树	旨在揭示攻击路径及其连接关系
	攻击图	基于网络状态的攻击图	Swiler 攻击图	已知攻击模型、网络拓扑信息和攻击方基本情况
		基于模型检测器的攻击图	Sheyner 攻击图	使用模型检测工具实现攻击图生成过程智能化
		基于抽象模型的攻击图	Melissa Danforth 攻击图	对同一网段内的主机集群进行聚类，将针对网络数据文件的攻击视为抽象模型（将针对权能/端口的攻击视为抽象权能/抽象端口）
		基于主机中心的攻击图	Ritchey 攻击图	不以系统脆弱性或攻击步骤为出发点来构建攻击图。节点选为主机，根据拓扑关系初始化各节点间边关系。以弗洛伊德算法求取最短路径

Petri 网、攻击树、攻击图等方法在信息系统攻击行为的图形建模中获得了广泛应用，但是用于信息系统安全度量等目的，也存在着诸多缺陷。

5.3.3.3　Petri 网建模方法

Petri 网是针对分布式系统的常用建模方法。Petri 网的元素有位置、变迁及令牌，用于信息系统攻击行为时，可分别用于指代系统的安全状态集合、状态的变迁以及攻击进程。国内外使用 Petri 网进行网络空间安全建模的成果较多，例如：利用经典 Petri 网进行网络通信协议分析和脆弱性评估建模；利用有色 Petri 网（Coloured Petri Net，CPN）进行安全攻击建模等。上述方法可定量表示攻击行为对系统造成的危害程度，以便采取有针对性的防御措施来减少损失。不过，采用这种方法进行攻击建模，导致模型形式较为复杂，灵活性不足，因此在实际应用中受到了很大限制。

5.3.3.4　攻击树建模方法

Schneier 提出了图形化的攻击树建模方法，该方法采用 And-Or 树形结构，用于单个软件或网络系统安全风险建模分析。攻击树的根节点代表最终攻击目标，叶子节点及其连接则代表实现攻击目标所需的攻击步骤。该树中的每条路径均代表一个独特的攻击序列。攻击树节点分为 And 节点（与节点）和 Or 节点（或节点）。若某个父节点为与节点，仅当其所有子节点均已实现，该父节点方能实现，上推亦然；若某个父节点为或节点，仅需其所有子节点之一实现，该父节点即可实现，上推亦然。针对网络空间复杂攻击场景建模时，可将攻击树和专家头脑风暴结果相结合；通过对攻击树节点赋值可进行概率计算及成本效益分析。利用该方法，可实现不同应用场景下的网络系统攻击事件建模，分析该系统的安全状态以及存在的漏洞，并可进行安全脆弱性评估。

不过，该方法通常需要严格的条件匹配，而实际的信息系统攻击行为大多无法严格地按照其既定模式进行。更重要的是，由于攻击树结构存在后向推理的固有局限，无法用于多个攻击、时间以及未知目标等场景建模。此外，攻击树本质上属于非循环有向图，无法实现有意义循环事件的建模推理。

5.3.3.5　传统攻击图建模方法

1985 年，Cunningham 等在《网络的最优攻击和加固》一文中首创了攻击图的概念。该文认为，网络拓扑通常涵盖主机及其驻留服务、网络硬件设备等，网络组件或通过物理方式直接连接，或通过逻辑方式间接连接。因此，一次攻击过程可视为攻防双方的对抗过程，将此过程抽象反映至一个"图"中，以节点来代表攻击后的网络状态，而边的权值则表示攻击方攻击所需的"代价"，同时也因此获得"利益"。显然，对于攻击方来说，其意图必然是付出最小的攻击"代价"来获取最大"收益"。这种通过构建攻击图来描述攻防过程的方法，为攻防博弈问题提供了有效的分析途径。典型的攻击图建模有基于网络状态、基于模型检测器、基于抽象模型、基于主机中心等四种方法。

（1）基于网络状态的攻击图建模方法。

1998年，桑迪亚国家实验室的Swiler提出了基于网络状态的攻击图，这是基于图论的搜索构造法，将网络拓扑信息作为重要因素引入系统安全分析之中。该图的每个节点均表示一个攻击后临时的网络状态（被攻击主机、攻击方在各主机上拥有的权限、每一步攻击造成的损失值等），每条边则用于表示攻击方实施一次攻击后所导致的网络状态改变。该攻击图利用"已知攻击模型"来描述常见攻击行为的共性特征，绘制攻击图时参照已知攻击模型，从目标状态反向搜索攻击路径和网络状态的改变，直至攻击开始状态，从而构建出状态攻击图，若存在连通路径则说明该系统具有脆弱性。表5.11给出了构建基于网络状态的攻击图的必要信息，包括已知攻击模型、网络拓扑信息和攻击方基本情况。

表 5.11　构建基于网络状态的攻击图的必要信息

时间	含义	备注
已知攻击模型	已知攻击的一般步骤或者状态迁移序列集合	节点：每次攻击后的网络状态（例如，攻击方在各主机上拥有的权限、主机集群及其漏洞等）；边：实施一次攻击所引起的网络状态改变，可附加权值代表成功的概率、消耗平均时间、攻击成本、攻击收益等
网络拓扑信息	待分析的网络的抽象拓扑具体细节	各主机连接信息、各主机操作系统信息、网络设备信息、各主机及网络设备软硬件脆弱性、运行的业务系统及其脆弱性等
攻击方基本信息	攻击方初始拥有的资源、技术能力、对被攻击网络的了解程度等	用于匹配已知攻击模型找到合适的模型，确定某次原子攻击的成功概率。攻击方能力可概略分为不熟练、熟练、专家三级

该方法以已知攻击模型、网络拓扑信息、攻击方基本信息作为初始信息输入，然后以网络拓扑信息和攻击方基本信息来匹配与其相对应的已知攻击模型，根据匹配结果向攻击图中逐步添加顶点和边，直至最后无法继续添加时即生成完整的攻击图。以有向弧S来连接节点P、Q，Q称为有向弧头，则P称为有向弧尾。基于已知攻击模型，从攻击目标开始逆向搜索，到达攻击开始状态时结束，从而得到攻击图。具体做法是，以攻击目标节点为起始点，遍历已知攻击模型库，搜索有向弧头与目标节点相同的攻击模型；一旦搜到匹配的攻击模型并满足该模型的约束条件，即向图中添加该有向弧尾节点，并令该节点为新弧的有向弧头，反复向上迭代，直至搜索到攻击发起节点为止。此外，还可以为图中有向弧赋予权值，以表示攻击代价或收益等信息。此时，图中各节点表示网络临时状态，而各

条边则表示因各次原子攻击而导致的网络状态迁移。首节点表示攻击方的攻击发起状态，而末节点则表示攻击目标状态，各条攻击路径则代表总体攻击进程以及网络状态随攻击的变化情况。

这种方法充分利用了已知攻击模型、网络拓扑、攻击方基本信息等先验知识，具有较强的针对性和可解释性。但是，恰是由于其依赖于先验知识，其对未知攻击的描述能力欠缺。同时，针对大规模复杂信息系统或脆弱性较多的系统，易导致状态爆炸问题的出现。

（2）基于模型检测器的攻击图建模方法。

Sheyner 和 Jha 等提出使用模型检测器构建攻击图方法。该方法将网络信息系统视为有限状态机，以原子攻击来表示状态转移，采用计算机树形逻辑（Computer Tree Logic，CTL）实现安全防御方案编码。具体做法是，首先人工构建有限状态机，然后利用模型检测器来检测，通过确定攻击目标能否到达（如能到达则列明具体的到达路径）来构建网络攻击图。利用模型检测器检测系统时，基于待检测的系统模型和符合判断标准的属性，以该属性来检测系统模型与该属性的相反之处。若存在这种相反之处，模型检测器随之得出一个反例以纠正误差，循环执行上述过程以得出全部反例，与这些反例相关联的路径则为潜在的可行攻击路径，这些反例集合即所有潜在的可行攻击路径则构成攻击图。

该方法的特点是使用模型检测工具实现攻击图生成过程的智能化。不过，若想囊括所有的攻击路径，模型就需要包含全部攻击状态。

（3）基于抽象模型的攻击图建模方法。

为了解决网络主机数量和原子攻击数量过多导致状态爆炸问题，Danforth 提出了基于抽象模型的攻击图构建方法。该方法对同一网段内的主机集群进行聚类，将针对网络数据文件的攻击视为抽象模型（将针对权能/端口的攻击视为抽象权能/抽象端口），该对应关系通常为 1∶1 映射，有时可为 1∶n 映射。具体做法是，首先基于权能将各主机聚类为基簇，随后再将各基簇基于网段细分。以一个字符串（Hash 表键）来表征权能，依次检测各主机，将字符串一致的主机群纳入同一 Hash 表槽中。若某 Hash 表槽仅存在一台主机，即可输出网络数据文件，若存在多台主机，则需要判断其是否处于同一网段。

该方法的优点主要是可缩短运行时间、减少初始化变量数和计算边数，显著降低了算法复杂性以及所构建攻击图的复杂性。

（4）基于主机中心的攻击图建模方法。

上述攻击图本质上都是状态攻击图，既有显著的优势，也存在明显的不足。从安全防御的角度来看，状态攻击图可以揭示原子攻击间的逻辑关联，从而获知潜在的攻击序列，有助于发现攻击目标和路径，进而有效地评估网络信息系统的安全态势。状态攻击图需要显式刻画全部攻击路径，但是由于其中的每个节点均表示网络某时刻的状态，因此图形生成较为困难。同时，随着网络信息系统规模的增大，容易出现攻击状态爆炸问题。

为此，Ritchey 提出的以主机为中心的攻击图构建方法，并不以系统脆弱性或攻击步骤为出发点来构建攻击图。该攻击图的节点选为主机，根据网络拓扑关系实现各节点间边关系的初始化。攻击图中仅保留对被攻击主机拥有最高访问权限的边，去除其余权限的边。具体做法是，分别实现初始化和访问权限最大化。初始化旨在攻击前建立节点间的初始连接关系，该连接关系分为无连接、连接、直通、用户和管理员五级。令每条边的初始连接等级为无连接，一旦两个主机出现多个连接关系，则保留其最高连接等级。然后，利用原子攻击即可获得各主机间的最高连接等级。若两个主机通过某端口实现连接，且已满足原子攻击的全部前提，则应在两者之间增添有向弧。该有向弧的标识可为路由 ID、源/目标主机、有向弧生成算法、连接等级、漏洞编号等。该方法可以通过直接/间接攻击来提升连接等级，并采用弗洛伊德插点算法（Floyd-Warshall）来求取给定加权图中多节点间的最短路径。

该方法的优点是适用于大规模网络和网络空间复杂信息系统攻击图的构建，不足之处是无法识别各个攻击序列，即无法给出全部攻击路径列表。

除了上述经典方法之外，还出现了属性攻击图的概念，属性攻击图将节点定义为原子渗透集合与/或属性节点，强调每步攻击的起因，且比状态攻击图更加精炼。后来又基于属性攻击图，引入了攻击依赖图的概念，实现了网络拓扑脆弱性分析。这种方法需要提供已知脆弱性的特征库、网络拓扑脆弱性信息以及攻击方的初始状态。该方法可自动生成攻击依赖图，包括了从攻击发起主机到目标主机的所有攻击序列集合。由于该方法是搜索因网络配置缺陷而导致的对特定攻击目标的攻击路径集合，因此可用于最优防御策略的制定。

随后又出现了基于逻辑的网络脆弱性分析方法，用于多主机、多层次的网络脆弱性分析。其分析引擎需要网络拓扑信息、主机信息、防御方案描述文件以及攻击原型转换规则等信息。其中，以网络拓扑信息和主机信息作为输入，以全部攻击路径集合作为输出，上述路径序列经图形化处理即可生成逻辑攻击图。

1998 年，Phillips 和 Swiler 等提出的攻击图技术，本质上是采用有向图来描述攻击行为对脆弱性的利用过程。但是，这种方法通常只考虑攻击行为对网络信息系统的应用，未反映防御措施对安全对抗与风险控制的影响。而且，这种方法仅从技术角度进行分析评估，未考虑经济成本的影响。此外，该方法也未考虑对抗活动对攻防双方策略制定的影响。

5.3.4　面向安全体系能力分析的信息系统攻防状态图建模分析方法

对于复杂信息系统来说，由于其自身结构、功能、环境以及安全问题的复杂性，对于其所面临的安全攻击来说，采用攻击图要比传统的 Petri 网和攻击树的表征和描述能力更强。但是，传统的攻击图建模方法均是以揭示系统安全漏洞关联、寻求网络攻击路径为目的，对于安全体系能力度量的适用性不强。为此，需要寻求一种面向安全体系能力分析的信息系统攻防状态图建模分析方法。

5.3.4.1　需要解决的问题

攻击图技术分为生成技术和分析技术。生成技术是利用目标网络信息和攻击模式生成攻击图，分析技术则是通过分析攻击图的关键节点和路径或对脆弱性进行量化，然后考察现有安全措施所能提供的攻击阻断能力，通过网络空间安全风险分析来度量现有网络安全措施提供的安全性。传统的攻击图重点在于利用模型来评估网络的脆弱性，将网络各组件的脆弱性关联起来，搜索威胁信息系统安全的攻击路径并实现图形化展示。面向安全体系能力分析的信息系统攻防状态图建模分析，需要解决以下问题。

（1）网络攻防的动态性。攻击方对目标组件的攻击通常为多步攻击，需要利用目标网络中组件作为跳板，经过一次或多次跃迁至目标组件。通过脆弱性扫描虽然有可能发现目标网络中存在的脆弱性，但无法有效反映各组件脆弱性的关联关系。

（2）网络攻防的效费比。攻击方实施攻击需要成本，而防御方为了对抗攻击，采取修复脆弱性等安全加固措施同样需要一定成本。因此，安全体系能力的形成，需要同时考虑技术和资本投入，力求以最小代价实现最优的安全体系能力。

（3）网络攻防的动态性。攻防博弈的本质是攻防双方持续利用目标网络存在的脆弱性知识进行的对抗，即攻击方希望尽可能地发现并利用系统的脆弱性以实现最大危害，而防御方则尽力抵挡攻击方的攻击以实现最小威胁和损失。建模需要考虑攻防的动态性技术研究信息系统的风险控制时，应当考虑攻防双方的动态博弈，以及一方所选博弈策略对另一方策略选取的影响。

（4）网络防御的主动性。除了采用防火墙、入侵检测及反恶意代码等被动防御技术之外，还应该加强主动防御，并通过态势感知来预测攻击方的目标、攻击路径等。

（5）攻防的信息条件。在攻防过程中，双方对对方信息的掌握情况称为攻防信息。如果了解了对方的先前所有信息，称为完全信息；如果尚未了解或无法了解对方的先前所有信息，则称为不完全信息。

（6）攻防的均衡性。攻防双方最终要达到最优攻防博弈策略的组合均衡，由于此均衡性的存在，攻防双方均无动力去改变自己的策略。

（7）安全体系能力的可比较性。尽量使得生成的攻击图为可实现一致明确的度量、可比较的标准模型，使用该标准模型来衡量网络安全，以度量和比较所建模信息系统的安全能力。比如，该模型应能够比较不同时间节点的同一个系统的安全能力、不同系统同一时间的安全能力等。

上述问题的解决涉及多目标联动、攻防双方效费比的权衡、攻防动态博弈以及主动防御等问题。面向安全体系能力分析的信息系统攻防状态图建模必须解决上述问题。

5.3.4.2 面向安全体系能力分析的攻击图生成

（1）面向安全体系能力分析的攻击图生成框架。

面向安全体系能力分析的攻击图是基于目标网络的攻击模型，得到脆弱性利用规则，利用攻击图生成算法实现原子攻击组合，生成完整的攻击路径，攻击路径经图形化描述输出后得到可视化的攻击图。具体的攻击图生成框架如图 5.10 所示。

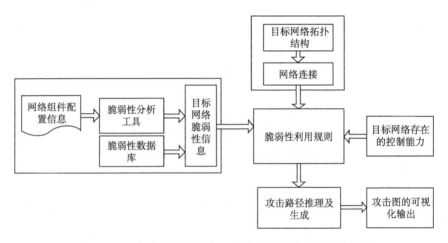

图 5.10　面向安全体系能力分析的攻击图生成框架示意图

表 5.12 给出了面向安全体系能力分析的攻击图生成步骤说明。

（2）面向安全体系能力分析的攻防状态图定义及生成。

传统的攻击图重在反映攻击方的攻击活动及目标系统状态迁移，但对防御方的防御措施及成本开销考虑不足。为此，下面将结合安全体系能力分析，给出面向安全体系能力分析的攻防状态图定义及生成算法。

信息系统攻防状态图（Attack-Defense Status Graph，ADSG）记为四元组：$\text{ADSG}=(S, E, s_0, s_n)$。其中，$S$ 为信息系统中网络安全状态节点集合，反映网络的资源属性或攻击方对信息系统组件的访问能力；$e \in s \times s$ 为攻防状态图有向边集合，反映网络安全状态迁移；s_0、s_n 分别为初始网络安全状态及目标网络安全状态。网络安全状态节点记为二元组：$s=(\text{host\_id}, \text{privil})$，host_id 为具有脆弱性且可被攻击方利用实施原子攻击导致该状态下安全要素改变的节点，以 IP 地址为唯一标识；privil 为攻击方对该节点的操作权限。表 5.13 给出了攻击方取得权限的说明。

表 5.12　面向安全体系能力分析的攻击图生成步骤说明

步骤	内容	释义
1	构建目标网络的攻击模型	使用脆弱性扫描等方法，采集目标网络中各组件的配置信息，利用 CVE、CWE 等为国内外主流脆弱性数据库，识别目标网络脆弱性；分析目标网络的拓扑结构，得到其各组件连接信息；结合主机配置信息、主机漏洞信息、网络拓扑信息、网络配置信息、目标网络的控制能力等信息，构建脆弱性利用规则，获取各原子攻击路径
2	推导完整的攻击路径	攻击方常用多步骤、多宿主攻击，逐渐渗透并最终危及目标系统。利用攻击路径推理算法，实现所有的原子攻击路径的关联组合，求取攻击方达到攻击目标的完整攻击路径，每条路径可由一个或多个原子攻击路径组成
3	攻击图可视化输出	使用可视化工具，以上一步得到的完整攻击路径为输入，输出完整攻击路径的图形化描述

表 5.13　控制权限分类及描述

权限分类	具体描述
All	攻击方拥有完全信息系统组件资源能力
NorWR	攻击方对组件可进行用户身份读写
NorW	攻击方对组件可进行用户身份写
NorR	攻击方对组件可进行用户身份读
LimWR	攻击方可以访问信息系统服务，能和网络服务进程进行有限的数据读写交互
LimW	攻击方可以访问信息系统服务，能和网络服务进程进行有限的数据写交互
LimR	攻击方可以访问信息系统服务，能和网络服务进程进行有限的数据读交互
None	攻击方无信息系统组件的任何权限

安全状态迁移记为四元组：$e=$（e_id，vul_id，p，harm）。其中，e_id 为网络安全状态迁移编号；vul_id 为攻击方导致网络安全状态变迁所利用的脆弱性节点编号；p 为攻击方攻击成功概率；harm 表示原子攻击对系统造成的危害。攻击路径表示攻击方为抵达攻击目标而需要实施的原子攻击序列集合，记为三元组：path=（src_host，dst_host，attack_sequence）。其中，src_host 为发动攻击的源组件节点；dst_host 为目标主机节点；攻击路径的原子攻击序列记为：attack_sequence=$a_1 \rightarrow a_2 \rightarrow \cdots a_i \cdots \rightarrow a_n$，其中 a_i 为原子攻击，且前一个原子攻击成功的结果为其后原子攻击的前提，这表明攻击事件间存在特定逻辑关系，"→"表示因果指向。

攻防状态图可反映信息系统中攻击方攻击路径与信息系统组件安全状态变迁，其中，信息系统组件信息、网络连接关系及脆弱性利用规则为攻防状态图生成的关键。信息系统组件是指信息系统的某位置上的一个功能源，记为四元组 host=（host_id，rul_evuls，services，value），其中，host_id 是组件的唯一标识；services 为信息系统组件提供的服务；value 表示信息系组件的资产价值。它具有唯一地址和资产价值，能生成某些服务信息，且其脆弱性可被攻击方利用来实施攻击。组件之间存在可达关系，即不同组件逻辑上通过协议建立的会话关系，记为三元组：connection=（src_host，dst_host，protocol），其中，src_host∈host，表示发起连接的组件；dst_host∈host 为目的组件；protocol 为两个组件建立会话所用协议。脆弱性利用规则记为三元组：vul_srule=（vul_id，pre_condition，result），其中，pre_condition 表示原子攻击的前提条件；result 为攻击后果，即攻击成功后获得的组件权限。前提条件采用四元组表示，pre_condition=（src_privil，dst_privil，connection，att_patt）。其中，src_privil 和 dst_privil 分别表示攻击方在源组件和目标组件上的最低控制权限；connection 表示源组件和目标组件之间的可达关系；att_patt 为脆弱性利用模式。

在攻防博弈过程中，攻防双方均存在投入"成本"及相应"收益"，而且均希望实现各自的成本最低化、收益最大化。记针对某原子攻击 α 的防御措施为 d，下面讨论攻、防收益相关形式化定义和量化方法。攻防双方的组件资产价值记为 value，分为财产损失、环境损失（工控系统和物联网系统等可含人员损失）和社会损失三方面。财产损失（Assert Loss，AL）为信息系统组件遭攻击破坏后带来的总财产损失量；环境损失（Environment Loss，EL）为信息系统组件遭攻击破坏后引起的环境危害；社会损失（Social Loss，SL）为信息系统组件遭攻击破坏后将可能导致的社会危害。

5.4 基于攻防博弈的信息系统安全防御效用分析

信息系统安全体系对抗的本质是攻防双方的博弈，信息系统需要通过安全体系能力来应对攻击方的攻击行为，而这种安全能力的提供基础是系统防御措施的效能，即信息系统的安全效用（Efficiency）。这就提示我们，如果能够实现对信息系统体系攻防行为及其效用的刻画，就可以基于攻防博弈来分析防御措施的效能以及安全体系能力，但这方面的理论远未成熟，本节将对此展开初步讨论。

5.4.1 博弈模型及信息系统攻防博弈建模

网络空间的信息系统的使命是承载业务，系统通常会采用基础架构安全、被动防御、主动防御、智能分析等防御措施以保障其安全性。因此，信息系统所采用的安全防御措施是否能抵御信息系统攻击、正确履行其安全保障功能，需要深入讨论和分析。

5.4.1.1　安全措施的效用

安全措施效用是指在网络空间环境中，信息系统所采取的安全防御措施（包括风险控制措施等）部署、执行结果与系统安全需求的符合程度。安全措施效用分析的关键在于系统安全措施在攻防博弈情况下的表现，以评估其在系统遭受可能攻击时有效保障业务系统安全的能力。

信息系统的多种防御措施通过独立部署、有效协作来实现安全保障，而各种安全措施的安全保障整体效果体现为安全体系能力。由于网络空间信息系统本身具有高度复杂性和动态性特征，效用分析过程的规范性和结果的可比较性成为难题。为此，需要选择合理的模型来对真实信息系统安全攻防进行抽象和简化。在建模过程中，模型的抽象层次和建模"粒度"是一个平衡难点。模型抽象层次越高，越容易分析，但也导致分析结果与真实攻防场景偏差失真越大，导致建模信度和效度降低；模型抽象层次越低，越难以分析，但其分析结果与真实攻防场景较为贴合，建模信度和效度较高。

博弈模型是分析对抗场景下对抗行为的有力工具。传统的博弈模型在信息系统攻防博弈分析领域获得了广泛应用。下面我们先探讨基于博弈论的信息系统攻防博弈建模问题。

5.4.1.2　信息系统攻防博弈模型及其博弈均衡

博弈是指参与方在一定的环境和约束条件下，根据所掌握的信息同时或先后、一次或多次，从各自可能的行为或策略集合中选择、实施并取得相应结果的过程。具体的博弈活动包括八个要素：参与方、信息、行为、策略、次序、收益、结果、均衡，其中以参与方、策略和收益为基本要素。依据博弈活动要素的不同，可以构建不同的博弈模型并可在信息系统攻防建模中获得应用，如表 5.14 所示。

表 5.14　不同的博弈模型及其在信息系统攻防建模中的应用

分类要素	分类	博弈模型释义	在信息系统攻防中的应用
信息了解程度	完全信息博弈	博弈时双方均了解对方的所有可选策略、特征及效用函数的完整信息	信息攻防中，两种情况并存。由此可分为完全信息攻防博弈和非完全信息攻防博弈
	不完全信息博弈	博弈时双方不了解对方的所有可选策略、特征及效用函数的完整信息	
行为关系	合作性博弈	博弈双方存在协议，该协议对双方均有一定约束力并要求双方以提高整体利益为目标，在协议范围内采取行动进行博弈	攻防双方相互对立，攻击方尽最大能力去攻击系统、使系统损失最大；防御方尽力保护系统、使系统损失最小甚至免受攻击
	非合作性博弈	以采取策略使自身利益最大为目标	

分类要素	分类	博弈模型释义	在信息系统攻防中的应用
策略数量	有限博弈	博弈双方策略空间有限	工程实践中,常将信息系统攻防博弈策略视为有限策略集
	无限博弈	博弈双方策略空间无限	
行动次序	静态博弈	博弈双方同时行动并于同一时刻决定策略;或在不同时刻行动,即行动有先后次序,后行动者并不知晓先行动者采取何种行动	攻防双方的策略存在依存关系,自身策略是否有效还与对方策略有关,会影响对方策略的有效性。复杂信息系统的攻防是多阶段攻防的动态博弈
	动态博弈	博弈双方在不同时刻采取行动,后行动者可观察到先行动者采取的行动	
收益关系	零和博弈	博弈双方的效用之和为零或一个常数	攻防某方的效用收益并非必然导致对方的同等损失,因此实际的信息系统攻防多为非零和博弈
	非零和博弈	博弈双方的效用之和为一个变量	

　　信息系统攻防双方均具有独立思维和行动能力,攻防的对立性、策略依存性与关系非合作性符合博弈模型的基本特征。信息系统攻防双方策略相互影响、动态变化,双方均具有理性思维决策以确保己方收益。基于网络攻防关系特点分析,可见网络安全攻防模型与博弈模型具有一致的基本特征,如图 5.11 所示。但实际攻防中,攻防双方并非是完全理性的。如采用完全理性假设,则难以符合实际的攻防行为特征和攻防博弈过程。事实上,并非所有的博弈模型均适用于信息系统攻防博弈场景。

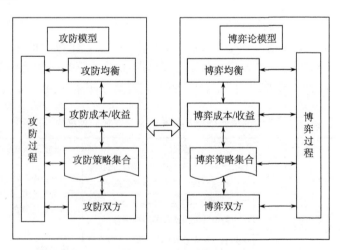

图 5.11　信息系统攻防模型与博弈论模型的对应关系

　　在博弈论当中,有两个重要问题。一是针对特定博弈,如何求解?二是博弈双方如何进行策略选择以达到最终目的?这就需要通过博弈均衡来回答。所谓博弈均衡，是指使博弈双方实现各自追求的最大效用，即对博弈结果满意，达到均衡状态时，双方均无动力改变己方策略，使得博弈进入"相对静止"的状态。在网络攻防博弈中，常用的博弈均衡有纳什均衡（Nash Equilibrium）、子博弈精炼纳什均衡（Subgame Perfect Nash Equilibrium）、贝叶斯纳什均衡（Bayesian Nash Equilibrium）、精炼贝叶斯纳什均衡（Perfect Bayesian Nash Equilibrium）等。表 5.15 给出了信息系统攻防模型的博弈均衡。

表 5.15　信息系统攻防模型的博弈均衡

均衡类型	适用攻防模型	博弈均衡释义	备注
纳什均衡	完全信息静态攻防	非合作博弈均衡，博弈时，无论对方如何选择策略，己方均会选择某个确定策略（称作支配性策略）以达到自己期望收益的最大值。如果双方策略组合分别构成各自的支配性策略，该策略组合即成为纳什平衡	分为纯策略纳什平衡和混合策略纳什平衡
子博弈精炼纳什均衡	完全信息动态攻防	子博弈是能自成一个博弈的原博弈的一部分。如果原博弈的纳什均衡在每一个子博弈上均构成纳什均衡，则它是一个子博弈精炼纳什均衡	剔除纳什均衡中包含有不可置信威胁策略的均衡，用于区分动态博弈中的"合理纳什均衡"与"不合理纳什均衡"
贝叶斯纳什均衡	不完全信息静态攻防	参与人同时选择行动，或虽非同时但后行者并不知道先行者采取了什么具体行动；每个参与人对其他所有参与人的特征、策略空间及支付函数并无准确认识。此均衡为型依赖型策略组合	博弈一方可正确预测另一方策略选择与其类型之间的关系，其决策目标是在给定自己的类型，以及给定另一方类型与策略选择之间关系的条件下，使得自己的期望效用最大化
精炼贝叶斯纳什均衡	不完全信息动态攻防	完全信息动态博弈的子博弈精炼纳什均衡与不完全信息静态均衡的贝叶斯纳什均衡的结合，假定博弈双方是根据贝叶斯法则修正先验概率	博弈双方策略和信念的结合，满足：在给定博弈一方有关另一方类型的信念的条件下，该策略选择最优；各方关于他方所属类型的信念，均使用贝叶斯法则从所观察到的行为中获得

　　理想化的信息系统攻防，双方均应"不惜一切代价"实施攻击和防御。比如，防御方应对信息系统中的所有脆弱性或所有攻击行为都进行防护，但在工程实践中，受技术和资金所限，上述策略显然不切实际。因此，攻防双方都应在投入和收益之间寻求一种平衡，利用有限资源和可用技术，实现各种利益的最大化。由此，信息系统的攻防博弈过程可以抽象为非合作、非零和攻防博弈模型。纳什根据 Brouwer 不动点定理，证明了任何一个有限非合作博弈至少会存在一个纳什均衡（即有限非合作博弈纳什均衡存在性定理），网络攻防博弈分析也服从此规律。

　　传统的信息系统攻防博弈模型，在用于信息安全效用分析上，有以下不足。

　　（1）传统的攻防博弈模型，更多的是考虑攻击方利用脆弱性来开展攻击，以及漏洞扫描、打补丁、防火墙、入侵检测等被动攻击给防御方带来的收益。而从安全效用分析的角度出发，在攻防博弈建模时，需要考虑基础架构安全、主动防御安全（入侵防御、蜜网、沙箱等）以及智能分析（态势感知等）等措施的防御效能，更需要考虑防御方攻击反制的博弈收益。

（2）攻防博弈策略的支付函数计算方法相对较为理论化和简单化，工程实践性不强，对攻防行为效用值的描述不准确。

（3）传统攻击收益最大化原则无法有效描述复杂攻击意图，比如对攻击隐蔽性、伸缩性等因素影响考虑不足。

5.4.2　基于攻防博弈的信息系统安全防御效用求解

随着网络攻防博弈形势的日益严峻，比如 APT 和社交工程等新型攻击手段的大量使用，使得网络攻击日渐多样化、复杂化、隐蔽化和自动化，网络空间的攻防博弈成为了一种体系对抗。传统的多阶段攻击分析大多仅从攻击方的角度来描述攻击动作和目标网络系统状态迁移情况，未考虑防御方的对抗行为及双方的成本代价。事实上，在网络空间安全体系攻防博弈过程中，攻防双方基于不同的意图和目的采取不同的系列行动，其对抗和博弈行为，将产生不同的成本耗费和收益。信息系统的安全体系能力将在攻防博弈中发挥重要作用，涉及攻防关联及演化、攻防效用传递与制约等。

5.4.2.1　攻防场景描述

博弈理论模型是对信息系统真实攻防博弈抽象和简化的结果，而非真实攻防博弈过程的"复制品"，任何博弈对抗模型均非真实攻防博弈过程的再现。因此，需要对相关模型进行特定假设，只要该模型在既定假设下可有效逼近真实攻防博弈过程，能够完成既定场景下的分析目标，即可认为该模型是客观、合理的，具备实用性和分析结果的可信性。

为此，攻防建模应围绕具体信息系统（攻防双方演化博弈系统）及体系能力分析目的，关注其核心问题，忽略非重要因素。从博弈理论的角度来看，参与方分为两类个体：攻击方和防御方。攻防博弈的演化包括：双方对抗演化博弈；双方对抗策略的学习、调整和更新，以及攻防态势的演化等。而攻防博弈演化博弈的影响因素则涉及攻防双方的成本与收益等。

在体系对抗条件下，攻击方的目标在于获取最大的收益，需尽可能破坏目标的功能使其无法提供正常服务或服务质量下降，而防御方则会发挥安全能力尽可能保护免受攻击或减轻其危害，使得受损最低。因此，攻防双方必然是一种目标对立的非合作关系。安全体系能力，可以表现为在攻防行为相互作用过程中，防御方基于体系能力所制定的合理防御策略、付出成本及取得的效果。而信息系统在最优防御策略下的安全表现，即其可能遭受的最大安全风险，直接反映了系统当前的安全程度。特别地，如攻防双方各自采取最优攻击和防御策略，但防御收益仍然超出攻击收益，则认为该信息系统的安全体系能力有效发挥了作用，该系统处于相对安全状态。

信息系统攻防过程包括多个步骤，由多个不同环节和阶段组成，各环节均有相应的攻击及防御目标，这些目标及其攻防措施的组合形成了不同的攻防场景。多阶段博弈是由有限数量的普通形式阶段博弈所组成的队列，其中每个阶段博弈均为独立的、非完全信息的完整博弈。在 T 阶段博弈中，各个阶段均存在唯一的纳什均衡，则在该 T 阶段博弈中存在一个唯一的子博弈精炼均衡。

攻防场景，可以参照上一节介绍的攻防状态图来建立。攻防场景是按照特定的时间或逻辑顺序形成的完整攻击过程及相应的防御集合。攻击场景可用 n 维特征向量表示：Va$=\{ a_1, a_2, \cdots, a_n \}$。同样地，与此相匹配的防御场景可用 n 维特征向量表示：Vd$=\{d_1, d_2, \cdots, d_n \}$。由此，攻防场景可定义为 $V=\{ Va, Vd \}$。

描述多阶段攻防场景时，作如下假设：信息系统用户存在不同权限，包括匿名权限、授权用户权限、超级用户（管理员权限），上述权限依次增高，且高权限可实施仅需低权限即可实施的攻击，反之不然。但攻击总遵循最小权限优先原则，避免不必要的高权限攻击；信息系统各组件存在完全连接，可通过远程或本地发起攻击；而且，攻防双方均存在成本和相应的收益。

5.4.2.2 攻防博弈策略集合与博弈演化

网络攻防博弈需要攻防博弈知识库来刻画博弈知识，以精确衡量博弈行为。博弈知识主要是策略集合及其成本收益值。

网络攻防博弈策略集合应对博弈过程中双方采取的攻防博弈策略进行详细描述，涵盖策略实施条件、策略配置参数等。攻击策略集合和防御策略集合的属性集合也不同。防御策略集合涵盖已知防御策略及其属性描述（比如策略区分标志、隐蔽特性、配置参数等）。攻击策略集合的组成与防御策略集合类似。通过对策略的分析，可以发现策略集合具有树状结构特征，即属于同一集合的策略具有多个共同属性特征。

在单次攻击过程中，设信息系统的某节点可能遭到攻击方 A 的攻击，防御方 D 为此动用防御资源 $d \in D$ 来保护该节点防御攻击，且是从受限的防御资源中选取最优配置。攻击方通过获取和感知防御方策略 d，选取适当的攻击策略 $a \in A$，在此策略指导下，采取适当的攻击手段（比如，合适的攻击类型、攻击工具、攻击间隔时间等）。又因防御策略 d 与攻击策略 a 会产生相互作用，最终会生成一个攻防态势 $s \in S$。在此基础上，防御方可据 d 和 s，实施防御行为序列 Dc 并获得防御收益 Du。与此同时，攻击方可据 a 和 s，实施攻击行为序列 Ac，并获得攻击收益 Au。

在网络空间范畴内，不同的攻击方与防御方对攻防知识的认识和响应各异，存在着不同的预测与决策方法。防御方在采用基础架构安全、被动防御、主动防御、智能分析甚至是攻击反制之后，随着攻防博弈活动的推移，防御方会总结攻防经验，改进并采取新的安全策略，形成新的攻防态势。同理，攻击方也会调整其攻击策略。在网络空间攻防博弈中，攻防过程通常会持续多个阶段，而且一个阶段对抗回合结束后，攻防双方均会根据上一回合对抗过程及结果来评估攻防态势，修正自身行动策略。从而，在攻防双方受成本/收益差异牵引和学习机制驱动，不断根据对方策略来调整自身策略，在持续改进己方策略以确保自身收益的内在驱动下，使得信息系统的攻防态势呈动态演化趋势，整个对抗体系出多阶段攻防博弈动态演化特征。

5.4.2.3 攻防博弈策略的成本与收益计算

在攻防博弈中，双方分别采取相应的策略来进行博弈，最终要实现博弈均衡。实施攻防博弈，需要对攻击和防御行为进行分类，并进行量化计算。

从攻击方来说，攻击成本主要分为两方面：攻击活动成本、隐蔽攻击成本。攻击收益主要分为两方面：被攻击目标直接损失、被攻击目标间接损失。从防御方来说，防御成本主要分为三方面：运行直接成本、情报分析成本、服务性能损失成本。防御收益主要分为两方面：系统直接收益、反制攻击收益，系统直接收益又分为资产直接损失减少量、资产间接损失减少量。表 5.16 给出了攻防博弈策略的成本与收益的分类、释义及其相应的计算方法。

表 5.16　攻防博弈策略的成本与收益

对抗方	成本与收益		释义	计算方法
攻击方	攻击成本	攻击活动成本	攻击方发动一次攻击（无论该次攻击是否完全成功）所需的软硬件资源、时间、经济、专业知识以及攻击被发现需付出的惩罚代价	攻击工具购买成本等
		隐蔽攻击成本	攻击方采用隐蔽方式，实现伪装或者欺骗，释放虚假信息，以达到缩短防御方有效响应时间等目的	以攻击方的真实攻击能力和伪装攻击能力两者的差异来计算
	攻击收益	被攻击目标直接损失	被攻击信息系统的直接损失	可用系统安全性各指标（机密性、完整性、可用性、抗抵赖性等）的加权来量化
		被攻击目标间接损失	被攻击信息系统的间接损失，比如服务可靠性下降、安全等级下降	需要结合具体的信息系统环境、使命任务等

对抗方	成本与收益			释　义	计算方法
防御方	防御成本	防御活动成本	运行直接成本	防御方实施防御（无论该次防御是否完全成功）所需的软硬件资源、时间、经济、专业知识等	经济成本；人工防御实施成本；安全防御组件消耗的系统资源成本等
			情报分析成本	防御方监控、采集与分析攻击行为所需的软硬件等资源成本	以被动防御、主动防御等相关措施的运行成本分级赋值量化
			服务性能损失成本	防御方以采用基础架构安全措施、被动防御、主动防御、智能分析等防御策略等导致的系统 QoS 降低或系统宕机等带来的损失	比如防御响应导致的服务关闭，可以采用系统可用性指标加权计算
	防御收益	系统直接收益	资产直接损失减少量	采用基础架构安全措施、被动防御、主动防御、智能分析等防御策略等带来的被攻击资产直接损失的减少量	可用系统安全性各指标（机密性、完整性、可用性、抗抵赖性等）的加权来量化
			资产间接损失减少量	采用基础架构安全措施、被动防御、主动防御、智能分析等防御策略等带来的被攻击资产间接损失的减少量	需要结合具体的信息系统环境、使命任务等
		反制攻击收益	反制攻击威慑效果	通过证据收集、罪责、索赔或通过攻击威慑所取得的收益	结合具体场景，采用无量纲值量化

5.4.2.4　攻防博弈均衡求解

复杂信息系统的攻防博弈模型的建立，需要考虑信息系统攻防的非合作、非零和特点，反映攻防双方目标对立、策略依存、关系非合作的攻防博弈关系。网络信息系统的复杂攻击，具有连续性、动态性和多阶段特征，适用不完全信息动态攻防博弈模型，需要求取精炼贝叶斯纳什均衡解。

定义 5.3　攻防博弈模型（Attack-Defense Game Model，ADGM），用四元组 ADGM=(P, S, T, U)表示。根据网络安全状态来建立非合作非零和的攻防博弈模型，该模型中元素的具体含义如下。

（1）P={p_A, p_D}为攻防博弈决策主体和策略制定者集合，p_A、p_D 分别表示攻击方和防御方。

（2）S={s_1, s_2, s_3, $\cdots$, s_n}，为所有网络安全状态节点集合。网络安全状态节点表示网络的资源属性或者攻击方对组件的访问能力。

（3）T={t_A, t_D}为攻防双方的策略集合，T_i={t_A^i, t_D^i}，t_A^i表示攻击方从初始安全状态到达安全状态 s_i 的策略集合，t_D^i 表示防御方针对攻击方到达安全状态 s_i 的所有攻击路径而采取的防御策略集合。

（4）U 为攻防双方效用函数集合，即局中人博弈收益，取决于博弈双方的策略。$U_i=\{\text{UAP}_i, \text{UDP}_i\}$，$\text{UAP}_i$ 为安全状态 s_i 下攻击方效用函数，UDP_i 为安全状态 s_i 下防御方效用函数。对于策略对 (t_{Ax}^i, t_{Dy}^i)，攻击方效用为 $\text{UAP}(t_{Ax}^i, t_{Dy}^i)$，防御方效用为 $\text{UDP}(t_{Ax}^i, t_{Dy}^i)$。

结合信息系统攻防状态图，可求取攻击方到达网络安全状态 s_i 的所有攻击路径，并将其作为攻击方策略集合，相应的防御路径即为防御方策略集合。对该路径进行效用量化，可求得效用矩阵元素值，即可得网络安全状态 s_i 下攻防双方的效用矩阵。效用矩阵中的行表示攻击方选取的攻击策略，列表示防御方选取的防御策略，矩阵元素为攻防双方的效用值。由此，安全状态 s_i 下的攻防双方效用矩阵 U_i 如表 5.17 所示。

表 5.17　信息系统攻防模型的博弈均衡

	t_{D1}^i	...	t_{Dy}^i
t_{A1}^i	$\text{UAP}(t_{A1}^i, t_{D1}^i),\quad \text{UDP}(t_{A1}^i, t_{D1}^i)$	...	$\text{UAP}(t_{A1}^i, t_{Dh}^i),\quad \text{UDP}(t_{A1}^i, t_{Dh}^i)$
t_{A2}^i	$\text{UAP}(t_{A2}^i, t_{D1}^i),\quad \text{UDP}(t_{A2}^i, t_{D1}^i)$	...	$\text{UAP}(t_{A2}^i, t_{Dh}^i),\quad \text{UDP}(t_{A2}^i, t_{Dh}^i)$
...	...	...	...
t_{Am}^i	$\text{UAP}(t_{Am}^i, t_{D1}^i),\quad \text{UDP}(t_{Am}^i, t_{D1}^i)$	...	$\text{UAP}(t_{Am}^i, t_{Dh}^i),\quad \text{UDP}(t_{Am}^i, t_{Dh}^i)$

实际的博弈均衡求解是以攻防状态图作为输入，结合攻防博弈策略及不同安全状态下的攻防效用矩阵，求解攻防博弈模型的博弈均衡，求取最优攻击策略和最优防御策略。而具体的网络信息系统安全体系能力的展现，应该是通过预测攻击方的策略选择并据此选择防御策略并部署防御措施。因此，攻防双方达到的博弈均衡状态，恰好反映了网络信息系统安全体系能力，在该能力下，可实现最优安全风险控制。因此，从这个意义上来说，安全体系能力分析问题、安全防御效用问题以及最优安全风险控制问题就可以实现转化与统一。

第6章 安全体系能力度量框架与指标体系模型

安全体系能力度量是理解和分析信息系统安全性保障能力的最有效途径，是其安全风险控制的基本前提和基础。复杂信息系统具有很强的开放性，通常呈现出高度异构、极度复杂的形态，为理解复杂网络系统的运行特质和内在本质带来了严峻挑战，更为复杂网络系统安全管控带来了极大困难。网络空间安全体系能力度量的影响因素众多，涉及安全体系能力度量的框架与指标体系、安全机制及其有效性评估、系统脆弱性及评价、攻击威胁的模型及其攻击影响分析，以及安全机制、脆弱性及攻击威胁的时变规律及其关联影响机制等问题。本章将基于系统科学思维和系统工程方法，对上述问题进行重点研究和分析，并在此基础上构建网络空间安全体系能力度量体系模型。

6.1 网络空间安全体系能力的能观性及能力度量基本概念

进行网络空间安全体系能力评估，涉及一个基本问题：网络信息系统及其信息的安全状态是否能够观测？如能观测又如何观测？如无法观测又如何处理？如何采集相关安全参数并进行适用性处理是本节将要讨论的重点问题。

6.1.1 网络空间安全体系能力的能观性分析

控制论指出，系统的能观性是系统的自身属性。所谓能观，是指系统的状态可观测，也就是系统的状态可通过系统的外部输出来反映。受此启发，下面将基于系统科学理论开展网络空间安全体系能力能观性的讨论。

6.1.1.1 控制论中能观性理论对系统状态能观测的规律揭示

控制论中讨论的能观性，是指系统内部所有状态是否可由输出反映，由观测量 y 能否判断状态 x，如果系统所有状态变量的任意形式的运动均可由输出完全反映，则称系统状态具有能观性。能观性从系统状态的识别能力方面来反映系统本身的内在特性。在现代控制工程中，最优控制、最佳估计等许多问题都以能观性作为其解存在的条件之一。控制论同时指出，能观性作为系统属性虽然其本身无法改变，但可通过状态观测器设计来间接实现状态观测。对于线性系统来说，能观性涉及系统的结构分解，即通过状态变换方法，将其状态空间分解为能观部分和不能观部分。系统的状态空间模型，能够反映出系统内部独立变量的变化关系，既适用于单输入单输出线性定常系统的描述，又适用于多输入多输出的非线性时变系统的描述。而网络空间信息系统显然属于多输入多输出的非线性时变系统，从这个视角来看，控制论为网络空间复杂信息系统安全性的观测提供了理论基础。

网络信息系统的安全状态，可由多方面来观测。除了基础环境信息之外，入侵检测系统、防火墙、恶意代码防范系统、安全审计等安全设备也为网络整体安全状况和趋势提供了全面、直观的信息。因此，应实现网络安全多源信息观测。

网络安全多源信息观测首先要求度量系统能够构建信息系统中各实体、组、事件以及活动的模型与先验知识，安全先验知识表征了安全各要素的相互关系与联系。安全观测的信息素材的质量和可信度，对后续的衍生测度和分析的真实性、完整性和时效性等将会产生重要支撑作用，可以影响到网络安全态势认知、态势理解和态势预测等环节，贯穿于安全体系能力度量的始终。网络安全多源信息观测还要求所有可观测量（包括过程输入环境要素）的属性均已进行标准化和纯化处理，并可供后续分析使用。

6.1.1.2　网络空间信息系统安全的内外部表现与态势感知

基于控制论的能观性思想，可将网络空间信息系统安全属性表现分为内部安全属性、外部安全属性和使用安全属性。内部安全测度主要是针对系统基础架构安全的静态测量，比如加密算法强度、口令强弱程度、备份策略合理性等；外部安全测度则是针对被动防御措施的测量，比如防火墙的拦截能力、恶意代码防范能力等；安全效用测度则是指在特定的应用场景下，针对安全防御效果，测量特定的安全防御体系满足特定的安全保障要求的有效性，即测量在特定的应用场景下的安全体系能力效用。安全能力需求、内部安全属性、外部安全属性以及使用安全属性是相互影响和相互依赖的关系，图 6.1 给出了网络空间信息系统安全体系能力需求及各测度关系示意图。

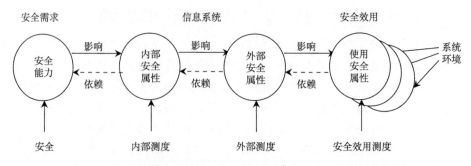

图 6.1　网络空间信息系统安全体系能力需求及各测度关系示意图

通过对内部安全属性、外部安全属性和使用安全属性的度量，能够实现对网络空间信息系统安全体系能力的多维度观测。而多维度观测的最终目的，是实现对信息系统安全状态的理解和预测。理解和预测的重点在于掌握当前真实状态以及该状态对攻防对抗一方所带来的收益/损害，并对未来进行一系列的合理预期，也就是预测当前状态的发展趋势及其可能导致的影响/威胁。

6.1.2　面向安全体系能力度量的网络安全态势感知

网络空间信息系统安全体系能力的发挥，最终要体现为对于信息系统的安全防御能力上。而信息系统的安全防御能力，可通过其安全态势感知等途径来度量。因此，可通过网络安全态势感知的结果来实现安全体系能力的表征。

6.1.2.1　网络安全态势及其感知

顾名思义，态势（Situation）既包含状态（即所谓"态"）又包含势（即所谓"势"），是对客观事物的当前状态和未来趋势的一个总体性、全局性和动态性描述。因此，态势绝不是一个静态的概念，任何单一状态或情形只是整体态势的一个部分。状态是指客观事物中各组分所处的状况，可由一组测度来表征。

1988 年，Endsley 在国际人因工程（Human Factor）年会上首先提出态势感知（Situation Awareness，SA）的概念。1995 年，Endsley 综合运用了"认知科学""控制论"等理论成果，发表了态势感知理论的奠基之作：《动态系统中的态势感知理论》。2013 年，Endsley 成为美国空军首席科学家。Endsley 认为，态势感知是"观察者在特定的时间和空间范畴内，对环境中各组分的感知及其含义的理解，以及对其随后状态变化的预测"。感知实现的是"认知映射"，也就是决策者运用数据融合、安全评估等手段，对不同时间、不同空间采集的异构信息或属性进行去噪、约简，以全面、准确地提取语义，识别出重要因素，供评估或决策而用。

1999 年，Bass 在研究分布式入侵检测结果融合时，首次提出了网络空间态势感知（Cyberspace Situation Awareness，CSA）的概念。Bass 提出的网络空间态势感知概念，其实就是网络安全态势感知的概念，是指对大规模网络环境中可引起网络态势改变的安全因素进行采集、理解、展现并预测其近期趋势。具体而言，网络安全态势感知是指网络空间信息系统的各网络设备运行情况、网络行为、用户活动等各因素所构成的信息系统安全的当前状态及未来变化趋势。从系统论的角度来看，理解网络安全态势需要重视其整体性、动态性以及环境约束性等特征。

网络安全态势感知分为感知、理解和预测三个阶段。安全态势感知需要对信息系统当前状况数据进行适当采集，理解则是对所采集的信息进行处理和综合分析，预测则是分析安全状态的演化供评估决策而用。

6.1.2.2 网络安全态势感知与安全体系能力度量的共轭机制

控制论中的共轭控制指出，可以利用经验的转移来进行推理控制。共轭控制理论基于相似原理，利用功能模拟思想，在现有控制能力的条件下，通过中间起过渡作用的媒介，将原先无法控制的事物甲转换成可控制的事物乙的过程，实现控制目标。本书受此启发，利用较为成熟的网络安全态势感知理论与方法，设计一个与安全态势感知过程 A 共轭的过程 $L^{-1}AL$，通过 L 和 L^{-1} 变换，将安全体系能力度量过程转换为可控的安全态势感知分析过程。采用这种映射转换的前提是，网络安全态势感知过程和安全体系能力度量过程具有相似性。

网络安全态势的整体性与网络安全体系能力的要求一脉相承。整体性特征要求从系统整体的角度来考察和聚合信息系统各实体之间的相互关系，部分设备或实体的安全状态出现变化，可能会对其他设备或实体的安全状态产生影响，进而使得整个信息系统的安全态势出现变化。

网络安全态势的动态性是指态势不是一成不变的，而是以时间为自变量的因变量，而态势信息既要追溯到过去、立足于当前，还应延伸至未来。其中涉及信息系统所处环境的动态变化、攻防场景的动态变化、攻击及防御行为的动态变化等多种因素，而网络安全态势的动态变化则是上述所有因素动态变化的非线性组合。

网络安全态势的环境约束性是指网络信息系统及其态势不是孤立存在的，而是依赖于特定的内外部环境。脱离了相应的内外部环境来空谈其安全态势，没有实质性的意义。

6.1.3 信息系统安全体系能力度量相关概念内涵

美国在 2009 年提出的网络空间政策报告中，将实施更好的安全测量和度量放在了提高基础设施安全一系列建议的首位，这从某种意义上说明了安全体系能力度量的重要性。本节将讨论信息系统安全体系能力度量的相关概念。

6.1.3.1 信息系统安全体系能力度量、测度、测量及指标概念

网络空间中给定系统的安全能力是一种客观存在，并不随人们所采用的度量视角、方法和手段的不同而改变。但是，采用的不同度量角度、方法和手段，会导致目标系统安全属性的描述方式和分析综合方法的不同，这些属性的描述呈现出定性、定量等不同特征，而且存在着随机性、模糊性、可拓性等诸多不确定性。在网络空间安全性研究中，安全体系能力度量（Metrics）与安全测度（Measurement）、安全测量（Measure）以及安全指标（Indicator）等概念常用且易混淆。为了深入分析网络空间安全体系能力度量方法，有必要厘清相关概念。表 6.1 给出了上述概念的辨析比较。

表 6.1　安全度量、安全测度、安全测量、安全指标概念比较

概念	含义	备注
安全度量	对信息系统、构件或过程具有的某个给定安全属性的度的定量测量，是安全测量及其量化分析的行为集	采用"测量"方式对一个实体的安全属性进行测度，并获取其量化值的一个或一组行为。利用测度数据进行计算、比较、分析安全要素的演进，以反映信息系统整体安全态势
安全测度	确定测量对象、测量指标以及测量方法，对安全问题空间，采用百分数、频率、均值等对定量指标进行数字化描述，即量化	收集一个时间段内一个或多个数据点的结果，形成测度，有基本测度与衍生测度之分
安全测量	对某个安全系统过程的某个属性的范围、数量、维度、容量或大小提供的定量指示，获取安全要素的直观、原始数据	单一时点的数据获取行为，通过测量可以获得单个数据点
安全指标	一个或多个度量的组合	为了解安全过程、安全系统或安全产品本身提供基础支撑

简言之，安全测量是对系统安全过程属性的定量揭示，安全测度是确定测量对象、测量指标以及测量方法的过程集合，安全度量则是安全测量及其量化的行为集，安全指标则是一个或多个安全度量的组合。

6.1.3.2　信息系统安全度量的共性问题

若想实现信息系统安全度量的定量化和精准化，还必须解决安全度量的如下共性问题。

（1）安全度量的全面性。

安全度量的全面性体现在诸多方面，具体如下：①既要度量安全技术措施，也要度量安全管理措施；②既要考虑定性因素，也要考虑定量因素；③既要考虑网络基础架构安全和被动防御安全能力，还要考虑主动防御安全能力、情报分析能力以及攻击反制能力。

（2）度量方法的通用性。

现有的度量方法的通用性存在不足，有些仅适用于特定形态的信息系统安全度量。例如，CVSS 通用漏洞评分系统侧重于网络系统的漏洞安全风险度量；攻击图方法综合考虑了脆弱性和威胁因素，但其又缺乏完善的通用度量流程和框架，高度依赖于待评估的信息系统。

（3）度量量化及其分析。

理想的安全度量是能够实现精细量化和评估。但是，大量的安全定性属性难以量化，甚至是难以测量。而且，安全能力指标体系的量化综合也缺乏通用的框架。

（4）安全能力指标的关联性。

网络空间信息系统的安全能力是一种体系能力，本身存在显著的关联性特征，难以通过还原论的方法来简单分解。相应地，安全度量指标体系也存在着层间关联和层内关联问题，安全属性之间、指标之间以及属性与指标之间的关联关系复杂，缺乏有效的处理方法。

（5）安全评估基准。

安全度量和评估的目的在于判定系统的信息安全性，进而采取有效的方法来提升安全保障能力和水平。而系统的信息安全性的判定，客观上又需要一个基准。唯有如此，才能够对同一系统的不同时间点的度量结果以及同一场景下不同系统的度量结果进行比较。这种安全基准的建立，是安全度量的难点和重点问题之一。

（6）安全度量的工程可行性。

科学、有效地认识网络空间信息系统的安全态势，需要全面、系统地获取反映其安全态势的安全数据，而获取这些数据需要较强的工程可行性。有些度量方法实现难度较大，工程可行性不强。而另一些度量方法又存在着明显的滞后，导致安全评估实时性显著下降。

6.1.3.3　安全体系能力度量的测度选取原则

为保证安全体系能力度量的合理性和有效性，度量选取需要遵循以下原则。

（1）指示性。度量应与安全需求密切相关，每项测度应有明确定义，且符合指标体系框架要求。

（2）普适性。度量框架应具备广泛的适用性，既可用于孤立、隔离的系统（比如隔离内网、涉密网络等），也可用于广泛互联的系统（比如 IP 网络、关键信息基础设施、物联网、云计算、工业互联网等）。

（3）可测量性。各个测度均有基于测量对象定义的具体的、可操作的测量方法，可实现采集与计算，且满足技术性、资源可行性、管理可行性约束，以控制度量成本、提升度量效能。

（4）度量结果量化客观性。同一场景、不同系统的度量结果可比，同一系统、不同阶段的度量结果可比。

（5）综合性。度量方法的输入应包括涉及网络空间信息系统的体系结构、安全防御措施、系统脆弱性、攻击态势以及安全事件的影响等。

（6）可重复性。相同或不同的测量者，使用相同的度量对同一个对象进行度量，应在允许的误差范围内，得到相同的度量结果。

6.2　网络空间安全体系能力度量机制与基本模型

本节提出了基于网络安全态势感知视角的安全体系能力度量机制，并给出了基于 DIKI 的信息系统安全体系能力度量基本模型。在此基础上，分析了面向指标体系构建的安全测度数据源、测度定义及描述。

6.2.1　基于 DIKI 的信息系统安全体系能力度量基础模型

事物可被度量的程度，决定了其发展不完备与完备两者之间的差距，无法度量自然就无法实施管理。没有安全体系能力度量，系统安全保障水平的科学评估就无从谈起。而有效的安全体系能力度量需要科学、合理、可行的度量模型。

6.2.1.1　信息系统安全体系能力度量的目标和内容

信息安全体系能力度量的目标是解决下列问题：信息系统是否安全；信息系统安全程度如何；同一系统在不同时间点的安全程度如何；系统的安全能力如何等。要回答这些问题，就必须借助安全体系能力度量所建立的安全指标体系来分析。

从安全态势感知的视角来看，首先要确定考察对象，包括被度量系统及其环境。其中涵盖以下要素：实体、群组、事件、活动以及态势。表 6.2 给出了上述要素的具体说明。

表 6.2　被度量系统及其环境的要素说明

系统及其环境的要素	定义	示例
实体（Entity）	信息系统（含安全子系统）中客观存在并独立存在、可相互区别的物理或非物理事物，而且是可用某个具体对象及其属性来表征的逻辑概念	网络负载均衡设备、RFID 芯片、研究生选课系统、数控机床控制器、入侵检测系统等
群组（Group）	具有相互关联的若干实体	相互连接的网络设备、特定的业务应用系统集合、可组合的工业微服务、无线传感器网络中的各传感器等
事件（Event）	网络空间中发生的事情，实体与组均可与某个或某些事件相关联	相互连接的网络设备、特定的业务应用系统集合、可组合的工业微服务、无线传感器网络中的各传感器等
活动（Action，或称为行为）	通过行动或运动来实施的行为，行为主体可包括多个实体或组，其行为可通过二维时空上的一个或若干事件实现关联	高级持续性威胁、黑客组织的多步攻击、防御系统采取的攻击阻断等
态势（Situation）	特定时间点或时间段的活动集	信息系统安全状态、发展趋势

进行安全度量的工作前提，是需要确认安全度量的目的，并据此完成信息系统及其环境边界的定义，界定涉及的系统和环境要素。其次是对安全度量所涉及属性的可观测量的确定。在进行安全属性可观测量数据采集之后，还需要进行相应的标准化和纯化工作。

安全指标体系是层次化的指标集合，每项具体指标均应有具体的可操作测量方法与之对应。指标测量方法涉及测量对象的界定、指标量化方法、测量流程、数据采集方式以及分析与综合方法等。采用较复杂的测量方法还应考虑技术、资源以及管理等方面的可行性。

关于需要度量的安全属性，常用经验式方法来确定，例如，信息传输与存储的加密方式与强度、防火墙规则的完备性、网络流量特性、网络通信协议及端口等，这类属性更易于实现对网络系统安全状态的描述，也易于被各利益攸关者理解。但是，这类安全属性大多跟基础架构安全和被动防御有关，对于整体安全能力的描述存在较大的局限性。

因此，完善的信息安全体系能力度量应包括：网络空间信息系统的基础架构、防御方案、系统脆弱性、安全威胁与攻击、安全事件后果（影响）等。网络空间信息系统的安全体系能力度量是通过一系列测量（含评估）行为过程，从一个偏序集中选取与安全质量相关的值，用于表征、刻画、描述或预测信息系统安全的信任程度。该过程需要收集、分析与安全相关的数据，并给出结果以促进安全优化、决策与控制。

6.2.1.2　信息系统安全体系能力度量基础模型

网络空间安全体系能力度量模型，本质上是一个将安全需求与对应属性相关联的框架，该框架规定了有关安全属性的量化描述方法，并转换成优化、决策与控制的基础支撑指标。这些指标应具有客观一致性、易采集、可量化、具备度量衡单元等特点。参照 ISO/IEC27004 信息安全体系能力度量模型，结合 DIKI 知识管理工程体系，可以给出信息安全体系能力度量基础模型，如图 6.2 所示。

该模型涉及测量对象（属性）、测量方法、基本测度、测量函数、衍生测度、分析模型、结果指标、决策准则和度量结果。安全测度分为基本测度和衍生测度。基本测度用于度量安全对象的某个基本属性，单一度量目标可能会包含多个安全属性，需选取对基本度量有用的属性作为模型输入。测量方法是以规定的标准对属性进行量化的逻辑操作的集合。测量方法可以包括调查、访谈、测试等。测量函数是一个或若干个基本测度的组合，即针对各种基本测度所得测量进行组合的计算方法（例如，求取均值、方差或标准差、加权求和等），其执行结果是输出度量结果。多个基本测度可按照一定的度量函数计算求取衍生测度。在衍生测度的基础上，根据给定的分析模型，计算可得结果指标，供最终分析决策而用。指标是评估分析模型输出度量结果的测量标准，通常与决策准则结合使用（例如，采用层次分析法、网络分析法构建决策模型等），从这个角度来看，分析模型是实现衍生测度与决策两者相结合的算法模型。决策准则是决定后续行动方案的判别准则（比如，通过设置置信度或置信区间来判断某系统的安全性等）。

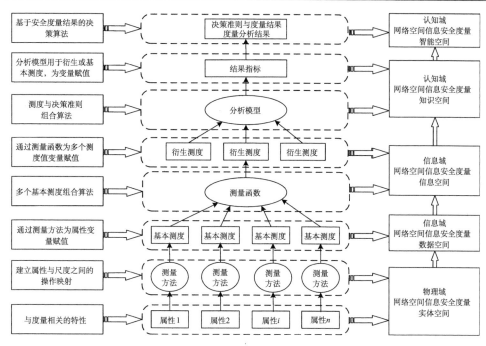

图 6.2　信息安全体系能力度量基础模型示意图

以 DIKI 知识管理工程体系的角度视之，可以实现 ISO/IEC27004 信息安全体系能力度量模型与 DIKI 体系的相互映射。图 6.3 给出了网络空间安全体系能力度量涉及的 DIKI 空间要素。

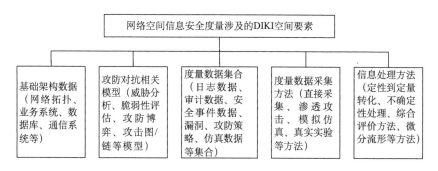

图 6.3　网络空间安全体系能力度量涉及的 DIKI 空间要素

安全属性存在于网络空间信息系统的实体空间，而测量方法也是作用在该实体空间之上。网络空间安全体系能力度量的实体空间，其物理基础是网络空间信息系统的结构组件、功能组件、安全组件等，涉及网络空间信息系统的活动和相关要求。在安全方面主要是加密、认证、安全防护、安全日志、访问控制等安全控制活动，以及相关的法律法规和标准规范要求。

通过基本测度实现的原始调查和获取结果，对应着网络空间安全体系能力度量的数据空间。基本测度就是要实现对反映复杂信息系统实体空间活动及要求的数据科学、全面、准确和规范获取。

作用于基本测度之上的度量函数和衍生测度，则对应于网络空间安全体系能力度量的信息空间。衍生测度基于基本测度而得，是关于基本测度的进一步精炼和处理。衍生测度主要体现在效率和强度等性能方面。例如，音视频加密效率、访问控制效率、加密与认证强度以及系统容侵、容灾性能等。

分析模型和结果指标对应于网络空间安全体系能力度量的知识空间，度量结果分析决策则对应着网络空间安全体系能力度量的智能空间。结论指标是供安全态势评估和攻防行动决策等活动而用，包括风险消减、攻击威胁应对、安全事件反应处置、合规评估等。

网络空间信息系统的安全体系能力度量，主要采用基于通用基准（如安全标准体系、安全能力基线、安全能力成熟度模型等）和基于特定技术（如攻防对抗图、风险评估）的模型和方法。比如，基于攻防对抗图的网络空间信息系统的安全体系能力度量，从攻防对抗的角度出发，展示所有可能的攻击路径和相应的防御途径。

综合以上分析可以看出，安全体系能力度量模型的输入涉及网络空间信息系统的诸多方面，包括但不限于系统基础架构、被动防御措施、主动防御措施、系统脆弱性、现有及潜在威胁以及安全事件影响等。

6.2.2　面向指标体系构建的安全测度数据源、测度定义及描述

网络空间中的复杂信息系统，本身存在规模庞大、节点众多、结构复杂、环境和应用异构等特点，而该系统所面临的攻击又日渐呈现自动化、平台化、组织化、集成化、隐蔽化的趋势。这些都对网络信息系统的安全测度的数据采集提出了很高要求，分析面向指标体系构建的安全测度数据源、测度定义及描述非常重要。

6.2.2.1　安全测度数据源

在度量指标体系生成过程中，数据源的确定至关重要。广义的数据源是指一切可为分析评估系统安全状态及趋势所用的数据来源。网络信息系统的安全测度数据源自系统自身和环境中的众多网络组件（含网络设备、安全设备、应用系统、数据库等组件），在格式、内容、品质、存储、语义等方面差异显著。表 6.3 给出了安全测度数据源的类型、子类、释义、采集方法以及示例说明。

表 6.3　安全测度数据源的类型、子类、释义、采集方法以及示例说明

类型	子类	释义	采集方法	示例
现场数据	访谈数据	用户调查、相关人员访谈	人工采集	安全措施实施情况
	查阅数据	文档/制度查阅	人工采集	文档/制度完备情况
	勘查数据	网络基础/安全措施数据	人工/自动采集	安全事件/应急响应
	配置核查数据	各组件安全基线	人工/自动采集	Linux 安全基线配置
日志数据	主机系统日志	系统日志	自动采集	Windows 系统日志
	安全防护系统日志	安全事件日志	自动采集	防火墙日志
	综合管理日志	网络综合管理日志	自动采集	安全管理中心日志
审计记录	操作系统审计记录	对系统中有关安全的活动进行记录、检查和审核	自动采集	Linux 系统审计数据
	数据库审计记录	对数据库中有关安全的活动进行记录、检查和审核	自动采集	Oracle 审计数据
测试数据	漏洞扫描数据	对主机、服务器、数据库等脆弱性扫描	自动采集	服务器漏洞信息
	渗透测试数据	对系统进行模拟渗透攻击	人工/自动采集	系统可利用漏洞
	社会工程攻击数据	采用社工方法采集攻击数据	人工/自动采集	猜测攻击成功数据
	攻防对抗模拟测试数据	动态攻防测试	人工/自动采集	攻防成本/收益数据
	应用系统安全测试数据	对应用系统进行安全测试	人工/自动采集	注入攻击数据

6.2.2.2　安全测度的具体定义及描述

基于 DIKI 知识体系工程的思想，需要对安全测度进行定义和描述，具体包含名称、编号、类型、目的、具体描述、参考值、数据源、合规依据、实时性（频率）、控制组（控制项）等，如表 6.4 所示。

表 6.4　安全测度的具体定义和描述

描述项	含义
名称	针对基本测度的命名
编号	用于定义、查找或管理的唯一编号
取值类型	有效性、时效性、实现程度等
目的	用于合规性审查、内外部安全态势感知、风险评估等
度量方法	查阅、访谈、勘查、测试等
具体描述	测度的量化方法、测度的演化趋势等

续表

描述项	含义
参考值	测度所希望达到的程度，如具体数值或是否合规等
数据源	为后续处理而采取的存储策略、位置及获取方法等
合规依据	法律、法规、标准、规范等
实时性（频率）	数据采集的实时性及其时间周期
控制组（控制项）	测度所对应的控制措施所属的控制项或控制组

多源安全数据观测与采集，可得到海量的安全基础数据与安全事件数据，这些原始数据不仅体量庞大，而且还存在大量冗余、错误等缺陷，需要通过关联分析和数据融合等处理，必要时可采取大数据分析技术来处理上述数据。

信息安全度量主体、对象以及尺度组合的复杂多样性，决定了度量框架及其指标体系的不唯一性。网络空间安全度量可采用基于安全性要求的安全度量、基于安全域划分的安全度量、基于合规性要求的安全度量等，此外还有基于攻防对抗效能评估的安全度量等方法。这些度量方法均需构建相应的指标体系并采用不同的分析方法，分别适用于不同的度量对象和度量目的。

6.3　安全测度选取、度量框架及指标体系

6.3.1　基于安全测度选取的网络空间安全度量与分析框架

针对特定的复杂信息系统，安全能力基线需要以相关的安全能力达标规范来体现，从而构建最基本的安全防范措施与手段，以保障该信息系统中所有业务系统、相关设备和数据等达到最基本的防护能力要求，并为设置、度量、优化一套统一的安全指标提供基本遵循。而网络空间信息系统的安全性评估则可以转化为，在特定度量方法和指标体系的框架下，系统现有安全态势、给定安全能力基线与安全能力目标之间的差距量化分析。图 6.4 给出了基于测度的网络空间信息系统安全度量与评估框架模型。

测度逻辑模型用于描述度量需求与被测对象属性之间的关联关系，度量声明分为基本度量、导出度量（衍生度量）以及指标体系。度量方式则涵盖测量方法、测量函数以及分析模型等。由此，构建了一条网络空间安全度量分解路线：安全能力需求（安全决策与评估）—衍生（导出）测度—基本测度—测量方法—实体—实体属性。而基于安全测度选取的信息安全度量框架，则提供了一种全面、有效的方法来衡量风险、威胁、业务活动和组织中安全保护的有效性。

下面将根据安全视角来分析相应的安全度量框架及其指标体系。

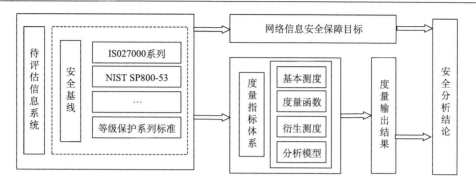

图 6.4　基于安全测度选取的网络空间安全度量与分析框架

6.3.2　基于安全性要求的安全度量框架及其指标体系

6.3.2.1　安全要求及其度量

信息安全要求包括保密性、完整性、可用性、可认证性、不可否认性、可追溯性、可控性、实时性等。保密性、完整性和可用性是基本属性，强调对非授权（非法）主体的控制，可认证性、不可否认性、可追溯性以及可控性等扩展属性则是通过对授权（合法）主体的控制，强调授权用户只能在授权范围内进行合法的访问和操作，并监督和审查授权用户的访问和操作。信息系统是否安全，取决于上述属性是否得到了有效保护。对上述属性的任何破坏，均可以视为对于信息和信息系统安全的破坏，即表明该信息或信息系统是不安全的。而上述属性的保护，需要采取不同的防护手段和措施。因此，可以基于安全性要求及其保护措施来进行安全度量。

6.3.2.2　基于安全性要求的安全度量指标体系

根据安全要求的能力提供和保障措施，可以进行安全性要求度量指标体系设计。基于安全性要求的安全度量指标体系源自安全界公认的信息安全要求（安全属性）框架，具有直观、易于理解、认知度高等特点，可以广泛应用于许多信息系统的安全度量。但是，一种安全要求可以由多种安全措施来保障，而一种安全措施也可以为多种安全要求提供保障能力。而且，不同的安全要求之间也存在着一定的关联和区别，例如，完整性与不可否认性都会关注信息内容认证本身，但不可否认性还涵盖了收发双方的身份认证。这些指标之间的关联，给采用此方法来度量信息系统的安全性带来了一定障碍。此外，对于大型复杂信息系统来说，此方法的指标体系构建较为复杂，导致综合评价困难，进而限制了该方法的适用性。表 6.5 给出了基于安全性要求的安全度量指标体系示例。

表 6.5 基于安全性要求的安全度量指标体系示例

一级指标	二级指标	备注
保密性	物理保密	可将限制、隔离、掩蔽、控制设为三级指标
	防窃听	重点考察网络流量分析
	防辐射	重点考察电磁辐射及电磁泄漏等
	信息加密	重点考察加密强度
	信息隐形	重点考察隐写、隐蔽通道等
	访问控制	重点考察自主访问控制、强制访问控制、基于角色的访问控制等
完整性	加密认证	可组合采用数字签名、散列函数等方式
	介质稳定性	硬件和储存媒体不受电压不稳定、漏静电和磁力干扰
可用性	防非法使用	考察访问权限
	备份	考察业务系统和数据的备份情况，含备份策略和备份方式
	容侵	在遭受攻击或入侵时的服务提供能力
	容灾	在出现灾难时的服务提供能力
可认证性	数字签名	数字签名算法及强度
	散列函数	散列函数算法及强度
不可否认性	数字签名	数字签名算法及强度
	散列函数	散列函数算法及强度
	时间戳	对时基准
可追溯性	审计记录	审计级别、格式
	系统日志	日志类型、格式
可控性	信息及内容控制	授权、审计、责任认定、传播源追踪和监管等
	供应链控制	供应链构成、环节、风险
实时性	响应时间	服务响应具体时间
	数据新鲜性	数据版本

6.3.3 基于安全域划分的安全度量框架及其指标体系

6.3.3.1 安全域的划分及其度量

在信息安全领域，域是一个与若干接口相绑定的逻辑实体，包括公有独立资产与子区域或其组群等。复杂信息系统通常可根据信息性质、使用主体、安全目标和策略等划分为多个安全域（Security Domain），域内各信息实体具有相同或相近的安全需求，各种 IT 要素的信息安全防护需求一致或相近，共享同一安全策略，彼此信任、关联或作用，同一安全域内的网络要素相互信任程度较高。安全域的逻辑划分为网络安全边界防护提供了基础，其划分依据可以为网络基础设施、信息设备以及业务系统的功能使命及其重要程度，也可以为物理区域、逻辑区域以及物理与逻辑的结合。较大的安全域可以继续划分为子安全域，也可以构建更高层次的安全域组。安全域组又可通过嵌套构成多层边界的安全域。

安全域之间的关系还有对等、主从、交叉之分。对等安全域的安全策略可完全独立，而主从安全域则存在策略继承和包含关系。可利用合理的安全策略，采用"屏蔽""合并"和"隔离"等方式将其转换为多个相互对立、互不交叉的单独安全域，但应保证各单独安全域策略均完全、准确实现了原系统的安全策略，保证转换前后的安全域策略集合完全等价。若安全域的安全策略不一致，所采取的安全防护措施可以分属于不同等级。安全域内部的所有资产均应为同一安全等级；安全域边界应不低于相涉安全域的安全等级。

不同业务所采取的安全域划分方法及划分结果也不一致，具体系统的安全域划分应按照行业特点、功能使命、用户特点、安全需求来进行。安全域的划分还有利于安全事件本地化、局部化、控制安全事件的发生及影响范围、防止安全危害扩散等。这也就为复杂信息系统提供了基于安全域划分进行安全度量的可能。

6.3.3.2 基于安全域划分的安全度量指标体系

不同性质的信息系统，安全域划分原则各有不同，同一个信息系统也可以采用多种划分方法，由此可以构建各种不同的指标体系。

通常，IP 网络涉及互联网接入域、互联网域、系统内网、存储系统域等，分别属于本地网络、远程网络、公共网络等。本地网络涉及桌面系统、用户账号、应用程序、登录验证、文件系统、打印资源、通信系统与灾难恢复等。远程网络安全域涉及远程用户、远程 OA 系统访问等。公共网络安全域涉及内外网用户相互访问等。表 6.6 给出了基于安全域划分的 IP 网络信息系统安全度量指标体系示例。

表 6.6 基于安全域划分的 IP 网络信息系统安全度量指标体系示例

一级指标	二级指标	备注
互联网接入域	保密性、完整性、可用性、可认证性、不可否认性、可追溯性、可控性、实时性	整个网络系统互联网接入的出口，与互联网域存在边界
互联网域	保密性、完整性、可用性、可认证性、不可否认性、可追溯性、可控性、实时性	管理服务系统外网所在的区域，主要用于互联网访问，与互联网域、系统内网存在边界
系统内网	保密性、完整性、可用性、可认证性、不可否认性、可追溯性、可控性、实时性	管理服务系统内网，系统管理和应用人员日常所在安全区域，资源管理服务内网中包括 OA、财务等业务系统。与互联网域、存储系统域存在边界
存储系统域	保密性、完整性、可用性、可认证性、不可否认性、可追溯性、可控性、实时性	与资源数据存储所在的安全区域，与系统内网存在边界

工控网络的安全域应根据软硬件资产及数据资源所处位置、系统层次功能使命及安全需求等来划分，既要便于实现不同安全域的隔离防护，也要有利于为不同安全域设定不同的防护等级。工控系统的某个功能层次可能会涵盖一个或多个安全域，而某个安全域也可能涵盖一个或多个功能层次。在进行安全度量和指标体系缺定时，应考虑工控系统各子系统的功能及关联程度、相关信息的重要度等因素。比如，现场设备安全域可根据工业设备位置、功能、子工艺关联程度、工业通信类型等进行子域划分。同样，也能够按照设备位置、功能、工艺过程、安全保护能力需求等要素，将若干功能层次划分为同一安全域。表 6.7 给出了基于安全域划分的工控网络安全度量指标体系示例。

表 6.7 基于安全域划分的工控网络安全度量指标体系示例

一级指标	二级指标	备注
企业资源层	保密性、完整性、可用性、可认证性、不可否认性、可追溯性、可控性、实时性	管理企业业务相关活动。重点关注生产、销售、CRM、财务等 ERP 系统管理的安全性
生产管理层	保密性、完整性、可用性、可认证性、不可否认性、可追溯性、可控性、实时性	实现生产过程生产管理和调度执行，包括生产调度、计划排产等制造执行系统功能单元。重点关注生产过程管控、经营管理过程信息的转换、加工、传递等操作的安全性
过程监控安全域	保密性、完整性、可用性、可认证性、不可否认性、可追溯性、可控性、实时性	采集并监控生产过程数据，通过人机界面（包括操作站、工程师站、辅助操作台、移动设备以及打印机等）进行人机交互。重点关注历史数据收集、过程优化、统计显示、智能调节与控制、故障识别诊断与恢复、安全监视与控制等操作的安全性
现场控制安全域	保密性、完整性、可用性、可认证性、不可否认性、可追溯性、可控性、实时性	通过控制组件（PLC 等各类现场控制器、数据采集装置、一体化智能设备等）对现场执行设备进行控制，控制策略有连续控制、离散控制、顺序控制与批量控制等。重点关注生产过程控制、数据转换、处理、数据信息通信等操作的安全性
现场设备安全域	保密性、完整性、可用性、可认证性、不可否认性、可追溯性、可控性、实时性	根据上层控制信号来完成现场设备（包括工业机器人、加工中心、物料输送装置、生产线设备等）的业务活动。重点关注对上层控制器传送的采集数据与设备控制指令执行操作的安全性

工控网络安全度量，应特别关注各域之间的通信和安全机制，例如，过程监控域与现场控制域的隔离措施、验证用智能卡、数据一致性检验、通信信息加密等。

6.3.4 基于合规性要求的安全度量框架及其指标体系

6.3.4.1 合规性要求及其度量

合规性是考察网络空间信息系统安全性的重要维度，在工程实践中较常采用。所谓合规性，就是要求信息系统安全满足特定的法律法规和标准规范要求。

国际上常用的有 NIST SP-55、ISO/IEC 27004、SSE-CMM（ISO/IEC 21827）等框架模型。中国《网络安全法》则明确要求，重点保护基础信息网络和关系国家安全、经济命脉、社会稳定等方面的重要信息系统，实行网络安全等级保护制度。2019 年 12 月 1 日生效的网络安全等级保护制度 2.0 标准,将等保对象扩展到了基础信息网络、云计算平台/系统、大数据应用/平台/资源、物联网、工业控制系统以及采用移动互联技术的系统等。具体的基础保护项包括安全物理环境、安全通信网络、安全区域边界、安全计算环境（包括设备和计算安全、应用和数据安全等）等。管理要求包括安全管理中心、安全管理制度、安全管理机构、安全管理人员、安全建设管理、安全运维管理等。

6.3.4.2 基于合规性要求的安全度量指标体系

中国的网络安全等级保护制度根据信息系统的重要程度及其受到破坏后对相应客体合法权益、社会秩序、公共利益和国家安全侵害的严重程度，将信息系统安全保护等级划分为 1 至 5 级，其中第 1 级要求最低，第 5 级要求最高。各保护级别的信息系统均需满足该级的基本安全要求，落实相关安全措施，以获得相应级别的安全保护能力。中国国家标准 GB/T22239《信息安全技术 网络安全等级保护基本要求》、GB/T25070《信息安全技术 网络安全等级保护安全设计技术要求》、GB/T28448《信息安全技术 网络安全等级保护测评要求》对第 1 级至第 4 级进行了相应的规定。

网络安全等级保护基本要求分为技术要求和管理要求。技术要求以通信网络到区域边界再到计算环境为划分准则,同时考虑对其所处的物理环境的安全防护，体现了从外到内的纵深防御和整体防护思想。管理要求则结合机构、制度和人员三要素，体现了从要素到活动的综合管理思想。表 6.8 给出了基于等保标准 2.0 合规性要求的安全度量指标体系示例。

表 6.8　基于等保标准 2.0 合规性要求的安全度量指标体系示例

一级指标	二级指标	备注
技术合规性	安全物理环境合规性	度量物理机房安全。度量对象包括物理环境、物理设备和物理设施等；度量指标涉及物理位置的选择、物理访问控制、防盗窃和防破坏、防雷击、防火、防水和防潮、防静电、温湿度控制、电力供应和电磁防护等
	安全通信网络合规性	度量通信网络。度量对象包括广域网、城域网和局域网等；度量指标涉及网络架构、通信传输和可信验证等
	安全区域边界合规性	度量网络边界。度量对象包括系统边界和区域边界等；度量指标涉及边界防护、访问控制、入侵防范、恶意代码防范、安全审计和可信验证等

一级指标	二级指标	备注
技术合规性	安全计算环境合规性	度量边界内部。度量对象包括边界内所有对象，比如网络设备、安全设备、服务器设备、终端设备、应用系统、数据对象和其他设备等；度量指标涉及身份鉴别、访问控制、安全审计、入侵防范、恶意代码防范、可信验证、数据完整性、数据保密性、数据备份与恢复、剩余信息保护和个人信息保护等
	安全管理中心合规性	度量系统安全管理技术。通过技术手段实现集中管理。度量指标涉及系统管理、审计管理、安全管理和集中管控等
管理合规性	安全管理制度合规性	度量安全管理制度体系。度量指标涉及安全策略、管理制度、制定和发布以及评审和修订等
	安全管理机构合规性	度量安全管理组织架构。度量指标涉及岗位设置、人员配备、授权和审批、沟通和合作以及审核和检查等
	安全管理人员合规性	度量人员管理模式。度量指标涉及人员录用、人员离岗、安全意识教育和培训以及外部人员访问管理等
	安全建设管理合规性	度量安全建设过程。度量指标涉及定级和备案、安全方案设计、安全产品采购和使用、自行软件开发、外包软件开发、工程实施、测试验收、系统交付、等级测评和服务供应商管理等
	安全运维管理合规性	度量安全运维过程。度量指标涉及对环境、资产、介质、设备维护、漏洞和风险、网络和系统安全、恶意代码防范、配置、密码、变更、备份与恢复、安全事件处置、应急预案和外包运维等的管理等

6.3.5 基于攻防对抗博弈的安全度量框架及其指标体系

6.3.5.1 攻防对抗博弈行动及其度量

基于攻防对抗博弈的安全度量，也就是对系统完成整体防御任务结果或者对抗进程的质量好坏、作用大小、自身状态等效率指标的量化计算或结论性评价。由此，网络空间安全体系能力可分为系统安全效能和体系对抗效能来评价。

（1）系统安全效能由系统在开始执行任务时的状态（可用性）、在执行任务过程中的状态（可信性）、最后完成规定任务的程度（固有能力）共同构成。

（2）体系对抗效能是指在特定的攻防对抗场景中，运用安全体系的防御能力执行对抗任务所能达到的预期目标的程度。

系统安全效能是防御系统本身所具有的基本效能，而体系对抗效能则是指对抗条件下的动态效能。系统安全效能是对单项效能的综合评价，也是体系对抗效能的前提和约束条件。体系对抗效能的度量依赖于系统效能的度量及外部环境因素，是安全防御系统在外部环境中表现的特征和能力的描述，系统效能高并不直接导致对抗效能也高。通常，技术性能试验和使用性能试验即可实现单项效能和系统安全效能的评估，而体系对抗效能则必须通过对抗试验（实网攻防试验或网络靶场攻防仿真试验）或实际对抗方可完成。

从度量的角度来说，无论是系统安全效能还是体系对抗效能，均需要从网络空间中的实体出发，对实体属性进行测量，得到基本测度及其衍生测度，通过一定的度量方法和分析模型，来进行安全评估与决策。

6.3.5.2　基于攻防对抗博弈的安全度量指标体系

网络信息系统安全体系能力是用于完成攻防对抗活动中的保障任务，网络信息系统的攻防对抗活动则涉及其业务使命、资产及其价值、系统脆弱性、面临的威胁与攻击等各种对象要素，这些对象要素各自可以通过建模来度量分析，而且模型之间存在着复杂的关联结构，需要合理选择模型并进行量化，以实施度量并获取度量结果。这种度量体系需要考虑系统结构及脆弱性、防御方案、威胁及攻击、攻防效费等多种因素。

从攻防对抗博弈行为上可将防御活动分为安全预警、保护、检测、应急响应和恢复等五大类。与此相对应，基于对抗活动的防御方案能力分类包括安全预警能力、保护能力、检测能力、应急响应能力和恢复能力等五类。表 6.9 给出了基于攻防对抗博弈的安全度量指标体系示例。

表 6.9　基于攻防对抗博弈的安全度量指标体系示例

一级指标	二级指标	备注
系统基础信息	系统业务使命	业务使命是构建并形成安全体系能力的基本前提和出发点
	系统拓扑结构	拓扑结构反映了系统基础信息（比如服务等）
	系统资产及价值	系统资产包括硬件资产、业务系统资产以及数据资产等
系统脆弱性	脆弱性类别	可按照国内外公认的成熟体系来分类标识
	脆弱性级别	表征脆弱性的严重程度
	脆弱性关联情况	表征脆弱性之间的关联情况
防御方案	安全预警能力	从预警层面来反映防御方案的效能
	保护能力	从基础保护层面来反映防御方案的效能
	检测能力	从安全事件检测层面来反映防御方案的效能
	应急响应能力	从安全事件的应急响应层面来反映防御方案的效能
	恢复能力	从系统可用性恢复层面来反映防御方案的效能
威胁及攻击	威胁分类	信息系统面临的威胁及可利用的攻击面
	攻击模式	攻击类型、手段及策略
攻防效费	防御成本	防御方在基础架构安全、安全组件、性能损失等方面付出的成本
	防御收益	防御方在基础架构安全、避免性能损失等方面获得的收益
	攻击成本	攻击方在情报获取、实施攻击、攻击被发现等方面付出的成本
	攻击收益	攻击方在实施攻击、攻击成功等方面获得的收益

　　前述信息系统安全度量方法，各自适用于不同的度量对象和度量目的，也具有不同的优势和局限。基于安全性要求的安全度量方法，侧重于安全性指标体系，依据各安全性要求维度来获取系统数据，依据指标综合来指示信息安全状况和趋势，具有直观、简单、易懂的特点。但是，在安全度量工程实践中，难以确定有效的各维度分量综合方法。基于安全域划分的安全度量方法，依赖有效的安全域设置，而且在具体的安全子域安全度量时，仍需要借助安全性要求以及合规性规则等来构建度量指标体系。基于合规性要求的安全度量方法，起步较早，而且有具体的测评指南作为指导，在工程领域获得广泛应用，尤其是在安全合规测评方法发挥了不可替代的重要作用。但是，该度量方法的精细程度和量化程度不高，尤其是在系统持续运行保障、服务提供以及攻防对抗方面的度量不足。基于攻防对抗博弈的安全度量指标体系，要求把广泛分布的数据和安全测度值聚合形成确定的高层次指标，以用于安全体系能力的全局度量，这方面仍然有大量的基础性问题值得深入研究。

　　虽然上述方法作为通用方法，具有各自优势和特点，对网络空间安全度量工程实践来说举足轻重，但这些方法存在不同局限，在实际应用时应加以注意。

6.4　网络空间信息安全度量基线模型与构建方法

　　安全能力的度量和比较，客观上需要一个基线。使用该基线作为基准，才能对一个具体的信息系统实施安全体系能力度量，并通过对比分析，使得同一系统的不同时间点的度量结果以及同一场景下不同系统的度量结果各自具有可比性。网络空间安全体系能力是基于网络空间体系，融合各种安全要素、安全组件于安全系统，以体系对抗和分布实施为基本形式，在攻击和防御体系对抗中表现出来的安全态势感知、网络攻防、全维全生命周期安全保障等整体安全能力，用以掌握网络空间的制信息权。体系能力目标的分解，是体系能力生成的反过程，体系能力生成应避免木桶原理，尽量不出现或者弥补体系各系统的安全短板，不致成为安全体系的"死穴"。而网络空间中所有的安全服务、安全措施、安全组件和安全要素均需服从服务于安全体系能力这个总目标，满足全体系、全时空、全要素的网络空间安全整体对抗要求。下面讨论网络空间信息安全度量基线及其构建方法。

6.4.1　网络空间信息安全体系能力度量基线

　　系统安全基线的确定与系统安全能力需求密切相关，网络空间安全体系能力基线架构需要基于系统论的视角来考虑。

6.4.1.1　安全基线的概念

一般意义下的基线是指在测量、计算或定位中的基本参照。而网络空间信息系统的安全基线（Security Baseline）通常是指信息系统的最基础安全配置，是满足信息安全需求的最小安全保证，也就是该信息系统的最基本安全能力需求。工程实践中有多种安全基线标准，包括 ISO/IEC 27004、NIST SP800-53、OVAL（Open Vulnerability and Assessment Language）、CIS（Center for Internet Security）、中国网络安全等级保护标准等。安全基线的原意是一系列基于最佳安全实践的安全基准。这些基准包括安全物理环境、安全通信网络、安全区域边界、安全计算环境以及管理等诸多方面，通常辅以安全检查清单（Checklist）、系统加固指南等。

安全基线可作为安全风险和付出成本之间的平衡分界线，如不满足安全基线，由此带来的安全风险将无法接受。反之，如果以超额的安全投入来获得超出基线的安全能力，也未必是网络空间信息系统安全保障的最佳选择。

除了有助于降低因安全控制不足而导致的安全风险之外，采用安全基准还有一些重要作用，例如，为"同一场景下不同系统的安全可比较""同一系统在不同时间点的安全可比较"提供了可能。

根据适度安全原理，信息系统的安全通常是机密性和可用性、可承受的安全成本和可承受的安全风险之间的综合平衡，而合适的安全能力基线恰是该平衡的分界线，也是考察和度量该信息系统安全性的基准线。因此，构造、获取和分析安全能力基线，成为实施复杂信息系统工程和进行其安全体系能力度量、进而进行安全优化、决策和控制的基本前提和先决条件。不同的信息系统可以设置不同的安全能力基线，而同一信息系统因安全保障需求的变化，也可以采用不同的安全能力基线。

对安全能力度量来说，安全体系能力基线（安全基本要求）应转化为度量基线。度量基线建立的意义在于，尽管同类网络系统存在差别进而其安全需求也各不相同，但应存在一致的安全基线。通过该安全基线可以构建系统安全基准（在某些场景下可理解为最低安全性要求）。安全度量指标可在安全度量基准基础上实现拓展和细化。

需要注意的是，安全体系能力度量基线与下文中谈到的安全组件安全配置基线的概念不同。

6.4.1.2　系统论视角下的网络空间信息安全体系能力基线架构

采用系统论的思维和方法，从整体性、关联性、层次性、统一性、目的性和动态开放性等角度考虑，本书给出了网络空间安全体系能力基线架构的构建原则。

安全能力基线反映了网络空间安全体系能力的整体性要求，同时也反映了整体安全与部分、层次、结构以及环境的关系。安全能力基线的所有要素需要通过组织综合来构成整体，并且其形成的整体能力要大于各要素性能之和，并不是各基本要素的性质和功能的简单叠加。

安全能力基线涉及诸多要素，而这些要素与能力基线整体、各要素之间、要素与环境之间存在相互作用、依存和制约等关联关系。不考虑各基本要素之间的关联，就无法科学地揭示安全能力的本质。另一方面，安全能力基线又与其基本要素相统一，安全能力基线的性质需要通过基本要素的性质来涌现，安全规律也必然需要通过其要素之间的关系（系统的层次与结构）来体现。

层次性原理指出，系统组织在地位和作用、结构和功能等方面上表现出具有本质区别的等级秩序，而处理复杂系统问题时应考虑纵向层次和横向层间的关系。因此，网络空间安全体系能力基线架构也必然是具有层次性的，即整体安全能力基线包含若干个基线子系统，而各基线子系统又可以在下一层次"分解"为更低层级的若干模块。比如，IP 服务网络的安全能力基线，首先是安全物理环境、安全通信网络、安全区域边界、安全计算环境层面。上述层面向上对应整体安全能力，层间又有相互分工和交联，向下又可以继续细分。比如，安全计算环境安全层面就可以分为应用软件、虚拟软件、数据库、中间件等。整体安全能力的涌现，既发生在某一特定层次上(即层内进化)，也可能发生在不同层次间(即层间演化)。

在构建安全能力基线架构时，需要考虑其不同层次上的运动规律的统一性，这种有差异共性的统一表达，对于很多无法进行数学定量研究的能力需求来说，可以构建同构系统和同态模型，借以简化构建过程。

安全能力基线各要素与环境相互作用过程中，其能力涌现方向既与具体的、具有偶然性的实际状态有关，更取决于其自身所具有的、必然的方向，在一定范围内，其发展和变化几乎不受条件和途径的影响，而趋向于某种预定的安全状态。这是系统目的性在安全能力基线构建应用中的具体体现。

复杂信息系统是典型的动态、开放系统，与外界环境不断进行物质、能量或信息交换，因此其安全能力基线无论是在内部有机关联、还是外部环境交换方面，均体现出动态开放性。安全能力基线的内部结构状态会随时间而变化，而系统与外部环境必定通过边界进行物质、能量或信息的交换，这是由开放系统动态性原理所决定的必然表现。比如，对于安全能力基线的优化和变更问题，由于具体业务和设备变更会导致安全要求变更，因此也需要对安全基线进行调整和升级，形成新的基线标准，并更新基线库。

6.4.2　网络空间信息安全体系能力基线的构建方法

网络空间信息系统的安全能力基线构建，既要考虑相关的安全标准规范要求（比如中国的网络安全等级保护、风险评估以及安全测评系列标准），还应参考网络安全工程领域的最佳实践。

6.4.2.1　安全能力基线支撑标准、漏洞库与描述规范

安全体系能力度量涉及科学性、全面性、准确性和规范性等要求。构建网络空间安全体系能力基线的基本思想是，根据中国国情，按照以我为主、兼容并蓄的基本原则，立足于解决两大核心问题：一是宏观层面的网络安全政策、法律法规、标准规范和操作标准的具体落地实施问题（比如，中国网络安全法、网络安全等级保护系列及配套标准、信息安全管理体系要求、具体信息系统的整体安全策略等）；二是网络安全性相关要素度量和评估的标准化问题（比如，安全脆弱性的统一描述、危害性度量，评估方法选用等）。解决了上述两个核心问题，就有助于实现网络空间安全体系能力基线配置和度量的标准化和自动化。

国际上，美国的信息安全评估标准体系重视标准化、自动化工作，美国国家标准与技术研究院（National Institute of Standards and Technology，NIST）提出了安全内容自动化协议（Security Content Automation Protocol，SCAP）框架，包含了 CVE、CCE、CPE、CVSS、XCCDF 和 OVAL 规范。SCAP 所需的检查内容及检查方式由美国国家漏洞库（National Vulnerability Database，NVD）和美国国家检查单项目（National Checklist Program，NCPP）提供，基于 SCAP 框架实现了信息安全检查的标准化和自动化，形成了一套系统安全检查基线。

表 6.10 给出了网络空间信息系统的安全能力基线支撑标准、漏洞库与描述规范。该基线以中国自主的安全漏洞库 CNNVD、CNVD 和中国现行网络安全标准（网络安全等级保护系列及配套标准、信息安全管理体系要求、安全漏洞标识与描述规范等）为基本遵循，适当参考了国际知名漏洞库类系统（CVE、CWE、CCE、CPE、CVSS、OWASP 等）和描述规范（XCCDF、OVAL 等），构建了自主可控的网络空间安全体系能力度量规范支撑体系。特别是中国自主的漏洞库，体现了中国重要信息系统单位、基础电信运营商、网络安全厂商、软件厂商和互联网企业在安全漏洞挖掘、统一收集、分析验证、预警发布以及应急处置方面的大量工作，可为网络空间信息系统的安全体系能力度量、优化、决策和控制提供有力支撑。这些数据库可为系统脆弱性管理、安全评估以及合规性检查提供检查清单、相关漏洞、配置错误及量化影响等基础数据支撑。

根据系统科学理论的类比思想，网络空间安全体系能力基线对于不同的信息系统具有普适性，各种系统都能找到该基线的应用价值。不同的信息系统的业务使命、网络拓扑、安全需求、安全保障以及具体的运行状态具有较强的相似性，也有很大的差异性，因此，需要根据具体情况进行能力基线的裁剪和具体化。

表 6.10　网络空间信息系统的安全能力基线支撑标准、漏洞库与描述规范

来源	标准与规范	维护方	具体解释
国内	CNNVD（China National Vulnerability Database of Information Security）	中国信息安全测评中心	中国国家级信息安全漏洞库之一，用于漏洞分析和风险评估
	CNVD（China National Vulnerability Database）	国家互联网应急中心等	建立软件安全漏洞统一收集、验证、预警发布及应急处置体系，涵盖漏洞发现、报送、评估、处置等核心环节
	网络安全等级保护系列及配套标准	全国信息安全标准化技术委员会	含定级指南、基本要求、实施指南、测评指南等，包括云计算、物联网、工业控制系统、移动互联网络等扩展领域
	GB/T 22080（ISO27001）信息安全管理体系要求	全国信息安全标准化技术委员会	包括：安全策略，信息安全的组织，资产管理，人力资源安全，安全物理环境，通信和操作管理，访问控制，系统采集、开发和维护，信息安全事故管理，业务连续性管理，符合性等
	GB/T 28458 安全漏洞标识与描述规范	全国信息安全标准化技术委员会、国家信息技术安全研究中心	采用文字、字符、数字等形式描述漏洞，包括标识号、名称、发布时间、发布单位、类别、等级、影响系统、利用方法、解决方案建议等
国际	CVE（Common Vulnerabilities and Exposures）	MITRE 公司（美国）	为公认的安全漏洞或已暴露弱点提供通用命名，帮助用户在各自独立的各种漏洞数据库中和漏洞评估工具中共享数据
	CWE（Common Weakness Enumeration）	MITRE 公司（美国）	分析发现的漏洞并建立统一标识，提供漏洞信息共享及数据交换，提供识别、减轻、阻止软件缺陷的通用标准
	CCE（Common Configuration Enumeration）	NIST 信息技术实验室（美国）	一种描述软件配置缺陷的标准化格式
	CPE（Common Platform Enumeration）	MITRE 公司（美国）	以标准化方式为软件应用程序、操作系统及硬件命名
	CVSS（Common Vulnerability Scoring System）	NIAC 开发、FIRST 维护	公开标准，用于评测漏洞的严重程度，以及确定响应紧急度（优先级）和重要度。CVSS 得分是基于一系列度量维度上的测量结果，得分在 0~10 之间
	OWASP（Open Web Application Security Project）	开放式 Web 应用安全项目组	Web 应用安全领域的权威参考，提供 Web 弱点分析和防护守则
	XCCDF（eXtensible Configuration Checklist Description Format）	ISO/IEC	ISO/IEC 18180 标准，提供了可扩展的配置检查表描述格式

基于此前提出的能力基线概念，结合具体信息系统的任务、现状和行业最佳实践，可以对基线能力模型进行具体的裁剪和具体化。重点考虑系统安全漏洞、系统配置安全脆弱性与系统重要状态信息。安全脆弱性反映了系统自身的脆弱性，包括网络、软硬件系统的安全漏洞等。具体参考中国自主的安全漏洞库 CNNVD、CNVD 作为通用标准，关注云计算、物联网、工业控制系统、移动互联网络等扩展领域，重点考虑登录漏洞、DoS 漏洞、Buffer Overflow 漏洞、信息泄露、恶意软件等，以刻画系统自身的安全脆弱性。安全配置与系统关联较大，不同业务环境中的同一配置项的安全配置要求不同。安全配置通常需要关注操作系统、数据库、路由器等初始安全配置的安全情况，包括账号、口令、授权、日志、通信等。重要状态信息反映表征了系统当前环境的安全状况与潜在的安全风险，包括重要数据或文件、网络端口、系统进程等。系统初始状态安全能力基线可采用系统快照方式获得。待度量系统的安全能力基线由上述三方面必须满足的最小要求组成。

6.4.2.2　安全能力基线指标体系的构建过程

确定了具体信息系统的安全能力基线模型，就可为其安全体系能力度量和评估提供标准化、自动化的可操作、可执行标准。具体的安全能力基线指标体系构建，需要结合度量指标体系来具体实施，其中涉及安全度量主体、属性、测度、分析模型及结果指标等。以安全技术合规性为例，其安全度量所涉及的实体、属性、基本测度、度量函数、衍生测度、分析模型与结果指标如表 6.11 所示。

6.4.2.3　信息系统组件的安全基线确定

信息系统是由多个不同的组件所构成，各组件的结构、功能也各不相同。以安全计算环境为例，其中涉及操作系统、网络设备、移动终端、应用系统、数据库等要素。这些组件各自不同的安全基线设置，可作为合规预设要求，供具体安全体系能力分析时引用。

对于信息系统组件来说，良好的安全基线配置不仅能够提供组件自身的安全保障，还能够通过提供各种配置功能实现对信息系统环境的良好控制。很多安全组件以安全基线形式提供安全功能配置指南。但是，各个信息系统的业务使命和安全威胁各不相同，其应用和设备既要保证"共性"安全，还必须符合由信息系统所有者定义的安全标准（即特定的安全基线）。信息系统的安全威胁环境持续演变，需要不断更改和优化安全设置，以缓解相应威胁。因此，必须度量用户和设备配置设置符合基线的情况。比如，系统配置安全可以核查操作系统（Windows、Linux 等）、交换机（华为、思科、锐捷等）、Oracle 数据库（SQL Server、MySQL、Oracle 等）等的账号、口令、授权、日志、IP 协议等有关的安全特性。具体可利用系统管理员权限，通过 Telnet/SSH/SNMP、远程命令获取等方式获取目标系统

表6.11 技术合规性度量实体、属性、基本测度、度量函数、衍生测度、分析模型与结果指标示例

实体	属性	基本测度	度量函数	衍生测度	分析模型	结果指标
机房场地	物理安全	机房场地选择	防震、防风和防雨等	物理位置选择		
机房场地	物理安全	机房场地选择	非建筑物顶层或地下室，或有防水和防潮措施	物理位置选择		
机房出入口	物理访问控制	控制、鉴别和记录进入的人员	电子门禁系统	物理访问控制		
重要区域	物理访问控制	控制、鉴别和记录进入的人员	第二道电子门禁系统	物理访问控制		
设备或主要部件	物理安全	固定或标识情况	固定并设置明显标识			
通信线缆	物理安全	铺设情况	隐蔽安全处	防盗窃和防破坏		
机房	防盗	防盗报警或视频监控	机房防盗报警系统或专人值守的视频监控			
机柜、设施和设备	环境安全	接地情况	通过接地系统安全接地			
机柜、设施和设备	环境安全	防范感应雷	设置防雷保安器或过压保护装置	防雷击		
机房	环境安全	消防系统	火灾自动消防、自动检测火情、自动报警、自动灭火	防火	定性与定量相结合的层次分析法、网络分析法或模糊综合评价方法	物理环境安全能力
机房及相关的工作房间和辅助房	环境安全	建筑材料	具有耐火等级			
机房	环境安全	划分区域	缓冲区和设备区设置隔离防火措施			
机房窗户、屋顶和墙壁	环境安全	防止雨水渗透	防渗漏措施			
机房	环境安全	防止水蒸气结露和地下积水的转移与渗透	防结露、防积水转移与防渗透措施	防水和防潮		
机房	环境安全	防水检测和报警	水敏检测仪表或元件检测和报警			
地板或地面	环境安全	防静电	防静电地板或地面并必要接地	防静电		
静电消除器	环境安全	防止静电产生	静电消除器、佩戴防静电手环			
机房	环境安全	温湿度自动调节	温湿度的变化在允许范围之内	温湿度控制		
机房供电电力线路	物理安全	稳压器和过电压防护	稳压器和过电压防护设备	电力供应		
备用电力供应	物理安全	短期备用电力供应	设备在断电情况下正常运行			
电力电缆线路	物理安全	冗余或并行供电	冗余或并行的电力电缆线路			
应急供电设施	物理安全	应急供电	应急供电设施			
电源线和通信线缆	环境安全	互相干扰	电源线和通信线缆应隔离铺设	电磁防护		
关键设备或关键区域	环境安全	电磁屏蔽	电磁屏蔽设施及效果			

续表

实体	属性	基本测度	度量函数	衍生测度	分析模型	结果指标
通信类设备（路由器、交换机等）	网络设备业务处理能力	日志设备性能	开销均低于 60%		定性与定量相结合的层次分析法、网络模糊综合评价方法	通信网络安全能力
通信类设备（路由器等）	网络各部分通信能力	网络各部分带宽	网络丢包时延及带宽速率			
网络区域	网络边界分隔能力	子域划分及区域分配地址情况	网络区域分配地址情况			
重要网络区域	网络边界防护能力	重要区域与其他区域隔离情况	隔离有效性	网络架构安全		
通信线路、关键网络设备和关键计算机设备	系统可用性	硬件和通信线路冗余度	冗余覆盖面及冗余度			
重要业务	业务可用性	重要业务带宽	带宽			
传输协议	数据完整性	传输加密情况	加密体制及其强度		综合评价方法	
传输协议	数据保密性	传输加密情况	加密体制及其强度	通信传输安全		
通信双方	可认证性	验证或认证	验证或认证方式			
重要通信过程	密码运算和密钥管理	硬件密码模块	硬件密码模块应用			
通信设备系统	可信性	动态可信验证	动态可信验证情况	可信验证		
边界设备	可控性	边界接口受控	跨越边界的访问和数据通过边界设备通信	边界防护	定性与定量相结合的层次分析法、网络模糊综合评价方法	区域边界安全防护能力
终端管理系统和网络设备	非法内联	检查或限制非授权设备私自连接到内部网络	检测并阻断/封闭端口			
终端管理系统和网络设备	非法外联	检查或限制内部用户非授权连接到外部网络	检测并阻断/封闭端口			
无线网络设备	无线网络受控	无线网络受控接入	检测并阻断/封闭无线连接			
接入网络的设备	可信性	可信验证机制	可信验证情况			
网络边界或区域之间的访问控制设备	访问控制策略	部署访问控制设备并启用访问控制策略	拒绝通信接口之外的所有通信			
访问控制设备	访问控制列表策略	访问控制列表	删除多余或无效规则，访问控制规则数量最小化	访问控制		
访问控制设备	数据包控制	源目的地址、端口及协议参数配置	允许/拒绝数据包进出受保护的区域边界			
访问控制设备	数据流控制	会话状态信息	允许/拒绝数据流访问			
网络边界	数据交换	过滤规则	通信协议转换或通信协议隔离			

续表

实体	属性	基本测度	度量函数	衍生测度	分析模型	结果指标
关键网络节点	外部攻击检测	外部攻击检测能力	检测、防止或限制外部攻击		定性与定量相结合的层次分析法、网络或模糊综合评价方法	区域边界安全防护能力
关键网络节点	内部攻击检测	内部攻击检测能力	检测、防止或限制内部攻击	入侵防范		
入侵检测和入侵防范设备	网络攻击检测分析	已知/未知攻击检测分析	网络行为分析			
入侵检测和入侵防范设备	响应能力	攻击检测及报警	攻击行为记录及严重攻击报警			
关键网络节点	防恶意代码	关键节点防恶意代码	检测和清除恶意代码	恶意代码和垃圾邮件防范		
关键网络节点	防垃圾邮件	关键节点防垃圾邮件	检测和清除垃圾邮件			
网络边界、重要网络节点	可追溯性	边界、节点审计	重要的用户行为和重要安全事件审计			
审计系统	可追溯性	审计记录信息内容	事件日期和时间、用户、事件类型、事件是否成功等	安全审计		
审计系统	可追溯性	审计记录保护	保护及定期备份			
通信设备系统	可信性	动态可信验证	动态可信验证情况	可信验证		
终端和服务器中的操作系统、应用系统	可认证性	登录用户身份标识和鉴别	身份标识唯一性、身份鉴别信息复杂度、更换周期	身份鉴别	定性与定量相结合的层次分析法、网络或模糊综合评价方法	计算环境安全能力
终端和服务器中的操作系统、应用系统	可认证性	登录失败处理	结束会话、限制非法登录次数和连接超时自动退出等措施			
终端和服务器中的操作系统、应用系统	可认证性	远程管理	鉴别信息在网络传输过程中防窃听			
终端和服务器中的操作系统、应用系统	可认证性	多因素鉴别认证	含密码技术在内的两种或两种以上组合的鉴别技术			
终端和服务器中的操作系统、应用系统	访问控制	登录用户管理	账户和权限	访问控制		
终端和服务器中的操作系统、应用系统	访问控制	默认账户管理	重命名或删除默认账户、修改其默认口令			
终端和服务器中的操作系统、应用系统	访问控制	多余、过期账户管理	删除多余、避免存在共享账户			

续表

实体	属性	基本测度	度量函数	衍生测度	分析模型	结果指标
终端和服务器中的操作系统、应用系统	访问控制	用户权限	最小权限，权限分离	访问控制	定性与定量相结合的层次分析法、网络分析法或模糊综合评价方法	计算环境安全能力
终端和服务器中的操作系统、应用系统	访问控制	访问控制策略	授权主体配置策略，规定主体对客体的访问规则			
终端和服务器中的操作系统、应用系统	访问控制	访问控制粒度	主体为用户级或程序，客体为文件、数据库表级			
终端和服务器中的操作系统、应用系统	访问控制	安全标记及访问	重要主体和客体设置安全标记，并控制主体对其访问			
终端和服务器中的操作系统、应用系统	可追溯性	安全审计	覆盖每个用户，审计重要用户行为和重要安全事件	安全审计		
终端和服务器中的操作系统、应用系统	可追溯性	审计记录信息	包括事件的日期和时间、用户、事件类型、事件是否成功等信息			
终端和服务器中的操作系统、应用系统	可追溯性	审计记录保护	保护及定期备份			
终端和服务器中的操作系统、应用系统	部署原则	最小安装原则	仅安装需要的组件和应用程序			
终端和服务器中的操作系统、应用系统	可控性	系统服务及端口控制	关闭不需要的系统服务、默认共享和高危端口	入侵防范		
终端和服务器中的操作系统、应用系统	可控性	终端管理	通过设定终端接入方式或网络地址范围对通过网络进行管理的管理终端进行限制			
终端和服务器中的操作系统、应用系统	数据有效性	数据有效性检验	通过人机接口或通信接口输入的内容符合系统设定要求			
终端和服务器中的操作系统、应用系统	脆弱性	漏洞检测	发现可能存在的已知漏洞并修复			
终端和服务器中的操作系统、应用系统	攻击检测	重要节点入侵检测	能够检测到入侵行为，并提供严重入侵事件报警			

续表

实体	属性	基本测度	度量函数	衍生测度	分析模型	结果指标
终端和服务器中的操作系统、应用系统	可用性	恶意代码防范	免受恶意代码攻击的技术措施或主动免疫可信验证机制，并可有效阻断恶意代码	恶意代码防范	定性与定量相结合的层次分析法、网络或模糊综合评价方法	计算环境安全能力
计算设备	可信性	动态可信验证	动态可信验证情况	可信验证		
操作系统、业务应用系统、数据库管理系统、中间件	传输完整性	传输完整性保障措施	校验技术或密码技术类别及其强度	数据完整性		
操作系统、业务应用系统、数据库管理系统、中间件	存储完整性	存储完整性保障措施	校验技术或密码技术类别及其强度			
操作系统、业务应用系统、数据库管理系统、中间件	传输保密性	传输保密性保障措施	密码技术类别及其强度	数据保密性		
操作系统、业务应用系统、数据库管理系统、中间件	存储保密性	存储保密性保障措施	密码技术类别及其强度			
配置数据和业务数据	数据可用性	本地数据备份与恢复	重要数据的本地数据备份与恢复	数据备份与恢复		
配置数据和业务数据	数据可用性	异地实时备份功能	利用通信网络将重要数据实时备份至备份场地			
重要数据处理系统	数据可用性	可用性保障措施	重要数据处理系统热冗余			
操作系统、业务应用系统、数据库管理系统、中间件	鉴别信息保密性	安全及隐私保护	鉴别信息存储空间被释放或重新分配前得到完全清除	剩余信息保护		
操作系统、业务应用系统、数据库管理系统、中间件	敏感数据保密性	安全及隐私保护	敏感数据存储空间被释放或重新分配前得到完全清除			
业务应用系统和数据库管理系统	隐私性	用户个人信息采集和保存	仅采集和保存业务必需的用户个人信息	个人信息保护		
业务应用系统和数据库管理系统	隐私性	用户个人信息使用	禁止非法访问和使用用户个人信息			

续表

实体	属性	基本测度	度量函数	衍生测度	分析模型	结果指标
系统管理员	可认证性	身份鉴别	通过特定命令或操作界面进行系统管理操作，并进行审计		定性与定量相结合的层次分析法、网络分析法或模糊综合评价方法	安全管理中心
系统管理员	可控性	资源和运行进行配置、控制和管理	用户身份、系统资源配置、系统加载和启动、数据和设备的异常处理、数据和设备的备份与恢复等	系统管理		
审计管理员	可控性	身份鉴别	通过特定命令或操作界面进行安全审计操作，并进行审计	审计管理		
审计管理员	可控性	审计记录分析与处理	根据特定安全审计策略对审计记录进行存储、管理和查询等			
安全管理员	可控性	身份鉴别	通过特定的命令或操作界面进行安全管理操作，并进行审计	安全管理		
安全管理员	可控性	安全策略配置	安全参数的设置、主体、客体进行统一安全标记，对主体进行授权，配置可信验证策略等			
管理区域	可控性	管理区域划分与管控	划分特定管理区域，管控其中的安全设备或安全组件			
安全管理信息传输路径	可控性	路径管理及组件管理	通过安全信息传输路径管理安全设备或组件			
网络链路、安全设备、网络设备和服务器	可控性	集中监测	集中监测运行情况	集中管控		
审计数据	可追溯性	收集汇总和集中分析各设备上的审计数据	数据审计及留存时间			
安全策略、恶意代码、补丁升级	可控性	安全事项集中管理	集中管理的安全相关事项			
安全事件	可控性	安全事件处理	识别、报警和分析			

有关安全配置和状态信息。表 6.12 所示为安全计算环境所涉及的信息系统组件安全基线设置要求示例。

以 Windows 系统通用安全配置基线为例，包括共享账号检查、guest 账户检查、口令复杂度策略、口令最长生存期策略、远程关机授权、系统关闭授权、文件权限指派、匿名权限限制、登录日志检查、系统日志完备性检查、日志大小设置、远程登录超时配置、默认共享检查、共享权限检查、防范病毒管理、补丁分发管理、Service Pack 管理、屏保密码保护、自动播放关闭、SNMP 默认口令修改、启动项检查、管理员账号更名、登录失败账户锁定策略、本机防火墙设置、数据执行保护功能启用（Data Execution Prevention，DEP）、服务检查等。

表 6.12　安全计算环境所涉及的信息系统组件安全基线设置对象示例

范围	内容	具体分类	版本或类型
安全计算环境	操作系统	Windows	Windows XP/7/8/10 等
			Windows NT/Server 2000/2003/2008/2012/2016 等
		Linux	Red Hat、SuSE、FreeBSD 等
		Unix	HP Unix 等
		Android	Android 1.0~Android 10.0 等
		iOS	iOS1~iOS13 等
	网络设备	防火墙、路由器、交换机、负载均衡设备、无线网络设备等	仍可逐层细化，如交换机细化为华为/华三/思科/锐捷等厂商产品
	移动终端	Apple iOS 系列	iOS1~iOS13 等
		Google Android 系列	Android 1.0~Android 10.0 等
		Windows Phone 系列	Windows Phone
	应用系统	应用软件	Apache、Tomcat、IIS、Safari、IE、Office、Firefox、ISC BIND、Opera 等
		协议	Kerberos、LDAP、IPSec 等
		虚拟软件	Vmware、Virtualization、Xen、Hyper-V 等
		中间件	Tomcat、Jboss、Weblogic、Websphere 等
	数据库	—	SQL Server、MySQL、Oracle、Sybase ASE、DB2、Informix 等

再以 Linux 系统安全配置基线为例，包括共享账号检查、多余账户锁定策略、根账户远程登录限制、口令复杂度策略、口令最长生存期策略、系统关键目录权限控制、用户缺省权限控制、安全日志完备性要求、统一远程日志服务器配置、设置历史时间戳、SSH 登录配置、关闭不必要的系统服务、安装操作系统更新补丁等。

第7章 安全参数采集、安全体系能力分析与评估

本章将讨论安全参数采集、安全体系能力分析与评估，包括：网络空间安全体系能力评估的参数采集原则；网络安全体系能力监测及安全参数采集框架、机制与方法；安全参数及能力指标关系分析、优化与综合；基于 ANP-AQFD 的复杂信息系统安全体系能力分析方法等。

7.1 网络空间安全体系能力评估的参数采集原则

网络空间信息安全评估需要对其安全体系能力进行持续监测，而安全参数则是网络信息安全最重要、最直接的反映。为了进行安全分析和风险控制，需要采用特定的方法与机制来实现安全参数的采集和处理。网络信息安全参数采集问题的难点并不在于如何去采集，而在于采集何种参数和进行何种处理。本节从系统工程的角度，讨论复杂信息系统安全参数的采集范围及采集框架、自动化和半自动采集方法、基于渗透攻击的采集方法、非破坏性采集方法以及大规模系统的安全参数组合机制等。

7.1.1 安全体系能力评估的安全参数采集的特殊性与难点

网络空间信息系统安全体系能力评估的参数采集的特殊性和难点体现在以下方面。

（1）复杂信息系统存在典型的异构性、多样性，系统形态各异，安全参数种类繁多、形态和内容以及采集方式和手段差异较大，缺乏统一的采集方法和参数描述标准，无法形成全局性、可量化的安全度量标准。

（2）复杂信息系统的安全属性通常采用自然语言形式来描述和定义，形式化刻画不足。而且，安全特性的定义不清晰、安全参数与安全特性之间、各特性之间相互的关联刻画模糊、不同安全属性的安全描述参数缺乏统一性，不具备系统、规范的应用理论基础支撑，导致整体网络安全评估过程的科学性、客观性和有效性不足。

（3）现有模型假设的理想化和严格性，导致复杂信息系统的安全参数采集无法满足系统应用需求。很多安全分析模型都是基于严格假设和理想化约束条件，而这些假设和条件又在实际的安全性分析或安全运行过程无法被满足，导致模型的适用性和分析结果的可信性受到很大质疑。

（4）安全性数据受系统运行状态和环境信息的影响，本身具有波动性和不确定性。不同的运行状态和不同的环境下采集到的安全性数据可能会存在很大区别。安全性数据本身的波动性和不确定性，将会降低安全性分析结果的置信度，同时还会带来分析模型选择的不确定性，这两种不确定性的叠加，将会进一步加大对安全性分析的负面影响。

（5）小样本数据的影响。对于庞大的安全系统来说，其产生的安全数据可能是海量的，但实际工程中所采集、存储并可用于处理的数据，相对于其总体样本空间来说，仅仅是小样本数据，而小样本数据会导致所有统计方法的"失效"。如果将类似系统或产品的小样本数据组合起来，则要求其研究对象、测试试验环境及运行环境高度一致。

（6）局部安全参数与整体安全性的关系问题。系统科学指出，利用大量存在的分系统和组件安全数据来分析整体安全性是可行的，但应避免采用还原论的方法进行简单叠加和处理，而应采用系统科学思维和方法，通过底层数据来反映和涌现高层特征。

7.1.2　信息系统安全体系能力评估的安全参数采集原则

信息系统安全度量、控制和评估的最终目的，是保护系统安全，进而保障系统的正常运行和业务使命的有效完成。因此，具体的信息系统安全参数采集是一个具有共性特征又有个体特点的问题。在此过程中，应考虑安全保障系统建设与业务系统建设的完善与统一，将国家和行业网络安全等级保护相关制度和标准要求、信息系统业务与安全防护进行有机结合。复杂信息系统安全参数的原则如下。

（1）体系化采集原则。

以系统化思维，对信息系统安全度量体系进行通盘考虑，包括业务功能和安全保障、单项技术和总体能力、技术因素和管理问题等不同层面。要按照安全度量架构，进行多层次、多角度、全方位、立体化的安全参数获取，构建科学、系统的安全参数采集体系。

（2）成本效益原则。

信息系统中，往往采用了大量的安全技术、部署有大量的安全产品，这些技术和产品都是以保障系统机密性、完整性、可用性以及可控性、不可否认性、可追溯性等为基本出发点的，因此应该充分利用这些技术和产品的安全信息输出，以降低参数采集成本，发挥最大效益。

（3）合规性原则。

信息系统安全参数采集，应充分考虑对法规、标准、规范的符合性。既要遵照法律法规的原则精神，同时要具体参考国家有关网络安全等级保护标准、行业网络安全标准规范以及国际标准。另一方面，采用渗透攻击等采集方法，应注意法律法规和被度量系统自身安全风险。此外，安全参数的采集，原则上不得改变被采集系统的网络架构、影响被采集系统的业务功能。

（4）质量平衡原则。

安全性数据是安全性研究的基础。安全性数据分析不仅仅是对原始数据的简单处理，而是要从"质"与"量"两方面进行分析，目标是提升和改善安全性数据的"质"、扩充安全性数据的"量"，为安全性分析、控制和度量提供有力支撑。如果安全性数据"质"不符合要求，体现在错误及大误差数据上，将会严重影响安全性分析和评估的准确性；而安全性数据的"量"不符合要求，量过大则增大了分析处理的难度，量过小则无法表征总体特点，降低数据处理的可信度。而安全性数据的"质"的提升和改善、"量"的适度扩充，都对安全参数的采集方法和机制提出了很高要求，必须把握"质"与"量"相平衡的原则。

（5）非破坏性采集原则。

非破坏性是复杂信息系统安全参数采集的重要原则。所谓非破坏性，是指参数采集不对被采集系统的状态（含安全状态）产生实质性的影响，也就是不破坏系统的既有状态。具体需要考虑安全数据采集点的部署、关注网络出入口点、靠近关键资产、创建安全数据采集框架等。

7.2　网络安全体系能力监测及安全参数采集框架、机制与方法

网络安全体系能力度量需要构建全局性安全度量标准体系，形成统一化的安全参数描述及采集方法，为其安全体系能力评估提供基础数据支撑。为此，本节将讨论面向安全体系能力度量的安全监测及参数采集范围、参数类别以及参数采集框架。

7.2.1　面向安全体系能力分析的安全监测及参数采集范围与框架

网络空间的信息系统形态各异，安全能力需求千差万别，因此需要制定针对具体情况来确定安全数据源。所采集的数据，在时间维度上要求能够了解过去、知悉现在、预测未来，在空间维度上要求尽可能全面覆盖，包括网络流量、网络行为以及内容载荷等方面。

7.2.1.1　安全监测及参数采集源

通常来说，考察网络空间信息系统的安全体系能力，需要监测和采集网络基础设施、安全设备（含硬件形态和软件形态的组件）、安全系统、应用系统以及具体的业务系统等数据源。表 7.1 给出了面向安全体系能力度量的安全监测及参数采集源分析。

表 7.1　面向安全体系能力度量的安全监测及参数采集源示例

监测和采集类别	具体数据源	采集数据类型示例
网络基础设施	网络交换机	接入层交换机、汇聚层交换机及核心层交换机的性能，流量采集可采用端口镜像（Port Monitoring）、分光器（Optical Splitter）等
	路由器	路由基础信息、安全事件信息
	网关	网络基础信息、安全事件信息
网络安全设备及组件	恶意代码防范工具	病毒、僵尸程序、木马、蠕虫等检测结果
	防火墙	防火墙日志和相关报警记录，攻击和告警事件数量
	入侵检测系统	入侵检测日志和相关报警记录，攻击和告警事件数量
	网闸	安全隔离信息、协议转换信息、恶意代码查杀信息、安全审计记录、鉴权认证信息等
网络安全系统	集中授权系统	用户集中统一授权管理、业务系统统一配置管理等的操作日志
	身份认证系统	授权管理、身份认证服务和访问控制服务的操作日志
	安全管理中心	对网络和安全产品的管理日志、网络安全状态与符合性审计记录
通用应用系统	数据库系统	数据库安全事件、操作日志、漏洞信息
	OA 系统	OA 系统安全事件、操作日志、漏洞信息
	邮件系统	垃圾邮件及拦截信息、漏洞信息
	中间件系统	中间件系统安全事件、操作日志、漏洞信息
业务系统	ERP 系统	ERP 系统安全事件、操作日志、漏洞信息
	SCADA 系统	SCADA 系统安全事件、操作日志、漏洞信息
	DCS 系统	DCS 系统安全事件、操作日志、漏洞信息

7.2.1.2　面向安全体系能力度量的安全监测及参数数据类别

　　网络信息系统的安全监测和参数采集涉及众多数据类型，总体上可分为基础类数据和安全类数据。基础类数据包括信息系统资产数据、信息系统资产动态数据、信息系统资产运行状态数据以及信息系统资产脆弱性数据等，描述了待考察信息系统所处环境的各种资产及其属性（包括脆弱性属性）。安全类数据则包括网络层面数据、日志数据、安全态势数据，可进一步细化为原始的完整数据、包字符串提取数据、会话数据（流记录）、统计数据、日志数据、安全事件数据以及威胁情报数据等。网络安全的状态信息，部分反映在流量监测、UTM、防火墙、IDS等网络防护和监控设备当中，这些设备运行所产生的 IP 包数据、日志数据、安全事件数据、会话数据等信息，对于度量和评估网络安全状态具有重要价值。表 7.2 给出了面向安全体系能力度量的安全监测及参数数据类别。

表 7.2　面向安全体系能力度量的安全监测及参数数据类别

数据类别	子类及释义	内容及用途	特点
基础类数据	信息系统资产数据	包括拓扑信息、资产类别、型号、功能、地理位置、安全域、重要等级、软硬件信息、开放服务等信息，为整体安全分析提供完整框架数据	进行网络信息系统安全能力度量的最基础数据，也是其他数据的基础接入点
	信息系统资产动态数据	包括未知主机的接入数据、已开启的新服务、客户端程序等资产动态变化信息	网络状况的实时反映，对感知、发现潜在威胁具有重要价值
	信息系统资产运行状态数据	包括 CPU、内存、硬盘、带宽利用率等设备状态信息及服务，常用于运维管理	对揭示资源消耗类攻击（如拒绝服务攻击等）具有重要价值
	信息系统资产脆弱性数据	存在的网络、协议、主机、服务器、数据库、应用程序等软硬件脆弱性	是网络信息系统安全风险的主要因素
安全类数据	原始完整数据，旁路镜像采集的网络全部流量	通过网络协议实时解析，提取元数据，实现日志、协议以及数据包等完全索引，用于网络元数据异常行为建模、网络流量数据挖掘及分析处理。	优点是全方位、多维度反映网络安全情况，缺点是内容庞大、价值密度低
	包字符串提取数据，提取自原始包数据	可以提取协议报头数据或协议有效载荷数据	明文字符串，介于原始完整数据和会话数据之间
	会话数据（流记录），两个网络实体间通信行为的总和	包括通信协议、源/目的 IP、源/目的端口、起止时间戳、数据量	数据量小，易于存储
	统计数据，对采集数据的统计分析	比如用户活跃度统计、带宽消耗统计、安全事件类型统计等	有利于从全局和整体角度来考察
	日志数据，来自设备、系统或应用的原始日志	记录了网络状态信息和网络活动，包括设备日志、系统日志和应用程序日志等	可以采用本地、远程分布或集中存储管理方式
	安全事件数据，来自安全设备或组件的分析结果	包括防火墙报警、网络入侵检测报警、主机入侵检测报警、恶意代码检测报警等安全事件数据	可分为网络事件数据、主机事件
	威胁情报数据，基于证据的情境、机制、指标、影响以及建议等知识	包括外部威胁情报（来自公开情报或专业情报提供商）和内部威胁情报（源自基础数据和事件综合分析，如攻击类型、影响程度等）	提供对现有或潜在的针对资产的威胁或潜在风险信息，可用于辅助决策或响应

7.2.1.3　安全监测及参数采集框架

网络安全体系能力监测及安全参数采集框架涉及的核心问题是以何种形式来采集数据以及以何种方式来理解和描述这些数据。复杂信息系统包括众多网络组件和相关要素，其分布和组织结构各异，必然导致其生成网络安全参数的差异性。虽然网络空间各类信息系统形态各异，但其安全监测及参数采集应遵循相对统一的规律，可以构建统一的安全监测及参数采集框架。

构建安全监测及参数采集框架，首先要考虑通过信息系统自身对外输出网络安全相关参数，而不对信息系统的功能和性能产生负面甚至是破坏性影响。比如，通过旁路/并联方式，利用系统基础架构信息进行采集，包括但不限于网络拓扑数据、服务器/主机数据、无线接入点（Wireless Access Point）数据、协议及端口数据、网络服务数据以及采用的安全防御组件数据等。此外，还可以获取原有安全防御措施（比如防火墙、IDS、恶意代码检测等）输出的数据。

从信息系统的角度来看，安全体系能力监测及参数采集就相当于通过传感器来获取并发送信息。依据网络信息规模差异及其安全威胁环境的不同，所需安全传感器的作用及相应类型也各有不同。有的仅需或仅能实现基本测度，而有的则会直接生成衍生测度，还有的传感器甚至具备了一定的检测和分析处理功能，比如深层次协议识别及内容检测等。因此，应根据实际需要，并结合网络安全设备的部署情况，选取、设计相应功能的传感器装置。具体来说，传感器装置可以采取以下方式：从信息系统组件获取参数，比如基本协议加密、网络交换设备、路由设备、业务系统服务等；从安全组件获取参数，比如恶意代码防范工具、访问控制工具、脆弱性扫描工具、网络诱骗工具等；主动部署的采集工具，比如网络监控探针、渗透测试工具等。基于安全传感器的部署位置，大致可分为嵌入型和外置型两类。嵌入型安全传感器部署于信息系统组件的内部，直接采集安全数据，比如网络交换设备、路由设备等。外置型安全传感器不改变信息系统原有架构，而是根据采集框架和安全能力分析目标来添加数据采集装置，比如通过网络分路器、网络探针等获取安全信息。实际工程中所采集的数据通常存在数值缺失、噪音数值等问题。此时需要进行数据清洗和归一化处理。通常，应将所采集数据集中特征缺失较多者舍弃，以尽力避免产生过大噪声。若缺失数值较少，可对其进行适当填充。

此外，对于所采集数据，还需要根据数据类型来选取适当的存储机制，常用的有分布式非结构化存储、结构化标准规范存储以及索引存储等方式。

7.2.2　信息系统基础参数数据采集机制与方法

前面提出的面向安全体系能力度量的安全监测及参数数据，需要相应的采集机制与方法。安全体系能力参数数据采集的数量与质量，很大程度上取决于其采集机制与方法的合理使用。下面将分类讨论信息系统基础参数数据采集机制与方法。

7.2.2.1　信息系统资产数据采集机制与方法

网络空间信息系统规模庞大，分布和异构特点显著，对于安全体系能力检测来说，获取完整、准确、粒度合适的物理拓扑结构是基础性工作。信息系统资产数据以及信息系统资产动态数据的采集，可以使用网络拓扑自动发现工具，并辅以人工调查。

根据分析目标的不同，可以生成不同粒度或层级的网络拓扑结构，比如，IP接口级别、网络路由器级别、汇接点（Points of Presence，POP）级别或自治系统（Autonomous System，AS）级别等。IP 接口级别拓扑图中的节点定义为网络与指定的 IP 地址接口，而接口则属于路由器以及相应的主机，节点与 IP 地址之间唯一对应，节点连接代表 IP 地址之间的网络层直连。这种粒度的拓扑图忽略了实际网络信息系统中的 HUB 与交换机等 IP 层设备。网络路由器级别的拓扑图中的节点定义为符合 IP 的网络设备（比如多接口路由器或主机），其本质是对同属于某一路由器的接口进行分组。同属于某一 IP 广播域的接口则以边来连接。汇接点级别的拓扑图是对节点以特定的地理范围实施聚合，节点代表某个自治域的接入点。汇接点路由器之间的物理连接构成了节点的连接边。自治系统级别的拓扑图是采用逻辑视图（即虚拟连接而非物理连接）形式来表征因特网，其中节点为以 AS号标识的自治域。该图中的链路代表两个自治域之间存在的业务关系。表 7.3 给出了常用的信息系统资产数据采集机制与方法。

表 7.3　信息系统资产数据采集机制与方法

工具	功能	原理	使用方法
网络拓扑自动发现类工具	以特定粒度来自动获取并生成完整、准确的拓扑结构	利用 SNMP、Telnet、SSH、JDBC、WMI 等网络协议来探测、识别并添加网络设备，利用 OSPF、CDP、交换设备端口转发、LLDP、STP 生成树、ARP 等多种网络协议来探测、识别、构建网络设备之间的链路关系	通过拓扑自动发现，辅以基础结构信息，实现信息系统设备及链路运行信息与拓扑的实施关联，展示拓扑信息。同时，可将中间件、数据库等虚拟化为网络设备，可生成 Web 服务、数据库系统在拓扑图中的连接关系。同时，还可以在拓扑图上添加各设备的基础信息
资产调查问卷（表）	基于信息系统的日常管理，提供必要信息	日常管理涉及的物理类资产、数据信息类资产、软件类资产、业务及服务类、机构及人员类等数据	物理类：网络及通信设备、计算机设备、工业控制设备、移动智能终端等；数据信息类：数据文件、系统文件、操作系统信息、支撑程序信息、操作指南、业务连续性计划、应急响应计划、审计记录、归档数据等；软件类：操作系统软件、业务应用软件、基础支撑软件、系统开发包和实用工具等；业务及服务类：计算服务、通信服务、系统业务等；机构及人员类：组织机构管理、规章制度、安全人员资格等

7.2.2.2 信息系统资产运行状态数据采集机制与方法

信息系统资产运行状态数据可借助网络系统监管软件来采集并展现，比如 Nagios、Zabbix、Ganglia、Centreon、Osquery 以及 Zenoss 等，如表 7.4 所示。

表 7.4 信息系统资产运行状态数据采集机制与方法

工具	功能	原理	使用方法
Nagios	可监控 Windows、Unix 以及 Linux 等主机状态、交换机和路由器等网络设置等，包括本地、远程主机及其服务运行状态	通过插件完成监控功能，并以 Web 方式展现，同时进行报警。通过 NSCA 被动监控，通过 NRPE 插件和 SNMP 协议主动监控	Nagios 由 core 和 plugin 构成，core 用于监控的处理、任务调度以及指令下发，plugin 用于执行监控指令、返回监控结果
Zabbix	可监控各种分布式系统及网络参数，提供通知机制，基于 Web，运行于 Linux、HP-UX、AIX、Free BSD、Open BSD 等平台	被动监控：由服务器端建立 TCP 连接并向 Agent 端发送请求；主动监控：由 Agent 主动建立 TCP 连接并向服务器端发送请求	服务器通过 SNMP、Agent、Ping 以及端口监视等手段，监视远程服务器/网络状态并采集数据收集等功能
Ganglia	可实现分布式监控，适用于 HPC（高性能计算）集群，可监控集群节点状态信息	包括 gmetad、gmond 及 Web 前端，监控数据采用 XML 或其压缩格式 XDL 传输	集群节点运行 gmond 守护进程收集并相互发布 CPU、内存、磁盘利用率、I/O 负载、网络流量等节点状态信息，并汇总至 gmetad 守护进程，使用 RRDTool 工具轮询信息，并存入 rrd 数据库，通过 Web 前端（PHP）以曲线方式展现
Centreon	可实现分布式监控，通过第三方组件监控网络、操作系统以及应用程序	通过 Centreon 的 Web 配置界面管理和配置 Nagios	底层采用 Nagios 监控，定时通过 ndoutil 将监控数据写入数据库，实时读取该数据并以 Web 界面展示
Osquery	可实现系统管理运维开发的操作系统检测框架，运行于 OS X/macOS、Windows、Linux 等平台	将操作系统暴露为高性能的关系型数据库，SQL 表代表正在运行的进程、已加载的内核模块、打开的网络连接等抽象概念	用户可编写 SQL 查询系统环境变量、运行状况、资源占用等操作系统数据
Zenoss	企业级智能监控管理软件，可通过单一 Web 控制台来监控网络架构状态	Zenoss 标准模型可详细描述所管设备，以及设备、业务对象等之间的关系。利用可用传输通道来发现设备上的服务、接口等信息，通过 Web 界面输入设备相关数据建立设备模型并实现发现锁定，以驱动所有监视元素	可用性监控：在被监控的系统外部，通过 Ping、进程和服务等测试基础架构系统运行状态；如监视进程检测到失败信息或突破阈值，将产生一个事件；性能监控：跟踪磁盘可用率、CPU 负载及 Web 页面载入时间等关键资源信息并实时记录，上述数据采集通过 SNMP、自定义脚本或 XML-RPC 实现

7.2.2.3　信息系统资产脆弱性数据扫描采集机制与方法

脆弱性（Vulnerability）是指信息系统中可能被威胁利用对资产造成损害的薄弱环节。不仅传统的 IP 网络存在脆弱性，云计算、物联网、工业控制系统、移动互联网络、工业互联网、信息物理融合系统（Cyber Physical Systems，CPS）等新兴信息系统，也存在着大量的脆弱性，而且在某种意义上来说，其危害更加严重。而信息系统遭受攻击的重要原因之一就是在信息系统当中存在着各种脆弱性。信息系统资产脆弱性数据采集可通过脆弱性扫描工具与渗透攻击方式来获得。

脆弱性扫描工具包括主机脆弱性扫描工具（主要有 OpenVAS、Nessus、NeXpose 等）和 Web 应用程序漏洞扫描工具（主要有 Nikto、W3af、OWASP ZAP、Burp Suite Pro 等），如表 7.5 所示。

表 7.5　信息系统资产脆弱性扫描机制与方法

工具	功能	原理	使用方法
OpenVAS	开放式漏洞评估系统（网络扫描器），可扫描远程系统和应用程序中的脆弱性	C/S 架构，包括中央服务器和图形化前端，所有代码均符合 GPL 规范	在 Linux 服务器端，需要 Server（基本扫描功能）、Plugins（网络漏洞测试程序插件）、LibNASL 和 Libraries（辅助组件），在客户端（Windows 或 Linux），需要 Scanner（漏洞检测插件调用）、Manager（分配扫描任务）、Libraries（管理配置信息）
Nessus	开放式漏洞评估系统（网络扫描器），可扫描任意端口和服务，支持 Windows、Linux、FreeBSD、Mac OSX 等操作系统	C/S 架构，包括执行任务的服务器和配置控制服务器的客户端。基于插件方法，通过插件模拟攻击，实现对目标主机系统的漏洞扫描	客户端提供运行在 X window 下的图形界面，服务器启动扫描；扫描代码与漏洞数据相互独立，每个漏洞均对应一个 NASL 编写的模拟攻击插件；用户可指定输出格式（ASCII 文本、HTML 等）
NeXpose	漏洞扫描系统，支持漏洞全生命周期管理，支持 Windows、Linux 操作系统	扫描网络发现网络运行设备，并识别出设备的操作系统和应用程序的漏洞	默认端口：3780，分析处理扫描出的数据并生成漏洞扫描报告（含发现、检测、验证、风险分类、影响分析以及缓解等）
Nikto	网页服务器扫描器，可扫描错误配置、默认和不安全的文件和脚本、过时软件	底层功能基于 Whisker/Libwhisker 完成，基于 Whisker 实现 HTTP 功能，并可扫描 HTTP/HTTPS	可扫描 3300 多种有潜在危险的文件/CGIs、600 多种服务器版本、230 多种特定服务器问题。支持基本端口扫描，具备反入侵探测能力
W3af	Web 应用漏洞扫描器，可识别和利用 SQL 注入、跨站脚本攻击、远程文件包含等	基于 Python 的 Web 应用程序攻击和审计框架，使用黑盒扫描技术	提供图形用户界面，也可以使用命令行应用程序

工具	功能	原理	使用方法
OWASP ZAP	跨平台集成渗透测试和漏洞工具，支持阻断代理，主动、被动扫描，模糊攻击，暴力破解等	启动时自动监听默认端口8080，扫描模式为 Safe、Protected、Standard、Attack	提供 API，仅需设置浏览器代理即可自动爬取所有数据。标准扫描流程：设置代理、手动爬网、自动爬网、主动扫描
Burp Suite Pro	集成化自动、半自动 Web 应用程序渗透测试集成平台，可分析应用程序攻击面，发现并利用漏洞	平台工具共享 Robust 框架，以浏览器和相关应用程序的中间代理身份，拦截、修改、重放 HTTP/HTTPS 的 Web 数据包	包含拦截 HTTP/HTTPS 的代理服务器、网络爬虫、扫描器、自动化攻击工具、中继器、会话分析工具、解码器、比较工具、扩展工具等模块，可对 HTTP 请求、认证、日志、报警及可扩展性统一处理

7.2.2.4　基于渗透攻击的信息系统资产脆弱性参数采集机制与方法

渗透（Penetration）攻击是信息系统资产脆弱性参数采集最为有效的形式之一。常规的渗透攻击是通过可信第三方实施的一种网络信息安全测试和评估实践活动。这种实践活动在攻击者可能存在的位置，通过模拟黑客攻击的方法，利用各种攻击工具，对被评估信息系统实施各种攻击，用来发现并验证该系统存在的脆弱性（包括技术脆弱性和管理脆弱性）及其安全风险。

面向安全体系能力度量与评估的渗透攻击，既与常规的渗透测试存在诸多共同之处，也有自身的特点。相同之处是，渗透过程均是循序渐进、逐步深入的，渗透方法、工具和步骤大致相同。而且，该过程通常不以真正攻击和破坏为目的，而是尽量不影响被考察系统的正常运行，即主观上并不试图破坏其完整性和可用性等安全属性。此外，信息系统的所有者应对该攻击过程授权，而且信息系统所有者知晓并能够控制渗透攻击的所有细节和风险。

为尽量采取非破坏性性质的可控攻击手段，以避免对被考察系统造成严重影响，并考虑攻击风险后果，即代价能否接受，面向安全体系能力度量的渗透攻击流程如图 7.1 所示。

其中，渗透攻击目标多为操作系统（Windows、Linux、iOS、Android、VxWorks等）、网络及安全设备组件（路由、网关、网闸、防火墙、IDS 等）、数据库（Oracle、SQL Server、MySQL、Sybase、DB2 等）、业务系统（HTTP、FTP、Mail、DNS，以及由 ASP、CGI、JSP、PHP 等组成的 WWW 等应用系统，ERP、PDM、工业微服务系统等其他应用软件），以及涉及安全管理方面的内容（手段、制度、流程、人员安全意识等）。

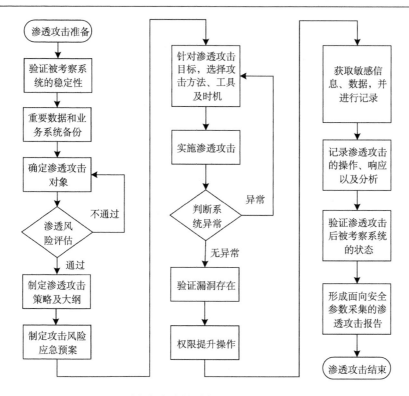

图 7.1　面向安全参数采集的渗透攻击流程示意图

制定渗透攻击策略时，应区分外网渗透攻击和内网渗透攻击。外网渗透攻击在外部网络操作，既可能对内网环境（包括网络地址段、使用的网络协议、网络拓扑结构甚至内部人员资料等）一无所知，也可能有一定了解甚至熟知内网情况。常采用远程攻击、口令猜测、试探和规避防火墙规则、Web 及其他开放应用服务攻击等方式。内网渗透攻击是在内网操作，可采用缓冲区溢出、口令猜测以及 B/S或 C/S 应用程序测试等方式。渗透攻击时机宜选在业务量较小或者业务停止运行的时段（如工作日晚上、休息日等）进行。

常用的渗透攻击技术包括不同网段/虚拟局域网间渗透攻击、溢出测试、注入攻击、跨站脚本攻击、Web 脚本及应用系统攻击等。

7.2.3　信息系统安全参数数据采集机制与方法

前面讨论的是网络安全体系能力监测基础参数数据采集机制与方法，接下来将讨论安全参数数据采集机制与方法，涉及原始完整安全数据、包字符串提取数据、会话数据、统计数据、日志数据、安全事件数据以及威胁情报数据等。

7.2.3.1　信息系统原始完整安全数据采集机制与方法

为了全方位、多维度地反映网络安全情况，采集网络流量的原始完整数据非常重要，其中以数据包捕获类和零拷贝机制类较为典型。表 7.6 给出了信息系统原始完整安全数据采集机制与方法示例。

表 7.6　信息系统原始完整安全数据采集机制与方法示例

工具	功能	原理	使用方法
数据包捕获类：Libpcap、Winpca	截获、重发、编辑以及转存网络收发的数据包，实现流量分析与统计、协议及数据内容分析	捕获 TCP/IP 协议簇中数据链路层收到的数据包，可设置 IP 地址和协议类包过滤器，进行流量分析和统计和故障定位	Libpcap 提供用户级别的 C 函数接口，用于捕捉经过指定网络接口的数据包，运行于 Linux 平台。工作于上层应用程序与网络接口之间，实现数据包捕获、自定义数据包发送、流量采集与统计以及规则过滤等。Windows 平台上使用 Wincap，基于 BPF（Berkeley Packet Filter）模型和 Libpcap 函数库，用于底层包的截取过滤。Wireshark、Sniffer、Tcpdump、Httpwatch、Iptool 等工具均为基于数据包捕获的扩展
零拷贝机制（Zero-copy）类：U-Net、VMMC-2、AM -2	网络传输文件时，可节省 CPU 周期、内存、带宽等资源占用。涉及数据传输路径、传输控制、缓冲区管理、地址转换以及地址空间保护等	实现交换机、路由器及主机等设备的高速网络接口，通过减少或避免影响关键通信链路速度的操作，降低数据传输及协议处理的 CPU、内存、带宽等开销，CPU 无需将数据从某处内存复制到另一个特定区域，减少了用户空间与内核空间之间的模式切换次数，实现高速数据传输	用户级的高速网络通信接口主要是：直接输入/输出。应用程序直接访问存储硬件，操作系统内核起辅助作用，硬件上的数据直接拷贝至用户空间。若 Linux 内核空间缓冲区由多个应用程序共享，操作系统可将用户空间缓冲区地址映射至内核空间缓冲区。若应用程序无数据修改需求，数据不会从内核空间缓冲区拷贝至用户空间缓冲区

7.2.3.2　信息系统包字符串提取数据采集机制与方法

原始数据包数据量庞大、价值密度低，造成存储分析困难、成本消耗较高。为此，可以从原始包数据中抽取出协议报头数据或协议有效载荷数据，即包字符串提取数据。表 7.7 给出了信息系统包字符串提取数据采集机制与方法示例。

7.2.3.3　信息系统会话数据采集机制与方法

会话数据是两个网络实体间通信行为的总和，堪称网络信息系统中最灵活、最有价值的安全数据类型之一。表 7.8 给出了信息系统会话数据采集机制与方法示例。

表 7.7　信息系统包字符串提取数据采集机制与方法示例

工具	功能	原理	使用方法
Tcpdump	根据用户定义，截获网络数据包并进行分析，支持网络层、协议、主机、网络或端口的过滤，采用 and、or、not 等逻辑语句过滤信息	将网卡设为混杂模式 (Promisc)，绕过标准的 TCP/IP 堆栈。操作系统在控制台和日志文件中生成记录	常用选项：-a：将网络与广播地址转换为主机名；-b：在数据-链路层上选择协议；-d：将匹配信息包代码以汇编格式给出；-dd：将匹配信息包代码以 C 程序段格式给出；-ddd：将匹配信息包的代码以十进制给出；-e：在输出行打印数据链路层头部；-f：将外部因特网址以数字形式打印；-i：选择过滤的网络接口；-l：数据重定向，使标准输出变为缓冲行形式；-n：不进行 IP 地址到主机名的转换；-t：不在输出打印时间戳；-v：输出更详细信息；-vv：输出详细报文信息；-c：在收到指定的包数后停止；-F：从指定文件中读取特定表达式；-i：指定监听的网络接口；-r：从指定文件中读取包；-w：直接将包写入文件中，无分析和打印；-A：以 ASCII 码方式显示每个数据包，不显示链路层头部信息；-I：指明接收网络数据的网卡接口；-T：将监听到的包解释为指定类型的 RPC 或 SNMP 等报文；-X：十六进制和 ASCII 码；-XX：显示链路层相关信息 表达式：由类型关键字(host、net、port)、传输方向关键字(src、dst、dst or src、dst and src)、协议关键字(ether、ip、arp、rarp、tcp、udp 等)及逻辑条件(! 或 not、&& 或 and、‖ 或 or 等)组合而成
Wireshark	截取网络封包，并尽可能显示出最为详细的网络封包资料	用于 Mac OS 和 Windows，接口为 WinPap，直接与网卡进行数据报文交换	仅可查看封包，但无法修改其内容或发送封包，无法提示网络异常流量行为，能获取 TCP、UDP、HTTP 和 HTTPS，但无法解密 HTTPS。 工作流程：①确定 Wireshark 部署位置；②选取捕获接口；常选择连接到因特网的接口；③设置截获过滤器，避免产生过大文件；④使用显示过滤器过滤；⑤使用着色规则；高亮显示某些会话；⑥使用图表展现数据分布情况；⑦重组多个数据包中的数据形成完整的图片或文件
Fiddler	截获、重发、编辑、转存网络数据包	改写 HTTP 代理来监控和截取数据，记录并检查所有 HTTP 通信	基于 Windows 的代理服务器软件，以代理 Web 服务器形式工作，代理地址 127.0.0.1，端口：8888。专用捕获 HTTP、HTTPS。可设置断点，查看所有"进出"Fiddler 的数据。基于强大的 jscript.net 事件脚本系统设计，灵活性强，并可用.net 框架语言扩展

表 7.8　信息系统会话数据采集机制与方法示例

工具	功能	原理	使用方法
NetFlow	提供网络流量会话级视图，记录TCP/IP事务信息。Cisco提供数据采集软件	NetFlow流定义为源/目的IP地址间单向传输数据包流，各数据包传输层源、目的端口号一致。可对存储至服务器的NetFlow数据进行分析处理	分析IP数据包的源/目的IP地址、源/目的端口、第三层协议类型、服务类型、网络设备I/O逻辑网络端口等属性，区分各类型数据包，识别构成某种业务的一组IP数据包，定义为一个Flow。可单独记录某个Flow的传输方向、目的地等流向特性，并统计得出起止时间、服务类型、IP包数量以及字节数量等流量信息。数据输出应在交换机、路由器等上定制NetFlow流输出，确定其版本、个数、缓冲区大小等，为FlowCollector配置IP地址及端口等。数据交换设备的流信息以UDP方式向外传输，设置FlowCollector端汇聚、过滤策略以及流量文件存放目录、格式等。不需要其他硬件流量设备支持，适用于大型网络，但需消耗一定的数据交换或路由设备的CPU、内存等资源。结合边界网关协议路由信息，可实现路由信息以及互联流量自治域属性的精确分析
IPFIX	面向数据流特征分析，具有格式输出模板，可按需定义相应数据格式，实现会话数据采集	基于Netflow V9数据输出格式，将IP流量信息从输出器传输至收集器。将流量监控标准统一化，实现了流输出架构简化	流的概念继承自NetFlow。包含输出器、收集器及分析器。输出器分析处理IP流并抽取其中符合条件的流统计信息，输出至收集器。收集器对输出器的数据报文进行解析并存入数据库，供分析器解析之用。分析器从收集器中提取统计数据并进行分析处理，通过图形界面展示。支持MPLS、IPv6和多播路由等技术拓展，针对IDS/IPS、QoS监测等定义了不同的流输出应用（比如时间戳、同步信息、流终止信息、数据包分段以及多播流行为等），特别是针对IDS/IPS，可基于基准协议及地址信息来识别网络异常现象
sFlow	采用数据流随机采样技术进行网络监测的一种导出格式，可提供全网范围内的完整流量信息	基于网络导出协议（RFC 3176）标准，将sFlow技术嵌入到网络交换和路由设备硬件中代理转发被采样数据包，实现线速运行，可实现面向每个端口的第2~7层的全网络监视	适用于超大网络流量环境下的实时流量分析。收集器负责接收sFlow数据包，可在全网中持续、实时监视各端口，一个收集器可管理端口数达数万级，无需镜像监视端口，对网络性能影响极小。具备两种独立的采样方法：对于交换数据流，基于数据包实现统计采样；对于网络接口统计数据，基于时间实现统计采样。支持IP、MAC、Appletalk、IPX、BGP等多种协议。可快速识别拒绝服务攻击的恶意流量。既能够发送传统数据包头和协议等信息，还发送交换机/端口接口信息、部分数据包有效载荷等物理传输信息，更有利于网络安全参数数据采集

7.2.3.4　信息系统统计数据采集机制与方法

统计数据有利于从全局和整体角度来考察网络安全状况。表 7.9 给出了信息系统统计数据采集机制与方法示例。

表 7.9 信息系统统计数据采集机制与方法示例

工具	功能	原理	使用方法
Wireshark Statistics	Wireshark 的统计模块，可分析文件摘要、解析包的层次结构、会话、终端节点、HTTP 等	统计数据既可通过记录数据的方式呈现给用户，也可通过直观的图形化方式	具体包括抓包文件属性、协议分布信息、会话统计、端点统计、I/O 图、数据流图、TCP 数据流量图、吞吐量、查看 TCP 数据流等
SiLK	流收集器，包括包装组件和分析组件。可查询、统计网络流量数据，特别是时间、服务、协议和端口等统计信息	采用空间高效的二进制格式实现数据流压缩，然后进行遴选、展现、排序、分组以及匹配等	具体工具包括 Rwfilter、Rwstats、Rwsetbuild、Rwcount 等
Gnuplot	基于命令行的交互式绘图工具，通过输入命令方式，实现绘图环境的逐步设置或修改，完成数据或函数的图形化表达和分析	以交互式和批处理方式，将数据和函数转换为二维或三维图形	读入外部数据，以平面或立体图形展示，通过图形画法选择和修改，更鲜明地体现数据统计特性

7.2.3.5 信息系统日志数据采集机制与方法

信息系统日志数据全面记录了网络状态信息和网络活动，包括设备、系统或应用的原始日志。表 7.10 给出了信息系统日志数据采集机制与方法示例。

表 7.10 信息系统日志数据采集机制与方法示例

工具	功能	原理	使用方法
Syslog 方式	采集交换机、路由器、服务器等设备的日志数据	在日志服务器上部署 Syslog 管理软件，将各设备的日志使用 UDP（514 或其他端口）传输至该服务器并写入日志文件	该协议在编程中广泛应用，被众多日志函数所采用以记录安全事件，网络及安全设备多支持 Syslog 协议，收发之间无需严格的相互协调。对系统事件进行记录，可接收远程系统的日志记录，以时间为序处理多个系统记录，无需连接多个系统
FTP 方式	以文本方式采集日志数据	主动采集方式，日志信息常以文本方式传送，数据量较大	需特定采集程序支持，每次连接时下载全部日志文本文件。在大规模网络参数采集中应用较少
SNMP Trap 方式	基于 SNMP MIB 采集网络设备的故障日志信息	SNMP MIB 定义设备可采集信息、Trap 触发条件。生成 Trap 消息的事件由 Trap 自定	使用 SNMP 报文 Trap 字段值来反映环境、SNMP 访问失效等信息基于事件驱动，仅在监听到故障时才通知管理系统
Flume	对海量日志信息进行分布式、高可用以及高可靠的采集、聚合及传输	采用代理、采集器及存储器三层架构。各代理相互连接，构成分布式拓扑结构。以数据源-通道-数据汇为基本构件	代理为由持续运行的数据源、数据汇以及源汇连接通道所构成的进程。代理连接方式有串联、并联以及组合等方式。数据源生成事件并传输给通道，通道存储后将其转发至数据汇存储这些事件并转发给数据汇。对代理进行配置，实现数据源-通道-数据汇基本构件连接

7.2.3.6 信息系统安全事件数据采集机制与方法

安全事件数据主要是来自防火墙、入侵检测系统、恶意代码防范组件等安全设备或组件的分析结果。表 7.11 给出了信息系统安全事件数据采集机制与方法示例。

表 7.11 信息系统安全事件数据采集机制与方法示例

工具	功能	原理	使用方法
防火墙报警输出	检测识别网络边界上的恶意访问和流量	基于特定网络访问控制规则,监测网络边界上的网络通信,实现内部和外部网络的有效安全隔离	进出网络的数据都必须经过防火墙,防火墙通过日志对其进行记录,能提供网络使用的详细统计信息。当发生可疑事件时,防火墙更能根据机制进行报警和通知,提供网络是否受到威胁的信息
入侵检测报警输出	检测识别网络或主机入侵行为,并给出报警信息	异常检测算法和误用检测算法输出	提供报警时间、攻击名称、类型及特征编号、报警优先级、协议、源/目的 IP 地址和端口等信息
恶意代码检测报警输出	检测识别病毒、僵尸程序、木马、蠕虫等恶意代码,并给出报警信息	根据病毒、僵尸程序、木马、蠕虫等恶意代码特征库进行匹配	提供传播时间、恶意代码名称、类型及特征编号、报警优先级、协议、源/目的 IP 地址和端口等信息

7.2.3.7 信息系统威胁情报数据采集机制与方法

威胁情报数据是基于证据的情境、机制、指标、影响以及建议等知识,涉及内部威胁情报和外部威胁情报。表 7.12 给出了信息系统威胁情报数据采集机制与方法示例。

表 7.12 信息系统威胁情报数据采集机制与方法示例

工具	功能	原理	使用方法
STIX	结构化威胁信息表达(STIX),网络威胁信息标准化、结构化交互语言,以一致方式共享、存储和分析威胁情报信息,常用作威胁情报描述	规范威胁情报采集、特性及交流共享的网络威胁信息规范,以结构化来支撑网络威胁情报管理流程化和自动化,适用于威胁分析、威胁特征分类、威胁及安全事件应急处理、威胁情报共享四类场景	语言组件包括:观察对象(动态事件或静态资产)、指标(攻击模式及其方式,含时间范围、信息源、IDS 规则等)、事件(特定对手的方法与操作方式实例)、漏洞利用目标(可被利用的脆弱性或配置)、行动过程(针对威胁的预防、补救、缓解等防御行动)、攻击活动(相关指标、时间和攻击目标)、威胁参与方(对手和特征识别)

续表

工具	功能	原理	使用方法
TAXII	指标信息的可信自动化交换（TAXII），提供威胁情报信息交换的技术规范，与合作伙伴共享威胁情报信息，常用于威胁情报数据传输，可对 STIX 传输层面起补充作用	规定了网络威胁情报共享的协议、服务和信息格式等，可提供发现服务、集合管理服务、收件服务、轮询服务和相应实例，以及收件交换、发现交换、内容嵌套与加密等消息交换方式	规格和文件包括：服务规范（服务类型、威胁情报信息类型以及威胁情报信息交流格式）、消息规范（XML 格式）、协议规范（HTTP/HTTPS）、查询格式规范、内容及参考样例等。威胁情报信息共享模型包括辐射型(信息收集中心)、订阅型(单一信息源)、点对点(信息可供多个组织共享)
CybOX	网络空间可观察表达式（Cyber Observables eXpression，CyboX）为通用结构，用于描述安全域内各观察对象	定义了可观察对象、网络动态以及实体的表征方法，用于威胁评估、日志管理、恶意代码特征描述、指标共享以及事件响应	CybOX 的数据框架可作为威胁情报术语规范，可观察对象包括动态事件（比如 HTTP 会话、特定网络连接）和静态资产（比如文件、进程、系统配置项等）。可观察对象具有的特定值或范围，可作为威胁存在与否的判断指标
MAEC	恶意软件属性枚举与特征描述（Malware Attribute Enumeration and Characterization，MAEC），实现恶意软件结构化信息共享的标准化语言	基于恶意软件行为、要素及攻击模式等属性，实现编码和信息共享，为恶意软件样本描述提供翔实的结构化描述方法，可消除或减少恶意软件描述中的不确定性与歧义性	以点和边构成的连接图为数据模型，顶层对象定义为节点，将对象之间关联关系描述定义为边。可嵌入至 STIX，以获取恶意软件与网络威胁关联信息，与威胁环境建立更有效、粒度更细的关系，改善恶意软件相关的人、工具之间的相互通信，降低重复性工作量，并减缓对签名的依赖
CSTIF	提供网络安全威胁信息格式规范（Cyber Security Threat Information Format），用于威胁信息的标准化描述	通过在组织机构、产品、系统等层次的威胁信息共享/交换，构建完整的网络安全威胁信息表达模型，以提升整体安全检测和防护能力	威胁信息定义为八元组：{可观测数据，攻击指标，安全事件，攻击活动，威胁主体，攻击目标，攻击方法，应对措施}，其中{攻击活动，安全事件，攻击指标，可观测数据}构成事件域，描述了具有特定目的、实施渗透入侵/攻击、导致安全事件发生的攻击事件完整流程。{威胁主体，攻击目标}构成对象域，反映了攻击者与受害者的关系。{攻击方法，应对措施}构成方法域，反映了攻击方所用方法、技术和过程以及防御方的防护、检测、响应、回复等应对措施

　　除了上面给出的采集方法之外，工程中还常用其他方法来采集安全数据，比如 SSH、WMI、JDBC/ODBC、Web Service/MQ 等。

7.3　安全参数及能力指标关系分析、优化与综合

　　以安全防御任务之间的相互关系为基础，结合安全体系一级子能力需求的组成，可以实现底层能力指标之间的相互关系描述，具体可以分为树形结构、层次

结构和网状结构，其区别在于复杂程度不同。较为简单的信息系统的安全能力指标关系相对简单、明确，可用层次结构树来描述。复杂信息系统的安全能力指标关系相对复杂、关联较多，常以网状形式存在，需要在深入分析的基础上实现优化。

7.3.1　基于层次结构树的指标关系分析与综合

在前面分析的信息系统安全数据采集框架基础之上，下面将讨论基于层次结构树的指标关系分析与综合的机制与方法。

7.3.1.1　信息系统安全参数层次化采集与预处理

基于前述安全参数采集框架，需要进行信息系统相关（安全）参数的采集与分析。安全数据采集可分为主动采集和被动采集两种方式，借助网络原有组件或新部署的安全数据采集工具等来实现。数据采集应遵从多层次、多维度、适当粒度的原则，在基础数据层面为指标关系的构建进而为安全体系能力分析提供基础数据层面支撑。然后，通过适当的预处理，描述参数来源、参数性质、所处层级、抽象层次等信息，形成多层次、多维度、适当粒度的层次化结构，以相对标准化的形式进行展现。

安全参数层次化采集方面，首先按照安全体系能力分析的需要，在信息系统环境中采用前述的基础参数数据和安全参数数据采集机制和方法，包括网络架构组件、安全探测器（比如安全探针及相关软硬件）等，必要时还可以采取渗透测试采集相关信息。所获取的数据种类复杂、多变，需要通过特定的方式，对原始数据进行汇聚、提取等操作，实现采集数据的初步规范化处理。在此基础上，需要对数据进行抽象处理，包括同一安全事件或指标的多维度特征刻画、安全数据的冗余去除和维度关联，并按照指标体系的要求，在对安全参数的内在属性和继承、依赖、包含等关系进行抽象的基础上实施聚合和封装，为后续安全分析模型提供标准化、规范化的输入参数。

根据安全体系能力分析目标的不同，按照第 6 章给出的指标体系框架来进行安全要素分类，可以构建基于安全性要求的安全度量指标体系、基于安全域划分的安全度量指标体系、基于合规性要求的安全度量指标体系、基于攻防对抗效能评估的安全度量指标体系、基于安全体系能力的安全度量指标体系等。无论是何种指标体系，均需要采用包含采集层、融合层以及展现层在内的安全参数采集框架。

此处以基于安全体系能力的安全度量指标体系为例，根据复杂信息系统的构成元素对安全要素进行抽象分类，给出通用化安全参数分类架构。根据安全体系能力的基本要素，将安全能力划分为基础架构安全能力、被动防御安全能力、主动防御安全能力、智能分析安全能力以及反制攻击安全能力。基于该分类对反映五个子能力的安全参数进行抽象并给出其关系描述。

7.3.1.2 指标体系层次结构树描述与分析

前面给出的是信息系统组件安全参数分类的通用架构，在该架构的基础上可根据该信息系统的具体安全环境和安全能力分析的需要，对子类进行进一步划分并添加相应的添加，实现实例化和依赖关系的描述。这些参数分别处于不同的层级，最基础层级包括信息系统组件、服务以及安全工具产生的基础参数，其上依次为系统运行安全事件（比如服务器宕机、网络中断等）、经简单分析而得的安全事件（比如 Syn 洪水攻击等）、经数据重组分析而得的安全事件（比如分片攻击等）以及经关联分析而得的安全事件（比如 APT 攻击等）。

层次结构树状的指标体系分解方法能够较好地展示体系子能力之间的层级关系，分析单个系统及其安全组件（机制）对体系能力的贡献。基于层次结构树的简单信息系统的安全能力指标关系，可采用层次分析法（Analytic Hierarchy Process，AHP）。此类系统的安全能力指标为内部独立的递阶层次结构，以模型顶层为总目标，分析过程采用比例标度作为相对重要性指标，结合专家经验，对总目标层进行逐层分解，得到各项具体准则、子准则等，直到各子准则的相对权重可量化为止，按层次自上而下合成。讨论方便起见，此处给出简化示意图（图 7.2）。图中，$\{C_1, C_2, C_3, C_4, C_5\}$ 分别代表基础架构安全能力、被动防御能力、主动防御安全、智能分析与攻击反制五项一级子能力，再对各一级子能力进行细分，以 $\{c_{11}, ..., c_{1j}\}$、$\{c_{21}, ..., c_{2k}\}$、$\{c_{31}, ..., c_{3l}\}$、$\{c_{41}, ..., c_{4m}\}$、$\{c_{51}, ..., c_{5n}\}$ 分别代表相应的下级子能力。

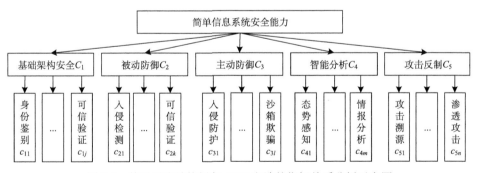

图 7.2 基于层次结构树与 AHP 方法的指标关系分析示意图

不过，AHP 方法在复杂信息系统的安全能力指标关系分析中的应用存在很大局限。该方法仅表征了各层之间的单向关系，即上下层之间的影响，并未考虑不同层或同层之间的相互影响，无法处理各层因素的交叉作用，忽略了体系中同一层次系统及其安全组件（机制）之间的相互作用关系。

7.3.2　基于网状结构的指标关系分析与综合

复杂信息系统的安全能力指标为网状结构，各层次内部元素派生、依赖、聚合与组合关系复杂，低层元素高层元素存在影响、支配，呈现反馈关系。此类结构的能力关系可采用网络分析法（Analytic Network Process，ANP）来分析。ANP考虑了相邻层或同层之间的相互影响，可实现各相互作用的影响因素的综合分析，求取其混合权重。这种方法可以处理各层或同层之间均存在相互作用的情况，并不要求严格的层次关系，适用于复杂信息系统的安全能力指标分析。

7.3.2.1　指标体系网状结构描述

采用 ANP 方法，需将能力指标元素划分为控制因素层与网络层两部分。控制因素层用于描述问题目标及决策准则，同时假定各决策准则相互独立，且仅受目标元素支配。各准则的相对重要性（权重或标度）采用 AHP 等方法获得。网络层内部为互相影响的网络结构，由所有受控制层支配的元素所组成，且各元素之间互相依存和（或）支配，各元素之间并不独立，各层次内部也不独立。ANP 结构中各准则支配的并非是简单的内部独立元素，而是互相依存、反馈的网络结构。因此，这种方法可实现复杂信息系统安全能力要素间互相影响的量化分析，核心在于通过网络结构表达来实现指标之间的关联关系合理处理与分析评估。

仍以图 7.2 中所示结构及各级子能力划分为基础，考虑各因素、各层次之间的关联关系，构建基于 ANP 方法的复杂信息系统的安全体系能力网络层次指标模型，该模型的控制层目标为复杂信息系统安全体系能力，在网络层元素组之间建立关联关系，具体如图 7.3 所示。

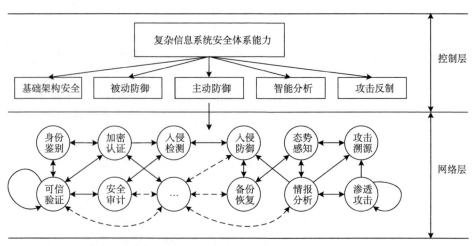

图 7.3　基于网络结构与 ANP 方法的指标关系分析示意图

7.3.2.2　安全体系能力指标优化、分析与综合

复杂信息系统安全能力之间的关联关系错综复杂，关联结构规模庞大，需要对能力指标之间的关联关系进行梳理，并进行优化以筛选出重要的影响关系，以简化模型计算。安全能力指标优化需要遵循完整性、可运算性、无冗余性与极小性原则等，既要对各项能力指标合理增删（增补缺失指标，剔除冗余及影响力不高的能力指标），又要确定各项能力指标的合理取值（特别是要综合权衡确定需要协同的能力指标，不可片面追求单一指标的最优化）。

各指标之间的关系和影响强度可利用美国 Bottelle 研究所提出的决策与试验评价实验室（Decision Making Trial and Evaluation Laboratory，DEMATEL）方法来确定。DEMATEL 方法运用图论与矩阵工具分析系统要素，计算各因素的影响度与被影响度，并得到中心度和原因度，用于结构分析和优化。采用 DEMATEL方法筛选安全体系能力关键指标的具体步骤为：确定直接影响关系；构建直接影响矩阵；标准化和构建综合影响矩阵；计算中心度和原因度。中心度表示该元素在整个安全性能指标体系中的重要性，元素的中心度值越高，表明该元素与其他元素的联系越密切。原因度表示该元素对其他元素的影响程度大小，该值越大，表明该元素对其他元素影响大，而自身受其他元素影响较小。

根据 DEMATEL 计算结果，选取重要以及与其他指标关联程度较高（中心度在 0.5 以上）的指标，重新构建 ANP 网络结构模型并进行权重计算，利用模糊评判等方法进行综合分析和评价。该模型既能满足分析精度要求，又能有效减少计算量。

假设通过 DEMATEL 分析得到：身份鉴别、加密认证、可信鉴证、入侵检测、入侵防御、灾难备份、渗透攻击等指标组的中心度均明显高于其他指标，表明上述子能力在复杂信息系统安全体系能力指标中作用更明显。原因度方面，态势感知、情报分析和攻击溯源的原因度均为高负值，表明上述子能力独立性相对较差，受其他指标影响较高。图 7.4 给出了优化后的复杂信息系统安全体系能力指标网络结构示意图。由图可见，利用 DEMATEL 方法筛选而得的能力指标所构成的ANP 网络结构规模控制得当，降低了模型计算复杂度。

然后是进行安全能力指标集成。首先要构建 ANP 超矩阵，计算权重向量，求取极限超矩阵。由于指标网络模型中，控制层只有一个准则，即复杂信息系统安全体系能力，后续所有运算均据此准则进行。将各一级指标之间互相比较形成的加权矩阵与未加权超矩阵按照公式合成加权超矩阵。对该矩阵进行极限化操作，得到极限向量，即各指标的全局权重值。然后，按判断集进行打分，并和全局权重值加权得到模糊判断子集，得到系统最终评分。能力指标值的集成，可取最大值或加权和，常以相应安全防御任务之间的时间特性、空间特性以及能力共享特

性来分析。时间特性有并发和顺序之分，并发任务的时间能力指标取和，顺序任务时间能力指标取最大值。

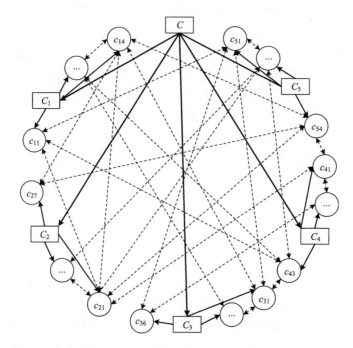

图 7.4　优化后的复杂信息系统安全体系能力指标网络结构示意图

7.4　基于 ANP-AQFD 的复杂信息系统安全体系能力分析方法

上面给出了网络空间信息安全体系能力需求与能力生成机制，按照该机制实现安全体系能力分析需要一定的方法和工具支撑。为此，本节将讨论一种基于 ANP-AQFD 模型的复杂信息系统安全体系能力分析方法，构建由若干质量屋（House of Quality，HOQ）组成的网络空间安全体系能力分解模型，将安全体系能力需求转换分解为具体子能力，并将子能力转换为对应的能力指标，再由具体能力指标及其关系构建安全体系能力发展方案，完成自顶向下的分析决策。具体采用从安全需求到安全能力质量屋、从安全能力到能力指标质量屋和从能力指标到能力方案质量屋的三个递阶质量屋分析模型来对信息系统进行建模分析。

7.4.1　QFD 模型及其缺陷

复杂信息系统的安全体系能力分析，从是否实现量化的角度来看，可分为定性能力分析、定量能力分析以及定性和定量相结合的能力分析三类；从能力分析的手段来看，分为基于规则的分析方法、基于指标体系的分析方法、基于模型的分析方法等。安全体系能力分析需要有一套系统、规范、可视化且有效的方法，以便准确快捷地识别和确定使用需求，并将多层次的使用需求转换为性能指标和产品参数，QFD（Quality Function Deployment）方法就提供了这种可能。

7.4.1.1　QFD 理论及模型

QFD 意为质量功能展开，又称质量功能部署。该理论最早由日本质量专家赤尾洋二（Yoji Akao）与水野滋（Shigeru Mizuno）在 1966 年提出，并将 QFD 分为质量展开（Quality Deployment，QD）和功能展开（Function Deployment，FD）两方面。QFD 的核心思想是，产品研发过程中所涉所有活动均由用户驱动，包括但不限于用户需求、用户偏好以及用户期望等，最终使得研发成果可最大程度地满足用户需求。QFD 是一个结构化（Structured）、矩阵驱动（Matrix-driven）过程。

该理论从提出至今，最成熟的应用模式有三种：①综合 QFD 应用模式。该模式由 QFD 理论创始人赤尾洋二和水野滋提出，认为基于 QFD 的产品研发可视为包含一系列关系四阶段的巨型网络，是由质量展开、技术展开、成本展开以及可靠性展开等四部分所构成的有机整体，整个系统的研发过程可用数十个矩阵来描述。②ASI（American Supplier Institute）四步模式。该模式根据用户需求，将产品研发全流程中的产品计划、产品设计、工艺计划和生产计划四步，对应展开为技术需求、零件特征、工艺特征以及质量控制方法四个阶段。因其各个环节均以用户使用为主导，反映了 QFD 方法的本质。③成长机会联盟/质量与生产力中心模式。该模式定义了 30 个矩阵，详细描述了产品研发的各个流程。虽然灵活性较强，但其各个活动之间缺乏必要的逻辑联系，且其模式复杂度较高，仅应用于较复杂的产品设计。

7.4.1.2　质量屋模型及其展开步骤

质量屋是 QFD 理论的核心和精髓，用于形象直观展示二元矩阵展开图表，是构建 QFD 系统的核心基础工具。图 7.5 给出了质量屋展开结构示意图。

质量屋模型通过若干广义矩阵来描述。利用质量屋的建模，可以清晰地获知用户需求，并根据用户需求去进行系统设计及构建，并分析各要素重要度排序，以便为提供满足用户需求的产品或能力。表 7.13 给出了质量屋模型及其要素释义。

质量屋模型展开步骤通常分为九步，具体如下。

（1）进行用户需求分析，提出相应需求（假设有 n 个用户需求），填入 HOQ 左墙，并求取每项需求的重要度。具体可采用专家打分等方法。

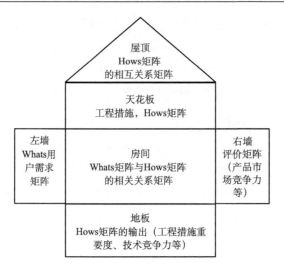

图 7.5　传统的质量屋展开结构示意图

表 7.13　质量屋模型及其要素释义

要素 ＼ 释义	表示方法	含义	方法及解释
左墙	Whats 矩阵	质量屋的定性输入，表示用户对产品的需求及其重要度	问卷调查、头脑风暴法，重要度分为 1~5 档，可采用样本统计、专家打分法
天花板	Hows 矩阵	质量屋的输出单元（技术需求矩阵），代表企业如何针对用户需求来设计或施工，即工程措施	基于用户需求，实施小组讨论、专家分析等方法
房间	以◎、○、☆、空白等表示，对应权重为 9、3、1、0	左墙与工程措施之间的相关矩阵，表示客户需求与产品设计或构建之间的关系	Whats 与 Hows 之间的相关关系矩阵
右墙	评价矩阵	根据用户需求所生产出来的产品和市场上现有产品相比较而得的产品市场竞争力、产品计划质量等内容	可参照层次分析法或网络分析法等来确定
屋顶	Hows 矩阵各个元素之间的相互关系矩阵	各工程措施间的相互关系	相互关系矩阵
地板	Hows 矩阵各元素权重	质量屋的定量与定性相结合的最终输出，包含 Hows 矩阵的输出，涵盖了工程措施以及产品技术竞争力等要素	重要度为"用户需求重要度（可归一化）"与"量化后关系矩阵中所对应元素加权和"之积

（2）根据用户需求分析，确定相应的设计要求（或能力提供要求），填入 HOQ 天花板。

（3）确定用户需求与设计要求之间的相关关系，以◎、○、☆、空白来表示，并分别赋值为 9、3、1、0 分，填入 HOQ 房间，得到用户需求和设计要求的相关关系矩阵。

（4）计算各项设计要求的重要度，填入 HOQ 地板。

（5）评定基于现有产品与同类产品比较而提出的用户需求的得分（分值为 1、2、3、4、5 分）；基于现有产品与同类产品得分，确定新方案的得分（分值为 1、2、3、4、5 分），并计算相应的能力提升率；根据能力提升率，确定要求质量，要求质量分为关键要求质量、重要要求质量和无要求，分别用◎、○和空白表示，对应分值为 1.5、1.2 和 1 分；然后计算市场竞争力。本步骤结果依次填入 HOQ 右墙。

（6）计算工程措施百分比，填入 HOQ 地板。

（7）填写各项设计要求之间的相关关系矩阵，填入 HOQ 屋顶。

（8）评定既有能力、新能力及能力需求基准的得分（分值为 1、2、3、4、5 分）及其各自的竞争力值，填入 HOQ 地板。

（9）综合考虑上述计算所得的设计要求重要度、市场竞争力和技术竞争力等要素，做出相应能力实现规划。

7.4.1.3　传统 QFD 模型及其 HOQ 展开的不足

传统的 QFD 模型及其 HOQ 展开方式存在以下不足。

（1）传统的 QFD 模型主要是针对产品的质量管理和质量控制而设计的，诸如市场评价、计划质量、工程措施百分比以及产品技术竞争力等定义和环节，并不适用于其他领域，限制了其推广应用。

（2）传统 HOQ 中，用户需求重要度、相关关系矩阵均高度依赖于专家直接打分，导致主观性、随意性过强，且缺乏一致性校验，容易冲突。

（3）传统 HOQ 中专家打分常采用 9-3-1-0 或 5-4-3-2-1 等标度固定的经验值，细节刻画及表达能力不足，适用性不强。

（4）传统 HOQ 中设计要求重要度为用户需求重要度与相关关系矩阵相乘后累加而得，最终评估也仅以设计要求重要度的分值高低为据，即得分最高的设计要求为最重要。由于各设计要求之间存在冗余关系，HOQ 屋顶的相互关系矩阵虽然考虑到了各设计要求之间的关系，但未能对其冗余性做出明确反映，因此，得分最高的设计要求有时未必是真正应该优先提供的能力要求。

7.4.2　基于 HOQ 展开改进的 AQFD 模型

考虑到传统 QFD 模型及其 HOQ 展开的不足，结合 QFD 模型在网络空间安全体系能力分析中实际应用时的特殊需求,本节给出了一种改进的 HOQ 展开方法。

7.4.2.1　HOQ 结构定义改进

首先是针对传统 HOQ 进行结构定义改进。针对网络空间安全体系能力分析的特点，将传统的 HOQ 中的市场评价、计划质量、工程措施百分比和各种产品的技术竞争力等定义和环节去除，参照 ANP 的网络分析思想，并使每项准则均与用户需求相连。选取能力总需求为系统最根本需求，并作为决策准则。判断准则是 ANP 的分析方法，基于具体需求相对于总需求重要度的判别标准，可为一层或多层。用户需求是总需求的细分，即 HOQ 的左墙（输入）。该 HOQ 的结构定义充分考虑了层次分析方法的目标层－准则层－方案层的结构特征。不失一般性，改进定义的 HOQ 能力需求和能力设计分别细分为 m 项和 n 项，具体如图 7.6 所示。

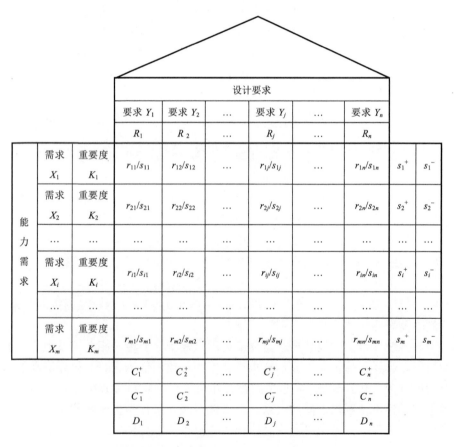

图 7.6　面向网络安全体系能力分析的 HOQ 展开结构示意图

针对改进的 HOQ 展开结构，需要重新定义 QFD 的各矩阵生成及计算方法。图 7.7 给出了改进的 HOQ 展开关键流程示意图。通过 ANP 模型来获取用户需求重要度，求解总需求—判断准则—用户需求的网络分析模型，对各项用户需求逐一判断，修正其归一化后的最大特征值所对应的特征向量，构造相关关系矩阵。

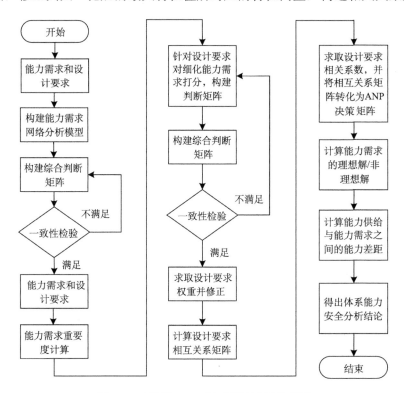

图 7.7　改进的 HOQ 展开关键流程示意图

7.4.2.2　HOQ 展开方法改进

传统 HOQ 中，用户需求重要度、相关关系矩阵均高度依赖于专家直接打分，导致主观性、随意性过强，且缺乏一致性校验，容易冲突。为此，引入 ANP 方法进行改进 HOQ 展开方法。HOQ 中用户需求重要度的求解步骤如下。

（1）建立用户需求的 ANP 模型的控制层。

由质量屋分析小组界定复杂问题的决策目标，总需求为用户最根本需求，作为决策总目标；给出决策准则，准则是对用户需求相对于总需求重要程度作出判断的不同考虑角度，该层一般为一层，也可由多层组成；每项判断准则均与所有用户需求相连，权重采用 AHP 方法进行层次排序计算而得。判断用户需求为对问题分析研究后的总需求的细分，即 HOQ 输入（左墙）。

（2）构建各因素的网络层。

归类确定每个元素的网络结构及其相互影响关系。确定各内部依存和循环关系。

（3）构造 ANP 的超矩阵计算权重。

首先构建权矩阵。设控制层中相对目标层有准则元素为 $P=(p_1, p_2, \cdots, p_n)$，网络层有元素集 $C_1, C_2, \cdots, C_N$，C_i 有元素 $e_{i1}, \cdots, e_{in}$，其中 $i=1, \cdots, n$。以控制层元素 $P_s=(s=1, 2, \cdots, m)$ 为准则，以网络层中的元素集 C_j 中元素 e_{jl} 为次准则，构建判断矩阵，即元素集 C_j 中元素按照对 e_{jl} 的影响力大小进行比较。在 P_s 准则下，有

e_{jl}	$e_{i1}, e_{i2}, \cdots, e_{iN_i}$	归一化特征向量
e_{i1}		$w_{i1}^{(jl)}$
e_{i2}		$w_{i2}^{(jl)}$
$\vdots$		$\vdots$
e_{iN_i}		$w_{iN_i}^{(jl)}$

并由特征根法得出排序向量：$\left(w_{i1}^{(jl)}, \cdots, w_{i1}^{(jl)}\right)'$。记 W_{ij} 为

$$W_{ij} = \begin{bmatrix} w_{i1}^{(j1)} & w_{i1}^{(j2)} & \cdots & w_{i1}^{(jN_j)} \\ w_{i2}^{(j1)} & w_{i2}^{(j2)} & \cdots & w_{i2}^{(jN_j)} \\ \vdots & \vdots & & \vdots \\ w_{iN_i}^{(j1)} & w_{iN_i}^{(j2)} & \cdots & w_{iN_i}^{(jN_j)} \end{bmatrix}$$

其中，W_{ij} 的列向量即为 C_i 中元素 $e_{i1}, \cdots, e_{in}$ 对 C_j 中元素 $e_{j1}, \cdots, e_{jn}$ 的影响程度的排序向量。若 C_i 中元素对 C_j 中元素无影响，则 $W_{ij}=0$。由此可得 P_s 准则下，C_i 中元素所有元素对 C_j 中元素的影响作用矩阵，即超矩阵

$$W = \begin{matrix} 1 \\ \vdots \\ n_1 \\ 1 \\ \vdots \\ n_2 \\ \vdots \\ 1 \\ \vdots \\ n_N \end{matrix} \begin{bmatrix} W_{11} & W_{12} & \cdots & W_{1N} \\ W_{21} & W_{22} & \cdots & W_{2N} \\ \vdots & \vdots & & \vdots \\ W_{N1} & W_{N2} & \cdots & W_{NN} \end{bmatrix}$$

对 P_s 准则下各组元素对准则 $C_j(j=1, 2, \cdots, N)$ 的重要程度进行比较。与 C_j 无关的元素组对应的排序向量分量为零。

C_j	C_1	$\cdots$	C_N	归一化特征向量（排序向量）
C_1				a_{1j}
$\vdots$	$\vdots$			$\vdots$
C_N				a_{Nj}

其中，$j=1, 2, \cdots, N$。

得加权矩阵

$$A = \begin{bmatrix} a_{11} & a_{12} & \cdots & a_{1N} \\ a_{21} & a_{22} & \cdots & a_{2N} \\ \vdots & \vdots & & \vdots \\ a_{N1} & a_{N2} & \cdots & a_{NN} \end{bmatrix}$$

对超矩阵 W 的元素加权，得 $\bar{W} = (\bar{W}_{ij})$，其中

$$\bar{W}_{ij} = a_{ij}W_{ij}, \quad i=1, 2, \cdots, N; \quad j=1, 2, \cdots, N$$

$\bar{W}$ 即为加权超矩阵，其列之和为 1，称为列随机矩阵。

（4）层次单排序及层次总排序。

层次单排序即某一层所有元素在考虑上一层某个元素时的权重。层次总排序即某层各元素相对于最高层的权重，而最底层元素相对于最高层的权重，也就是用户需求相对于总需求的权重，即质量屋中用户需求的重要度。

设加权超矩阵 W 的元素为 w_{ij}，w_{ij} 反映了元素 i 对元素 j 的优势之一，而元素 i 对元素 j 的优势还可以体现为 $\sum_{k=1}^{N} w_{ik}w_{kj}$，即为列归一化矩阵 W^2 的元素。当 $W^\infty = \lim_{t \to \infty} W^t$ 存在时，W^∞ 的第 j 列即为 P_s 准则下网络层中各元素对于元素 j 的极限相对排序向量。

ANP 超矩阵 W 的每一列均为两两比较而得到的排序向量，即以某个元素为准则的排序权重。

传统 HOQ 中专家打分常采用 9-3-1-0 或 5-4-3-2-1 等标度固定的经验值，细节刻画及表达能力不足，适用性不强。传统 HOQ 中设计要求重要度为用户需求重要度与相关关系矩阵相乘后累加而得，最终评估也仅以设计要求重要度的分值高低为据，即得分最高的设计要求为最重要。由于各设计要求之间存在冗余关系，HOQ 屋顶的相互关系矩阵虽然考虑到了各设计要求之间的关系，但未能对其冗余性做出明确反映，因此，得分最高的设计要求有时未必是真正应该优先提供的能力要求。为此，此处采用逼近理想解排序法（Technique for Order Preference by Similarity to an Ideal Solution，TOPSIS）改进。在重要度求解中，引入 TOPSIS 方

法，兼顾最优设计要求和最差设计要求，通过相对优劣距离差来确定需求重要度。

TOPSIS 法最显著的优势是同时考虑了理想解和负理想解，其衡量解的"好坏"标准是：方案解和负理想之间的距离越大，则解越好，即方案解满足离理想解近且离负理想解最远的条件，由此可较好地解决 HOQ 展开时在优先考虑最优设计要求的同时也促进了最差设计要求这一难题。排序规则是将各方案解与理想解和负理想解作比较，若某个方案解最接近理想解，而同时又远离负理想解，则该解是备选解中的最优解。由此，重要度得分从原来单一的得分高低比较转变为同时考虑理想解和负理想解的相对优劣距离差，兼顾考虑了最优和最差设计要求，较传统 HOQ 展开方法更为科学和客观。

7.4.3　基于 ANP-AQFD 模型的复杂信息系统安全体系能力分析

本节将基于 ANP-AQFD 模型，讨论围绕网络信息系统的安全体系能力，构建从安全能力需求到安全体系能力、从安全体系能力到安全能力指标、从安全能力指标到安全能力发展方案递阶相连的 QOH 展开模型，即基于 ANP-AQFD 模型实现网络空间安全体系能力可视化分析。

7.4.3.1　基于 ANP-AQFD 模型的网络空间安全体系能力展开

采用 QFD 方法自顶向下进行网络信息系统安全体系能力分析，以递阶质量屋形式逐级展开。安全体系能力是从效能角度对安全系统层次提出的指标需求。一种安全能力可能需要一项或者若干项性能来生成，而一项性能也可以参与多种能力的生成过程。具体来说，从安全体系能力需求到安全体系能力、从安全体系能力到安全体系能力指标、从安全体系能力指标到安全体系能力方案，存在多级映射。基于 QOH 模型来描述，采用三级质量功能部署是实现该多级映射的最有效方法，三个质量屋分别记为 R-C 质量屋、C-M 质量屋、M-S 质量屋。每个质量屋的输出都是下一个质量屋的输入，如图 7.8 所示。

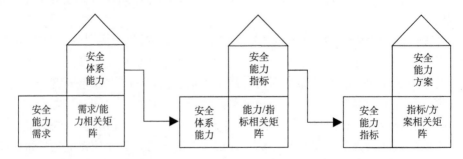

图 7.8　基于递阶 QFD 的网络信息系统安全能力分析多级展开示意图

通过递阶质量功能展开，将安全能力需求、安全体系能力、安全能力指标、安全能力方案联系起来，反映了安全体系能力生成的全过程。

7.4.3.2　从安全能力需求到安全体系能力的转化及 R-C 质量屋展开

递阶质量功能展开的起点是第一个质量屋 R-C 质量屋，实现从安全能力需求到安全能力的转化。根据 4.3 节中的方法，可获取相应的安全能力需求。采用 ANP 方法结合专家组讨论分析打分，通过一致性检验，求取各安全能力需求的重要度。将安全能力需求及其重要度作为 R-C 质量屋的输入，填入该质量屋左墙。

R-C 质量屋的天花板部分对应复杂信息系统的安全体系能力，质量屋分析小组需要将安全能力需求转化成相应初始安全能力，不同的安全能力需求可能对应相同的安全能力。同时各安全能力之间的相互关系，填入质量屋的屋顶。质量屋中相互关系分为强正相关、弱正相关、不相关、弱负相关、强负相关五种表示，分值分别为 2、1、0、–1、–2。以 I_{jk} 表示第 j 项设计要求与第 k 项设计要求之间的相互关系，设计要求相关系数 R_j 为

$$R_j = 1 + \sum_{k=1}^{8} \frac{I_{jk}}{100}, \quad k \neq j$$

安全能力需求和安全能力之间的关系先由专家组来打分。将所有安全体系能力对每一项安全能力需求按照九级标度逐一打分，并检验一致性；计算各安全能力的权重，并进行修正，填入质量屋的房间。

按照 TOPSIS 法计算该信息系统安全体系能力的重要度，将计算的中间结果和最后的重要度分别填入质量屋的右墙和地板。

安全能力的重要度是 QFD 方法中 R-C 质量屋的最终输出，也是后邻 C-M 质量屋的输入，它表示了该信息系统安全体系能力的发展优先级。

7.4.3.3　安全体系能力到安全能力指标的转化及 C-M 质量屋展开

从安全体系能力到安全能力指标的转化，对应的 QFD 第二个质量屋 C-M 质量屋。C-M 质量屋的展开方法与 R-C 质量屋类似，R-C 质量屋的输出作为 C-M 质量屋的输入。

首先对 R-C 质量屋的输出（即安全体系能力重要度）进行归一化处理，并将 R-C 质量屋中的安全体系能力与归一化重要度对应填入 C-M 质量屋的左墙。

随后，质量屋分析小组应根据安全体系能力的具体情况和描述方法，提出相应的安全能力指标。能力指标实现的是对安全体系能力的进一步细化描述，同一个能力指标可能对应不同的安全能力。选取的能力指标应具有规范、典型、可量化、易计算等特点，然后将能力指标填入 C-M 质量屋的天花板。再由专家组进行

分析，经过打分和计算，得到能力指标的相互关系和对于每一项安全能力的权重，分别填入 C-M 质量屋的屋顶和房间。

最后，按照与 R-C 质量屋相同的方法计算出安全能力指标的重要度，和其中间计算结果一起，分别填入 C-M 质量屋的右墙和地板。

C-M 质量屋的最后输出是系统安全能力指标的重要度，也就是安全能力指标的优先级，它将作为后邻 M-S 质量屋的输入。

7.4.3.4　安全能力指标到安全能力方案的转化及 M-S 质量屋展开

应用 QFD 方法的最后一步是从安全能力指标到安全能力方案的转化，对应 M-S 质量屋，此次展开将得到整个 QFD 方法的分析结果。

首先对 C-M 质量屋的输出（即安全系能力指标重要度）进行归一化处理，并将 C-M 质量屋的安全能力指标与归一化重要度对应填入 M-S 质量屋的左墙。

质量屋分析小组根据安全能力指标提出相应的安全能力发展方案，填入质量屋的天花板；再请专家组分析打分，通过计算，将能力方案的相互关系以及修正后的能力指标和能力方案的相关关系分别填入质量屋的屋顶和房间中；最后计算得到能力方案的重要度，即安全能力方案的发展优先级，也就是整个分析方法的最终输出。

所得到的信息系统安全能力发展方案的优先级，体现了信息系统中不同方面的不足和欠缺程度以及发展的优先关系，可以对信息系统的建设提供一定的指导。

第8章 网络空间安全体系能力生成、度量及评估研究展望

安全体系能力生成、度量及评估是网络空间安全的基础性问题，本书对作者近年来在该领域的主要工作和思考进行了阶段性总结。但是，由于上述问题自身的复杂性和研究的艰巨性，尚有大量工作值得深入研究和探讨，本章给出相关研究工作展望。

8.1 网络空间安全体系能力的内涵、外延及融合问题

网络空间的内涵和外延在持续拓展，其中信息系统的形态及其安全形势也随之发生深刻的变化，为网络空间安全体系能力研究提出了进一步的挑战。

8.1.1 网络空间信息系统形态多样性及其安全体系能力多样性

网络空间的信息系统形态发生的深刻变化，导致网络空间信息系统形态的多样性，进而必然带来网络空间安全体系能力的多样性。网络空间信息系统的形态，除了传统的 IP 网络之外，还有物联网、云计算系统、工业控制系统、工业互联网、移动互联网、关键基础设施信息系统以及新出现的量子信息系统等。这些系统既具有信息系统的共性特征，但也分别具有鲜明的个性特征。由此，它们对于安全体系能力的需求也体现出较强的多样性。

8.1.1.1 物联网系统的安全体系能力问题

物联网系统的感知层、传输层及应用层的安全能力需求主要包括数据可信性（保密性和完整性）、数据实时性、访问控制、加密认证、通信安全以及隐私保护等，对安全体系能力有特殊需求。

以物联网感知层为例，该层安全能力主要考虑数据的保密性和完整性、传输安全以及随时可用性的供给。从感知节点来说，物联网机器及感知节点的本地安全较为突出，这些节点通常功能简单、能量受限、计算和存储资源不足，导致难以采用复杂的加密和认证措施，安全保护能力较弱。而且这些装置易被攻击者接触，极端情况下甚至可以直接更换装置。从感知网络来说，通常具有分布广、能耗低、交互少、带宽窄等特点，而且感知数据及其传输并无固定标准和规范，难

以采用统一的安全机制，从而也就无法进行规范化描述。

8.1.1.2　云计算系统的安全体系能力问题

此前在第 1 章中已经述及，云计算的虚拟化、异构化、无边界、动态性等特点，导致其安全体系能力需求与供给也面临着极大挑战。

云计算涉及 IaaS、PaaS 和 SaaS 等应用模式，在虚拟化安全、数据安全、应用安全以及管理安全等层面的安全需求特别。云计算系统的安全体系能力需求及供给必须重点考虑上述方面。

8.1.1.3　工业控制系统和工业互联网的安全体系能力问题

典型的工业控制系统分为五个逻辑层：现场设备层、现场控制层、过程监控层、生产管理层与企业资源层。各层均由不同的网络设备或现场设备所构成，以完成相应层次的功能。而工业互联网则是基于机器、工控系统、信息系统以及人之间的网络互联的工业关键基础设施网络，各组件联系紧密、结构复杂、动态多变、随机性强，具有可靠性要求强、实时性要求高、覆盖面要求广等特征。

工业互联网安全影响因素众多、涉及面广量大，复杂性蕴藏于体系的层次性、涌现性以及主动性等特性之中，其攻防对抗属于体系级综合对抗，安全问题具有突发性、快速性和多变性等特点，安全防御体系必须面对多变量、高维数及多变性、不确定性与强非线性等挑战。工业互联网安全体系能力研究必须采用现代系统科学理论与方法，由基元性转向组织性、由线性转向非线性、由简单性转向复杂性。

8.1.1.4　移动互联网的安全体系能力问题

移动互联网通过移动无线通信手段，提供通信和网络业务服务，尤其是互联网应用多通过移动终端来承载，涉及移动接入网络、智能终端、支撑软件以及业务应用等多个方面。移动互联网融移动通信与互联网为一体，网络通信体制持续飞速迭代，目前正在向 5G 时代迈进。移动终端的智能化变革，使得在移动场景下应用互联网服务成为主流趋势之一。与此同时，移动互联网的安全形势也日益严峻。

移动互联网的安全问题包括移动接入网络层面、智能终端层面、支撑软件层面以及业务应用层面等。移动接入网涉及海量的无线接入和终端设备，网络边界日渐模糊，空中接入协议如被破解易使传输信息的保密性和完整性遭到破坏，传统移动网络中的电信设备、信令以及协议漏洞也可被利用，终端 IP 地址的伪造和隐藏更易实现，隐私泄露风险日渐增大。智能终端计算、存储与通信能力持续增强，已逐步演化成个人信息处理中心，未授权访问、恶意代码、隐私泄露等风险与日俱增。移动互联网络的支撑软件包括操作系统、中间件、业务应用软件、数据库等可能存在漏洞，可被用于恶意攻击。业务应用层面承载了语音、短信、网络等各种服务，更是安全问题频发，比如诈骗信息、垃圾短信等恶意骚扰甚嚣尘上。移动支付、移动办公、云平台等业务平台的接入，使得移动网络结构复杂性进一步提升，端到端的业务安全防护要求更高。如何构建移动互联网络安全防御体系、形成安全体系能力，值得深入探讨。

8.1.2 信息安全能力与物理安全能力、功能安全能力的融合方面

本书研究的内容定位为网络空间信息安全问题域，因此对信息系统的物理安全和功能安全涉及不深。但是，对于网络空间信息系统来说，信息安全与物理安全、功能安全的融合问题十分重要，不容回避。如何在体系层面对其能力进行统一描述和融合，值得深一步研究和探讨。

8.1.2.1 对网络空间信息系统整体安全能力的认识

网络空间信息系统的整体安全本应为一个"大安全"的概念，牵涉到网络空间中的信息、信息系统、复杂系统、安全以及体系等诸多概念。考察上述概念及其相互关系，离不开信息论、系统论和控制论等经典理论及其衍生发展出来的复杂系统理论、体系工程原理等现代系统科学理论与方法。网络空间信息系统整体安全能力生成、度量及评估，必须综合考虑其信息安全能力与物理安全能力、功能安全能力等不同侧面及其综合。例如，物联网系统的物理安全、功能安全与信息安全存在冗余、互补与冲突，但均是为了提升其整体安全性，各有侧重。

因此，应从整体安全的概念出发，综合考虑物理安全、功能安全和信息安全问题。进一步认识和研究网络空间安全能力，必须秉持"以物理安全系统防护为前提、以功能安全系统建设为基础、以信息安全系统构建为保障"的思路来展开。

8.1.2.2 网络空间信息系统物理安全、功能安全与信息安全的能力融合及度量

在认识到并认同"网络空间信息系统整体安全能力涵盖了物理安全、功能安全与信息安全"的前提下，接下来就需要解决物理安全、功能安全与信息安全的能力融合及度量问题。

显然，网络空间信息系统形态的不同，决定了其整体安全能力需求的不同，进而对物理安全、功能安全与信息安全的需求也各不相同。因此，从体系能力的视角来看，物理安全、功能安全与信息安全能力的融合途径和技术实现也应各有区别。在整体安全能力融合及度量的过程中，需要遵循的安全标准规范、法律法规、安全性能等级、风险评估及安全测评以及安全实施规范等约束条件也互有重叠与冲突。网络空间安全体系能力的形成，基于各组件满足以安全控制的形式提

出的安全通用要求。但是，在特定保护对象中贯彻执行物理安全、功能安全与信息安全控制时，三种安全控制可能会产生连接、交互、依赖、协调、协同甚至是矛盾、冲突等关联。如何将实现体系级的整体安全融合，确保各安全控制对保护对象进行共同综合作用时，能够起到互补作用，提供并优化安全体系能力，满足安全保障需求，值得进一步深入探索。

此外，对于不同形态的信息系统，界定物理安全、功能安全与信息安全的内涵和外延，并确定各自的重要程度，也是一个重要问题。安全体系能力融合提供与安全体系设计与实施，无论是以何种安全为主，均需建立统一的综合安全生命周期，实现上述三种安全的相互协调，使之不相互负面影响和制约，以最优实现整体安全功能。例如，在工业控制系统当中，如何界定功能安全与电气安全、机械安全或本质安全的各自范围界定，如何采取功能安全措施来降低整体安全风险降，并符合电气安全、机械安全或本质安全要求，需要深入研究。

8.1.3　安全技术能力与安全管理能力的融合方面

业界虽然对于网络空间安全"技术与管理并重"的理念已达成基本共识，但是在具体的信息系统安全体系能力生成、度量及评估中，往往对管理能力的提供与融合未给予应有的重视。一方面，这可能是因为研究人员和工程技术人员认为相对于管理而言，技术领域的问题是一个"富矿"，更值得投入精力。另一方面，管理领域的问题更多地涉及人的因素，难以定性或定量处理。

8.1.3.1　网络空间安全技术体系和管理体系的融合

网络空间安全体系能力的形成应综合考虑安全技术保障体系与管理保障体系的融合，单纯从技术层面来考虑安全体系能力，虽然也能在很大程度上反映问题，但缺乏管理体系能力方面的供给，毕竟是不全面、不准确、不完善的。

从安全技术保障层面来看，应注重安全物理环境、安全通信网络、安全区域边界以及安全计算环境等方面的内容，并采取相应的安全技术控制措施。而从安全管理保障层面来看，应注重安全策略和管理制度、安全管理机构和人员、安全建设管理、安全运维管理等方面的内容，并采取相应的安全管理控制措施。

网络空间安全技术和管理体系融合，应将各部分安全功能需求分解至保护对象的各个层面，为避免因某一层面安全功能的弱化或缺失带来的整体安全能力削弱问题，确保各层面安全功能实现强度相同。同时，还应注意从逻辑上实现安全监控、审计、事件以及响应的集中统一管理，以实现散布于不同层面的安全功能服从于整体安全策略。

8.1.3.2　网络空间安全的人因问题

在传统的安全科学领域，特别是在复杂人—机系统当中，人的因素（人因）已经成为安全问题的重要影响因素。显然，网络空间信息系统也属于典型的复杂"人—机"系统，人的因素至关重要。网络空间安全的薄弱环节既包括其自身脆弱性，又涉及人的脆弱性。甚至有观点认为，人的因素在其中起关键作用。另一方面，人在体系对抗闭环回路中，人的主观能动性和专业判断力也非常重要，人也是度量安全的尺度之一，具有特殊重要价值。如何在网络空间安全问题领域，将人的因素考虑进去，揭示"人、机、环"的相互作用和相互影响机理，值得深入研究。

为此，需要从网络空间安全理论、人因工程、认知科学等角度出发，以人因失误的分析、预测、防范、减灾为重点，研究网络空间安全体系能力的生成、度量及评估问题。具体来说，人因失误与人因安全性分析，可从人的行为及其影响因素、从定性到定量的综合评估、人因安全事件防范等方面来开展研究。

8.2　安全体系能力度量及评估的工程实现与自动化问题

虽然本书侧重于从现代系统科学和复杂系统理论的角度，来研究网络空间安全体系能力生成、度量及评估的理论与方法问题，但这绝不意味着其具体的技术实现与工程实践并不重要。因此，安全体系能力度量及评估的工程实现与自动化问题应是未来的重要研究方向，重点涉及以下若干问题。

8.2.1　网络空间安全能力需求、生成与度量的指标体系方面

在体系工程领域，复杂信息系统的能力需求分析、体系结构设计、能力生成机制、能力度量评估和验证等环节，都需要采用相应的指标体系作为研究和分析手段。在网络空间安全的工程实践领域，上述各环节也都需要定义相应的安全能力指标体系。

上述各环节的安全能力指标体系既有天然的紧密联系，又有各自的特点。比如，在安全体系能力需求分析阶段所构建的安全指标体系，显然无法利用安全参数采集和态势感知分析方法。单就某一阶段所构建的指标体系来说，也仍然存在着体系能力指标分解难题，而且受多层次能力分解之间的冗余、互补及冲突等关系制约。因此，不同阶段的安全体系能力有效测度，其间的关系问题需要深入研究。在具体的研究过程中，可重点考虑安全体系能力分析、重构及其演进的表达方法与工具等。

8.2.2　安全体系能力度量及评估过程的智能处理与自动化方面

8.2.2.1　安全体系能力需求分析、度量及评估知识图谱构建问题

本书给出了网络空间安全的 DIKI 模型，借此可以构建支撑安全体系能力生成、度量及评估的知识库。在此基础上，可以结合深度学习和语义网络，构建网络空间安全知识图谱（Knowledge Graph）。知识图谱的概念最早由谷歌在 2012 年提出，其本质为语义网络知识库，也可以通俗地认为是有向或无向的多关系图。所谓多关系，是指图中的节点和边类型多样，而这些节点和边的连接谓之图谱。人工智能的基础是知识，而安全知识通过机器生成图谱的过程，其实也就是机器对客观对象的安全形成认知和理解的过程。同时利用机器的处理能力，可以发挥海量安全数据的作用，易于实现多源异构安全数据、知识的整合与清洗。

知识图谱数据源分为结构化数据、半结构化数据以及结构化数据，对上述数据进行知识抽取、融合与计算，形成可供应用层调用的统一知识。从这个意义上讲，安全知识图谱的自动构建过程也就是针对安全数据的深度学习过程，同时辅以安全专家的人工参与。

8.2.2.2　安全体系能力需求分析、度量及评估参考资源的本体化描述

知识工程方便了实现知识管理，但不应破坏知识之间的本质和内在关联，这种关联既可以通过语义分析技术来实现，更可以通过本体技术来实现。在网络安全体系能力生成分析、度量、评估等领域，可以利用本体技术来实现信息系统、网络、安全等知识之间的内在联系，并结合安全知识图谱的构建，对该关联进行直观展现。具体构建过程包括安全问题的定义、安全数据采集及预处理、图谱结构设计、图谱生成以及应用开发等。由此，就可以实现关系的深入搜索和实时查询。结合网络基础架构知识（如拓扑、节点、功能、连接等）和信息安全知识（如攻防、安全组件、脆弱性等），形成网络空间安全知识图谱，用做支撑网络安全体系能力生成分析、度量、评估等智能处理和自动化进程的多维度知识库。

8.2.2.3　安全体系能力需求分析、度量及评估的工具支撑

安全体系能力需求分析、度量及评估是一个极其复杂的过程，离不开各种工具（特别是自动化工具）的支撑。本书重点讨论的是理论及方法，而具体的实现及支撑工具也特别重要，比如安全参数采集及处理工具、安全体系能力生成分析工具、安全知识管理工具、过程可视化工具等。

8.3　网络空间安全态势感知与安全控制问题

本书重点分析了基于网络空间安全体系能力生成、度量及评估问题，但对网络空间安全的控制问题着墨不多。事实上，安全体系能力的发挥，还需要有效的安全控制。因此，需要基于现代系统科学理论，来深入探讨网络空间安全控制问题。

8.3.1　基于控制论的网络空间安全能观性、能控性及稳定性分析方面

现代系统科学理论为复杂信息系统的观测和控制提供了理论基础，自然也就为网络空间安全的能观性、能控性及稳定性分析提供了可能。而且，网络空间信息系统的形态演变，也为基于控制论的网络空间安全能观性、能控性及稳定性分析提供了基础支撑。比如，软件定义网络技术的应用，实现了系统控制平面与数据转发平面的分离，为信息系统结构和行为控制、安全参数采集、安全管理中心构建等提供了方便；先进人工智能技术及大数据分析技术，使得充分记录网络空间信息系统的行为过程数据成为现实，大数据与人工智能的"数据化"能力为网络空间安全分析与控制提供了全新手段。这些就为发现并利用网络空间安全的观测度量、控制及稳定的一般规律奠定了基础。也就是说，可以基于控制论来从更一般的意义上来认知网络空间中信息系统安全的普遍性调控规律。

具体的研究问题包括：网络空间安全的系统表达、能控性分析模型与方法；安全受控信息系统的特性、结构安全能控性及行为安全能控性分析；受控安全系统的结构及行为稳定性分析等。

8.3.2　基于现代系统科学理论的网络空间安全控制及风险管理方面

8.3.2.1　基于现代系统科学理论的网络空间安全控制问题

网络空间信息系统度量和评估的目的最终是实现其安全控制，而安全控制的核心关键问题是网络结构控制和网络行为控制。构建网络安全控制体系，涉及控制结构、服务、技术等因素，而安全控制的效能则可以采用本书前述的度量、分析及评估方法。以控制论的视角观之，网络空间的攻防对抗行为，也可以视为攻防双方的安全"控制"与"反控制"，包括信息对信息、信息对能量、信息对物质的安全"控制"与"反控制"问题。而对网络空间信息系统实施控制，又必然会引起系统结构、功能以及行为的改变。

因此，采用控制论方法来研究网络空间安全控制，也离不开系统论和信息论以及耗散结构理论、协同论和突变论等系统科学理论（横断科学）的支撑。

从技术层面，具体可采用基础架构安全控制、数据信息存储和加密控制、身

份和内容鉴别控制、通信实体和链路安全控制等技术体制，并在此基础上实现信息系统结构控制和行为控制。而这种控制过程，又需要采用系统工程和体系工程的思想和方法。

8.3.2.2　基于现代系统科学理论的网络空间安全风险管理问题

网络空间安全风险管理旨在降低和管控风险，而安全风险的降低则需要采取风险控制措施，实现将安全风险控制在可接受范围之内的目的。信息系统中各安全风险因素可基于网络连接、信息与能量交互相互耦合、产生依赖，导致安全风险传播、引发级联安全事件，最终破坏了系统整体安全性。在多个时间尺度上，风险传播或体现为无序的非稳定性，或体现为有序的周期性和节律性，系统结构和行为变化相互交融，导致系统安全性既存在某种可预测性，又存在较强的随机性与突变性。在对复杂信息系统安全性进行了度量和分析之后，还需要采取相应的风险消减和安全加固方法，来提升该系统的安全能力而解决上述问题，这恰是现代系统科学的优势所在，可为其提供理论和方法支撑。

具体来说，安全度量实现了复杂信息系统多维指标数据采集，并通过特定的量化计算方法求取其安全状态信息。安全度量对象，既可以是网络空间信息系统的整体安全环境和安全能力，也可以是其业务系统安全状况，还可以是某一具体网络攻防活动。根据度量结论，可以实施风险消减和安全加固，比如各层面的安全防御策略调整、安全组件的重组或者更新等，从而实施包括风险控制在内的风险管理。

参 考 文 献

陈洪辉, 陈涛, 张维明. 2016. 网络信息体系需求工程[J]. 指挥与控制学报, 2(4): 277-281.

陈华山, 皮兰, 刘峰, 等. 2015. 网络空间安全科学基础的研究前沿及发展趋势[J]. 信息网络安全, (3): 1-5.

陈文英, 张兵志, 谭跃进, 等. 2012. 基于体系工程的武器装备体系需求论证[J]. 系统工程与电子技术, 34(12): 2479-2484.

陈秀真, 郑庆华, 管晓宏, 等. 2006. 层次化网络安全威胁态势量化评估方法[J]. 软件学报, 17(4): 885-897.

陈禹, 宗骁, 郝杰, 等. 2005. BA 模型的三种扩展[J]. 系统工程学报, 20(2): 120-127.

方滨兴. 2015. 从层次角度看网络空间安全技术的覆盖领域[J]. 网络与信息安全学报, (1): 2-7.

方程. 2007. 基于 Zachman 框架的信息系统需求工程建模方法[J]. 重庆交通大学学报(自然科学版), 26(2): 155-159.

冯登国, 张阳, 张玉清. 2004. 信息安全风险评估综述[J]. 通信学报, 25(7): 10-18.

葛海慧, 肖达, 陈天平, 等. 2013. 基于动态关联分析的网络安全风险评估方法[J]. 电子与信息学报, 35(11): 2630-2636.

工业互联网产业联盟. 工业互联网安全框架[EB/OL]. [2018-02-10]. http://www.aii-alliance.org/index. php?m=content&c=index&a=show&catid=23&id=210.

龚俭, 臧小东, 苏琪. 2017. 网络安全态势感知综述[J]. 软件学报, 28(4): 1010-1026.

关莹, 熊键, 陈鸣, 等. 2019. 集群作战能力涌现初探[J]. 电子信息对抗技术, 34(1): 22-26.

郭齐胜, 宋畅, 樊延平. 2017. 作战概念驱动的装备体系需求分析方法[J]. 装甲兵工程学院学报, 31(6): 1-5.

何大韧, 刘宗华, 汪秉宏. 2009. 复杂系统与复杂网络[M]. 北京: 高等教育出版社.

何晓群. 2016. 现代统计分析方法与应用[M]. 北京: 中国人民大学出版社.

胡昌振. 2010. 网络入侵检测原理与技术[M]. 北京: 北京理工大学出版社.

胡浩, 刘玉岭, 张玉臣, 等. 2018. 基于攻击图的网络安全度量研究综述[J]. 网络与信息安全学报, 4(9): 1-16.

胡浩, 叶润国, 张红旗, 等. 2018. 面向漏洞生命周期的安全风险度量方法[J]. 软件学报, 29(5): 1213-1229.

胡剑文. 2009. 武器装备体系能力指标的探索性分析与设计[M]. 北京: 国防工业出版社.

黄欢. 2008. 面向工业 CT 的质量功能配置研究[D]. 重庆: 重庆大学.

黄世锐, 张恒巍, 王晋东, 等. 2018. 基于定性微分博弈的网络安全威胁预警方法[J]. 通信学报, 39(8): 29-36.

靳骁. 2018. 网络系统安全效能量化度量方法研究[D]. 北京: 航天科工集团第二研究院.

黎筱彦, 王清贤, 杨林, 等. 2012. 基于攻击的局域网安全性度量方法[J]. 计算机工程与科学, 34(11): 38-45.

黎筱彦, 王清贤, 杨林. 2012. 一种多目标的网络安全性度量指标体系[J]. 信息工程大学学报,

13(2): 235-240.

李冰, 王浩, 李增扬, 等. 2006. 基于复杂网络的软件复杂性度量研究[J]. 电子学报, 12: 2372-2375.

李兵, 马于涛, 刘婧, 等. 2008. 软件系统的复杂网络研究进展[J]. 力学进展, (6): 805-814.

李春亮, 司光亚, 王艳正. 2013. 计算机网络攻防建模仿真研究综述[J]. 计算机仿真, 30(11): 1-5.

李凤华. 2015. 信息技术与网络空间安全发展趋势[J]. 网络与信息安全学报, 1(1): 8-17.

李桓. 2009. 基于复杂网络的软件结构复杂性分析与建模[D]. 武汉: 武汉大学.

李建华. 2016. 网络空间威胁情报感知、共享与分析技术综述[J]. 网络与信息安全学报, 2(2): 16-29.

李景智, 殷肖川, 胡图. 2012. 基于可拓理论的网络安全评估研究[J].计算机工程与应用, 48(21): 79-82.

李丽萍, 缪淮扣, 钱忠胜. 2008. 基于复杂网络面向对象集成测试的研究[J]. 计算机科学, 35(12): 254-257.

李维娜. 2014. 基于复杂网络的软件行为路径挖掘算法研究[D]. 秦皇岛: 燕山大学.

李艳, 王纯子, 黄光球, 等. 2019. 网络安全态势感知分析框架与实现方法比较[J]. 电子学报, 47(4): 927-945.

李泽荃, 张瑞新, 杨墨, 等. 2012. 复杂网络中心性对灾害蔓延的影响[J]. 物理学报, 61(23): 557-563.

李增扬, 韩秀萍, 陆君安, 等. 2005. 内部演化的 BA 无标度网络模型[J]. 复杂系统与复杂性科学, (2): 1-6.

梁家林, 熊伟. 2019. 基于作战环的武器装备体系能力评估方法[J]. 系统工程与电子技术, 41(8): 1810-1819.

刘大伟, 姜志平, 王智学, 等. 2014. 基于DoDAF元模型的体系结构设计[J]. 指挥信息系统与技术, 5(3): 33-37.

刘烃, 田决, 王稼舟, 等. 2019. 信息物理融合系统综合安全威胁与防御研究[J]. 自动化学报, 45(1): 5-24.

吕欣. 2008. 信息系统安全度量理论和方法研究[J]. 计算机科学, 35(11): 42-44.

马力, 毕马宁, 任卫红. 2011. 安全保护模型与等级保护安全要求关系的研究[J]. 等级保护, (6): 1-4.

马力, 祝国邦, 陆磊. 2019. 《网络安全等级保护基本要求》(GB/T 22239-2019) 标准解读[J]. 信息网络安全, (2): 77-84.

彭洁妤. 2016. 基于 QFD 综合方法的网络游戏交互设计研究[D]. 长沙: 湖南大学.

钱学森, 宋健. 2011. 工程控制论[M]. 北京: 科学出版社.

钱学森. 2011. 钱学森系统科学思想文选[M]. 北京: 中国宇航出版社.

卿斯汉. 2015. 关键基础设施安全防护[J]. 信息网络安全, (2): 1-6.

沈昌祥. 2015. 关于中国构建主动防御技术保障体系的思考[J]. 中国金融电脑, (1): 13-16.

沈小峰, 胡岗, 姜璐. 1987. 耗散结构论[M]. 上海: 上海人民出版社.

史亮, 庄毅. 2007. 一种定量的网络安全风险评估系统模型[J]. 计算机工程与应用, 43(18): 146-149.

孙宏才, 田平, 王莲芬, 等. 2011. 网络层次分析法与决策科学[M]. 北京: 国防工业出版社.

谭跃进, 赵青松. 2011. 体系工程的研究与发展[J]. 中国电子科学研究院学报, 6(5): 441-445.

陶少华, 杨春, 李慧娜, 等. 2009. 基于节点吸引力的复杂网络演化模型研究[J]. 计算机工程, (1): 111-113.

涂序彦, 王枞, 刘建毅. 2010. 智能控制论[M]. 北京: 科学出版社.

汪北阳. 2013. 加权软件网络的建模、分析及其应用[D]. 武汉: 武汉大学.

汪金祥. 2014. 基于复杂网络的软件执行函数调用网络分析[D]. 秦皇岛: 燕山大学.

汪应洛. 2017. 系统工程[M]. 北京: 机械工业出版社.

王宝安. 2013. 攻击图节点概率在网络安全度量的应用研究[J]. 网络安全技术与应用, (8): 131-132.

王佳欣, 冯毅, 由睿. 2019. 基于依赖关系图和通用漏洞评分系统的网络安全度量[J]. 计算机应用, 39(6): 1719-1727.

王健, 刘衍珩, 刘雪莲, 等. 2011. 复杂软件的级联故障建模[J]. 计算机学报, 34(6): 1137-1147.

王晋东, 张恒巍, 王娜, 等. 2017. 信息系统安全风险评估与防御决策[M]. 北京: 国防工业出版社.

王科. 2018. 系统综合评价与数据包络分析方法: 建模与应用[M]. 北京: 科学出版社.

王明贺, 刘建闯, 汪洋. 2012. 基于 DODAF 的作战能力视图研究[J]. 兵工自动化, 31(3): 1-4.

王琦. 2014. 基于元胞自动机的软件故障传播研究[D]. 南京: 南京理工大学.

王琼, 何新华, 郭齐胜, 等. 2014. 武器装备体系作战能力聚合的类元胞机模型研究[J]. 系统仿真学报, 26(11): 2564-2569.

王树森, 顾庆, 陈熹, 等. 2009. 基于复杂网络的大型软件系统度量[J]. 计算机科学, 36(2): 287-290.

王卫东. 2011. 安全度量及其面临的挑战[J]. 保密科学技术, (3): 54-58.

王小龙, 侯刚, 任龙涛, 等. 2014. 软件动态执行网络建模及其级联故障分析[J]. 计算机科学, (8): 109-114.

王忻, 权太范. 2007. 信息融合系统改进型 BA 模型及网络动力学特性[J]. 哈尔滨工业大学学报, (5): 737-741.

王育民, 李晖. 2013. 信息论与编码理论[M]. 北京: 高等教育出版社.

王元卓, 林闯, 程学旗, 等. 2010. 基于随机博弈模型的网络攻防量化分析方法[J]. 计算机学报, 33(9): 1748-1762.

王越, 罗森林. 2015. 信息系统与安全对抗理论[M]. 北京: 北京理工大学出版社.

王政瑶. 2014. 基于质量功能展开理论提升产品用户体验设计质量的应用研究[D]. 天津: 天津大学.

魏宏森. 2009. 系统论: 系统科学哲学[M]. 北京: 世界图书出版公司.

吴晨思, 谢卫强, 姬逸潇, 等. 2019. 网络系统安全度量综述[J]. 通信学报, 40(6): 14-31.

吴翰清. 2012. 白帽子讲 Web 安全[M]. 北京: 电子工业出版社.

吴建平. 2016. 网络空间安全的挑战和机遇[J]. 中国教育网络, (5): 20-22.

吴志军, 杨义先. 2010. 信息安全保障评价指标体系的研究[J]. 计算机科学, (7): 7-10, 82.

席荣荣, 云晓春, 张永铮, 等. 2015. 一种改进的网络安全态势量化评估方法[J]. 计算机学报, 38(4): 749-758.

夏璐, 邢清华, 范海雄, 等. 2013. 基于能力关系的作战体系结构演化涌现效应[J]. 火力与指挥控制, (5): 42-45.

夏璐, 张明智, 杨镜宇, 等. 2019. 面向作战体系演化的能力关系建模研究[J]. 系统仿真学报, 31(6): 1039-1047.

肖双爱, 吴浩, 王积鹏, 等. 2016. 面向综合电子信息系统效能评估的仿真技术研究[J]. 电子世界, (14): 48-49.

熊奇, 张翀, 韩润繁, 等. 2017. 基于 DoDAF 与 QFD 的武器作战能力评估[J]. 兵器装备工程学报, (10): 97-102.

许永平, 石福丽, 杨峰, 等. 2010. 基于 QFD 与作战仿真的舰艇装备需求分析方法[J]. 系统工程理论与实践, 30(1): 167-172.

闫怀志. 2017. 网络空间安全原理、技术与工程[M]. 北京: 电子工业出版社.

闫怀志. 2019. 工业互联网安全体系理论与方法[M]. 北京: 科学出版社.

闫怀志. 2019. 网络空间安全系统科学与工程[M]. 北京: 科学出版社.

杨健. 2018. 定量分析方法[M]. 北京: 清华大学出版社.

杨克巍, 赵青松, 谭跃进, 等. 2011. 体系需求工程技术与方法[M]. 北京: 科学出版社.

杨义先, 钮心忻. 2018. 安全通论[M]. 北京: 电子工业出版社.

杨义先, 杨庚. 2016. 专题: 网络空间安全[J]. 中兴通讯技术, (1): 1.

杨迎辉, 李建华, 南明莉, 等. 2016. 分布式作战体系能力动态演化涌现建模[J]. 系统仿真学报, 28(7): 1497-1505.

游光荣, 张英朝. 2010. 关于体系与体系工程的若干认识和思考[J]. 军事运筹与系统工程, 24(2): 13-20.

俞晶. 2011. 基于 QFD 的医院护理质量控制模型研究[D]. 杭州: 浙江大学.

翟丽. 2000. 质量功能展开技术及其应用综述[J]. 管理工程学报, (1): 52-60.

张迪, 郭齐胜, 李智国. 2015. 基于 ANP 的武器装备体系能力有限层次评估方法[J]. 系统工程与电子技术, (4): 817-824.

张迪, 郭齐胜. 2014. 面向装备需求论证的能力需求规范化描述研究[J]. 军事运筹与系统工程, 28(1) : 57-60.

张发明. 2018. 综合评价基础方法及应用[M]. 北京: 科学出版社.

张婷婷, 刘晓明. 2016. C4ISR 体系演化过程中涌现能力建模与评估[J]. 军事运筹与系统工程, 30(1): 33-39.

张维超, 何新华, 屈强, 等. 2018. 基于涌现的武器装备体系作战能力建模研究[J]. 火力与指挥控制, 43(9): 6-10, 14.

张维明, 刘忠, 阳东升, 等. 2010. 体系工程理论与方法[M]. 北京: 科学出版社.

张文锋. 2008. 基于 QFD 的产品创新设计方法研究[D]. 杭州: 浙江大学.

张晓梅, 钱秀槟, 王亮, 等. 2016. 面向信息安全度量的工业控制系统抽象模型研究[J]. 网络空间安全, 7(8): 84-88.

张璇, 廖鸿志, 李彤, 等. 2013. 基于信息熵和攻击面的软件安全度量[J]. 计算机应用, 33(1): 19-22.

赵凯, 郭齐胜, 樊延平, 等. 2018. 面向应用需求的装备需求论证模型组合方法[J]. 火力与指挥控制, 43(7): 98-103.

赵松, 吴晨思, 谢卫强, 等. 2019. 基于攻击图的网络安全度量研究[J]. 信息安全学报, 4(1): 53-67.

赵小姝, 张浩华, 张梦瑶, 等. 2017. 软件体系结构的复杂网络特征度量[J]. 智能计算机与应用, (3): 102-105.

赵战生, 谢宗晓. 2016. 信息安全风险评估[M]. 北京: 中国标准出版社.

郑剑, 刘俊先, 陈涛, 等. 2019. 基于活动网络的体系能力依赖关系分析方法[J]. 指挥控制与仿真, 41(4): 52-58.

周荣坤, 张永利, 石教华. 2015. DoDAF 2.0 及其应用分析[J]. 舰船电子对抗, (1): 18-22.

周伟, 罗建军, 王学仁, 等. 2017. 基于 FQFD 的固体火箭发动机技术特性综合排序方法[J]. 系统工程理论与实践, 37(8): 2192-2199.

朱庆华. 2012. 网络信息资源评价指标体系的建立和测定[M]. 北京: 商务印书馆.

Alcaraz C, Meltem S T. 2012. PDR: a prevention, detection and response mechanism for anomalies in energy control systems[J]. American Geophysical Union, 90(17): 22-33.

Alexander K, Cliff W, Robert F E. 2019. 网络空间安全防御与态势感知[M]. 黄晟译. 北京: 机械工业出版社.

Andreas R, Christian K, Richard M, et al. 2018. An architectural approach to the integration of safety and security requirements in smart products and systems design[J]. CIRP Annals Manufacturing Technology, 67: 173-176.

Arnes A, Valeur F, Vigna G. 2006. Using hidden Markov models to evaluate the risks of intrusions[J]. Lecture Notes in Computer Science, 4219: 145-164.

Barry M H, Katherine M P. 2013. The integration of diversely redundant designs, dynamic system models, and state estimation technology to the cyber security of physical systems[J]. Systems Engineering, 16(4): 401-412.

Basili V R, Caldiera G, Rombach R H. 1994. The goal question metric approach[J]. Encyclopedia of Software Engineering, (1): 578-583.

Beale J, Deraison R, Meer H. 2004. Nessus Network Auditing[M]. Rockland: Syngress Publishing.

Bhattacharya P, Ghosh S K. 2012. Analytical framework for measuring network security using exploit dependency graph[J]. IET Information Security, 6(4): 264-270.

Breier J, Hudec L. 2012. Towards a security evaluation model based on security metrics[C]// International Conference on Computer Systems & Technologies, 87-94.

Carlo B, Marco C, Gianluigi V. 2018. Digital information asset evaluation[J]. ACM Sigmis Database: The Database for Advances in Information Systems, 49(3): 19-33.

Chapurlat V, Daclin N. 2012. System interoperability: definition and proposition of interface model in MBSE context[J]. IFAC Proc, 45(6): 1523-1528.

Chen J, Long Y, Chen K, et al. 2014. Attribute based key insulated signature and its applications[J]. Information Sciences, 275: 57-67.

Chen Y J, Liao G Y, Cheng T C. 2009. Risk assessment on instrumentation and control network security management system for nuclear power plants[C]//International Carnahan Conference on Security Technology, 216-264.

Cheng Y, Deng J, Li J, et al. 2014. Metrics of security[J]. Advances in Information Security, 62: 263-295.

Chew E, Swanson M, Stine K M. Performance measurement guide for information security[R].

[2019-10-10]. https://csrc.nist.gov/publications/detail/sp/800-55/rev-1/final.

Ciarlet P G. 2005. An introduction to differential geometry with applications to elasticity[J]. Journal of Elasticity, 78(1-3): 1-215.

Cohen L. 1995. Quality Function Deployment[M]. New York：Addison Wesley.

Da G, Xu M, Xu S. 2014. New approach to modeling and analyzing security of networked systems[C]//The Symposium and Bootcamp on the Science of Security, 1-12.

Dan B, Ding X, Tsudik G. 2004. Fine-grained control of security capabilities[J]. ACM Transactions on Internet Technology, 4(1): 60-82.

Denzin N K, Lincoln Y S. 2010. 定性研究: 解释、评估与描述及定性研究的未来[M]. 风笑天译. 重庆: 重庆大学出版社.

Derek K H. 2017. 系统工程: 21 世纪的系统方法论[M]. 朱一凡, 王涛, 杨峰译. 北京: 电子工业出版社.

Ding D R, Han Q L, Xiang Y, et al. 2018. A survey on security control and attack detection for industrial cyber-physical systems. Neurocomputing, 275: 1674-1683.

DoD. The DoDAF architecture framework version 2.02 [EB/OL]. [2019-10-10]. https://dodcio. defense.gov/Library/DoD-Architecture-Framework/.

Dov D. 2017. 基于模型的系统工程: 综合运用 OPM 和 SysML[M]. 杨峰, 王文广, 王涛等译. 北京: 电子工业出版社.

Feng X, Wang D, Ma G, et al. 2010. Security situation assessment based on the DS theory[C]//International Workshop on Education Technology & Computer Science, 352-356.

Fu S, Zhou H. 2011. The information security risk assessment based on AHP and fuzzy comprehensive evaluation[C]// IEEE International Conference on Communication Software & Networks, 124-128.

Fu Y, Wu X P, Ye Q, et al. 2010. An approach for information systems security risk assessment on fuzzy set and entropy weight[J]. Acta Electronica Sinica, 38(7): 1489-1494.

Geng W, Hu Y. 2012. Information security management model based on AHP[C]// International Conference on Measurement, 352-355.

Hayden L. 2010. IT Security Metrics: A Practical Framework for Measuring Security & Protecting Data[M]. New York: McGraw-Hill Education Group.

Heckman M, Schell R. 2016. Using proven reference monitor patterns for security evaluation[J]. Information, 7(2): 23.

Heide D, Schfer M, Greiner M. 2008. Robustness of networks against fluctuation-induced cascading failures[J]. Physical Review E, 77(5): 56-103.

Hermann H. 2005. 协同学: 大自然构成的奥秘[M]. 凌复华译. 上海: 上海译文出版社.

Hermann H. 2010. 信息与自组织[M]. 郭治安译. 成都: 四川教育出版社.

Horowitz B M, Pierce K M. 2013. The integration of diversely redundant designs, dynamic system models, and state estimation technology to the cyber security of physical systems[J]. Systems Engineering, 16(4): 401-412.

Hu C Z. 2018. Calculation of the behavior utility of a network system: conception and principle[J]. Engineering, 4(1): 78-84.

Hu H, Liu Y, Zhang H. 2018. Security metric methods for network multistep attacks using AMC and big data correlation analysis[J]. Security and Communication Networks, 1-14.

Idika N, Bhargava B. 2012. Extending attack graph-based security metrics and aggregating their application[J]. IEEE Transactions on Dependable and Secure Computing, 9(1): 1-85.

Im S Y, Shin S H, Ryu K Y, et al. 2016. Performance evaluation of network scanning tools with operation of firewall[C]// The 8th International Conference on Ubiquitous & Future Networks, 876-881.

ISO/IEC. Information technology-security techniques-information security management measurements[S]. [2019-10-10]. https: //www.iso.org/.

Jaquith A. 2007. Security Metrics[M]. New York: Addison Wesley.

Jing X Y, Yan Z, Witold P. 2019. Security data collection and data analytics in the Internet: a survey[J]. IEEE Communications Surveys & Tutorials, 21(1): 568-618.

John P H. 2011. 隐秩序: 适应性造就复杂性. 周晓牧, 韩晖译. 上海: 上海世纪出版集团.

Kavousi F, Akbari B. 2012. Automatic learning of attack behavior patterns using Bayesian networks[C]//The 6th International Symposium on Telecommunications (IST), 999-1004.

Korotka M S, Roger Y L, Basu S C. 2005. Information assurance technical framework and end user information ownership: a critical analysis[J]. Journal of Information Privacy and Security, 1(1): 10-26.

Kotenko I, Novikova E. 2014. Visualization of security metrics for cyber situation awareness[C]//The 9th International Conference on Availability, Reliability and Security (ARES), 506-513.

Kott A, Wang C, Erbacher R F. 2014. Cyber Defense and Situational Awareness[M]. Berlin: Springer.

Kovacich G. 1997. Information systems security metrics management[J]. Computers & Security, 16(7): 610-618.

Krautsevich L, Martinelli F, Yautsiukhin A. 2011. Formal analysis of security metrics and risk[C]//The International Conference on Information Security Theory & Practice: Security & Privacy of Mobile Devices in Wireless Communication, 304-319.

Kundu A, Ghosh N, Chokshi I. 2012. Analysis of attack graph-based metrics for quantification of network security[C]// IEEE India Conference, 530-535.

Li B, Pan W, Lü J. 2011. Multi-granularity dynamic analysis of complex software networks[C]//IEEE International Symposium of Circuits and Systems, 2119-2124.

Li J H, Li G Z. 2011. Study on the evaluation model for network security[J]. Advanced Materials Research, 317: 1745-1748.

Li J, Du H, Zhang Y, et al. 2014. Provably secure certificate based key insulated signature scheme[J]. Concurrency and Computation: Practice and Experience, 26(8): 1546-1560.

Li X, Lu Y, Liu S. 2018. Network security situation assessment method based on Markov game model[J]. KSII Transactions on Internet & Information Systems, 12(5): 2414-2428.

Liu G C. 2012. BS7799 criterion and its application in meso-information systems audit[J]. Journal of Audit & Economics, (3): 1-2.

Lukei M, Hassan B, Dumitrescu R, et al. 2016. Modular inspection equipment design for modular structured mechatronic products: model based systems engineering approach for an integrative product and production system development[J]. Procedia Technology, 26: 455-464.

Luna J, Ghani H, Germanus D, et al. 2011. A security metrics framework for the cloud[C]//The International Conference on Security and Cryptography, 245-250.

Martin R A. 2009. Making security measurable and manageable[C]//Military Communications Conference, 1-9.

Meng M. 2014. The research and application of the risk evaluation and management of information security based on AHP method and PDCA method[C]// International Conference on Information Management, 379-383.

Moura A P S, Lai Y C, Motter A E. 2003. Signatures of small-world and scale-free properties in large computer programs[J]. Physical Review, 68: 789-792.

Nicolis G, Prigogine I. 1986. 探索复杂性[M]. 罗久里, 陈奎宁译. 成都: 四川教育出版社.

Pendleton M, Garcia R, Cho J, et al. 2016. A survey on systems security metrics[J]. ACM Computing Surveys, 49(4): 62.

Pfleeger S, Cunningham R. 2010. Why measuring security is hard[J]. IEEE Security & Privacy, 8(4): 46-54.

Poolsappasit N, Dewri R, Ray I. 2012. Dynamic security risk management using Bayesian attack graphs[J]. IEEE Transactions on Dependable and Secure Computing, 9(1): 61-74.

Qu Z Y, Li Y, Li P. 2010. A network security situation evaluation method based on DS evidence theory[C]//Environmental Science and Information Application Technology, 496-499.

Ramos A, Lazar M, Filho R H, et al. 2017. Model-based quantitative network security metrics: a survey[J]. IEEE Communications Surveys & Tutorials, 19(4): 2704-2734.

Sarkheyli A, Ithnin N B. 2010. Improving the current risk analysis technologies by study of their process and using the human body's immune system[C]//The 5th International Symposium on Telecommunications, 651-656.

Sheyner O, Haine S, Jha S, et al. 2002. Automated generation and analysis of attack graphs[C]//Symposium on Security and Privacy, 273-284.

Standard I. 2002. IEEE standard glossary of software engineering terminology[S]. IEEE Std 610.12-1990, 1-84.

Stolfo S, Bellovin S M, Evans D. 2011. Measuring security[J]. IEEE Security and Privacy Magazine, 9(3): 60-65.

Stouffer K, Falco J, Scarfone K. 2011. Guide to industrial control system (ICS)security, SP800-82[R]. Gaithersburg: National Institute of Standards and Technology.

Swiler L D, Phillips C, Gaylor T. 1998. A graph-based network vulnerability analysis system[R]. Albuquerque: Sandia National Laboratories.

Tao H, Liang C, Chi W. 2010. The research of information security risk assessment method based on fault tree[C]//The 6th International Conference on Networked Computing & Advanced Information Management, 370-375.

Tuteja A, Thalia S. 2011. Towards Quantification of Information System Security[M]. Berlin: Springer.

Villarrubia C, Fernandez M E, Piattini M. 2004. Towards a classification of security metrics[C]//The International Workshop on Security in Information Systems, 342-350.

Wagner I, Eckhoff D. 2015. Technical privacy metrics: a systematic survey[J]. Computer Science, 51(3): 1-38.

Wang L. 2014. Researches on the potential risks and solutions of industrial control information security[J]. Applied Mechanics and Materials, 68: 2055-2058.

Wang Y Z, Yun M, Li J Y, et al. 2012. Stochastic game net and applications in security analysis for enterprise network[J]. International Journal of Information Security, 11(1): 41-52.

Yan Q. 2008. A security evaluation approach for information systems in telecommunication enterprises[J]. Enterprise Information Systems, 2(3): 309-324.

Yi Z, Kai Z, Lai B. 2012. Alert correlation graph: a novel method for quantitative vulnerability assessment[J]. Journal of National University of Defense Technology, 34(3): 109-112.

Yoji A. 2002. New product development and quality assurance quality deployment system[J]. Standardization and Quality Control, 25(4): 7-14.

Yusuf S E, Hong J B, Ge M, et al. 2017. Composite metrics for network security analysis[J]. Journal of Software Networking, (1): 137-160.

Zhang B, Chen Z, Wang S, et al. 2011. Network Security Situation Assessment Based on HMM[M]. Berlin: Springer.

Zhang H, Han J, Zhang J. 2013. Security risk evaluation of information systems based on game theory[C]//International Conference on Intelligent Human-machine Systems & Cybernetics, 46-49.

Zhang Q, Liu C X, Lu G Q. 2014. Active defense technology and its developing trend[J]. Computer Modelling & New Technologies, 18(12B): 383-390.

Zheng X, Zeng D, Li H, et al. 2008. Analyzing open-source software systems as complex networks[J]. Physica A: Statistical Mechanics and its Applications, 387(24): 6190-6200.

Zou S R, Gu A H, Liu A F, et al. 2010. Characteristics for two kinds of cascading events[J]. Physica A: Statistical Mechanics and its Applications, 390(8): 1440-1446.